江南水域环境改造与社会影响研究

1840—1980

张根福　梁志平　吴俊范　著

复旦大學出版社

国家社会科学基金项目资助
（17BZS086）

浙江师范大学出版基金资助
（Publishing Foundation of Zhejiang Normal University）

浙江省社会科学重点研究基地浙江师范大学江南文化研究中心出版资助

作者简介

张根福，男，浙江浦江人，1995 年和 1999 年分获复旦大学历史学硕士、博士学位，现为浙江师范大学教授，博士生导师。曾任教育部思想政治理论课教学指导委员会委员，现任浙江省思想政治理论课教学指导委员会副主任、浙江省高等教育学会副会长等。主要研究方向为中国近现代史、近代环境史、马克思主义中国化等。主持国家社会科学基金项目 3 项，省部级项目 10 余项。出版专著、合著 7 部，在《历史研究》《史学月刊》《世界历史》《中国历史地理论丛》等期刊发表学术论文 60 余篇，获教育部高等学校科学研究优秀成果奖（人文社会科学）、浙江省哲学社会科学优秀成果奖、浙江省教学成果奖等奖项。

梁志平，男，湖北广水人，2010 年获复旦大学历史学博士学位，上海应用技术大学马克思主义学院教授，加拿大维多利亚大学历史系访问学者（2014—2015 年），上海市马克思主义理论教学研究"中青年拔尖人才"（2020 年）。主要研究方向为环境史、科举史。主持完成国家社会科学基金一般项目、教育部人文社会科学研究青年基金项目、上海市哲学社会科学基金一般项目各 1 项，上海市人民政府决策咨询项目 2 项；出版专著 3 部，合著 2 部，在《历史地理研究》《中国历史地理论丛》《中国社会经济史研究》等期刊发表论文多篇。

吴俊范，女，河南荥阳人，上海师范大学人文学院教授，博士生导师。担任上海市东方学者特聘教授，国家社会科学基金重大招标项目"7—20 世纪长江三角洲海岸带环境变迁史料的搜集、整理与研究"首席专家，兼任日本东亚大学客座教授、中国城市史研究会常务理事、上海市历史学会理事等职务。获全国优秀百篇博士学位论文提名奖、上海市哲学社会科学优秀成果著作类二等奖等。主要研究方向为中国历史自然地理、区域环境史、历史地理信息系统（HGIS）。出版著作《长江三角洲海岸带历史地理考察研究》《水乡聚落：太湖以东家园生态史研究》等。在《近代史研究》《学术月刊》《史学月刊》等期刊发表学术论文 50 余篇。

目 录

Contents

绪　论

一、选题的缘起与价值

1. 选题的缘起

水域环境改造作为一项社会公共工程,不但在农业生产、社会生活中起着极其重要的作用,而且在社会治理中也扮演着重要的角色。近代以来,江南地区水域环境改造一直是一项核心的公共事业,但不同时期改造的重心和策略有着明显的不同。太平天国战争后,政府为重建战后的社会秩序,稳定江南地区这一财赋重地,开始着力于水利防护的恢复工作,将太湖上游地区的水域改造置于最为重要地位。民国时期,江南水利局、太湖水利工程局相继成立,全面规划和整治流域水利。中华人民共和国成立后,太湖流域各级政府和民众为抵御洪涝灾害,发展农业生产,对水域环境进行了大规模的改造,从而打破了宋代以来形成的城乡水文环境,人地关系出现全新形态。① 自20世纪80年代起,江南环境保护问题引起普遍关注,流域水质退化,营养化程度加重,严重影响可持续发展。这一问题既与近几十年该流域污染有关,又有历史演变的轨迹可寻。党的二十大报告指出:"尊重自然、顺应自然、保护自然,是全面建设社会主义现代化国家的内在要求。必须牢固树立和践行绿水青山就是金山银山的理念,站在人与自然和谐共生的高度谋划发展。""统筹水资源、水环境、水生态治理,推动重要江河湖库生态保护治理,基本消除城市黑臭水体。加强土壤污染源头防控,开展新污染物治理。"②因此,深刻总结近代以来江南水域环境改造经验,进而实现人与自然和谐发展已是当务之急。

2. 研究意义和价值

本课题的学术价值:一是弥补近代史、生态环境史研究的一些薄弱环

---

① 冯贤亮:《近世浙西的环境、水利与社会》,中国社会科学出版社2010年版,第305—320页。
② 习近平:《高举中国特色社会主义伟大旗帜　为全面建设社会主义现代化国家而团结奋斗——在中国共产党第二十次全国代表大会上的报告》,人民出版社2022年版,第49—51页。

节,推动相关研究向纵深领域拓展;二是对该课题研究采取的多学科相结合的手法,有利于加强不同学科,特别是对社会科学与自然科学的整合。应用价值:建设美丽中国和构建生态文明社会成为新时代发展的重要主题,党的十八大,十八届三中,五中全会,十九大,二十大多次阐述有关建设美丽中国和水环境保护的政策和措施,绿色发展,环境保护前所未有地被提升到了国家战略层面。国家和地方政府近年来越来越重视太湖流域水域环境的综合治理,治污水,防洪水,排涝水,保供水,抓节水相继开展。因此,加强对近代以来江南地区水域环境改造及其社会影响的研究,对当前我国经济社会发展,资源保护及水环境治理具有重要的借鉴价值。

二、学术界研究现状

对近代以来的生态环境史,学术界已从水利,农业,环境,历史地理等角度展开研究,并取得了一些重要成果,笔者在《太湖流域人口与生态环境的变迁及社会影响研究(1851—2005)》①一书的绪论中已作详细介绍,这里不再赘述。笔者仅就江南水域环境改造研究中的一些重点和热点问题,如近代的饮用水问题,民国时期的水系治理,新中国成立后的圩田圩区及湖荡围垦等研究情况作一阐述。

1. 近代饮用水问题的研究

水是生命之源,与人类的日常生活息息相关,对水资源的治理,利用贯穿整个人类史。历史表明,从最基本的民间生活用水所需到国家层面的水治理战略,从内地城乡生活用水的匮乏到沿海居民获取淡水的艰难,水在社会的各个层次和角落里都是不容忽视的重要因素。② 所以,水历史本身是一个重要的社会,政治议题,在医疗疾病史,城市史,环境史相关研究中,饮用

---

① 张根福,冯贤亮,岳钦韬:《太湖流域人口与生态环境的变迁及社会影响研究(1851—2005)》,复旦大学出版社 2014 年版。

② [美]南德,[美]马瑞诗,孙竞昊,熊远报,鲁西奇:《笔谈:历史视野中的水环境与水资源》,申志锋译,《浙江大学学报(人文社会科学版)》2017 年第 3 期。

水问题是一个关注的热点,国内学界相关研究成果颇丰。对此,张亮博士有比较完整的梳理,①笔者仅列举一些代表性的研究。

首推是邱仲麟先生的研究,其论文《水窝子——北京的供水业者与民生用水(1368—1937)》,对北京民生用水——井水的研究极为细致和深入,是研究历史时期北京城市供水问题的一篇力作,②为学界后续开展类似的研究提供了可供参考的范式。差不多同时期,胡英泽开始了名为“明清以来黄土高原地区的民生用水与节水”的国家社会科学基金青年项目研究,先后撰有多篇论文,③分别探讨水井、水池与地方社会的关系,北方居民应对缺水环境的方式,以及人们对水质认知与应用等。新近又进一步总结归纳,出版专著,提出研究明清乡村社会的新概念——生活用水圈。④

梁志平从2007年开始研究近代太湖流域水质环境变迁与饮用水改良问题,并完成了相关主题的博士学位论文,⑤后以之为基础,先后获批教育部人文社会科学研究青年基金项目“开埠以来江南城市水质环境变迁与饮水改良(1840—1980)”(2012年),上海市哲学社会科学“十二五”规划一般课题“饮用水管理与上海城市政治空间的生产(1840—1949)”(2014年)。这两个课题均已结题,并出版专著⑥,但主要是对近代江南水质环境变迁与饮用

① 张亮:《回顾与展望:近三十年来国内以“饮水”为主题的史学研究》,《三峡论坛(三峡文学·理论版)》2018年第5期;注,港台学者李达嘉先生和陈文妍博士的相关研究也较为重要,或许因文章旨趣问题,抑或学术交流原因,张亮博士没有提及,后文详述。
② 邱仲麟:《水窝子——北京的供水业者与民生用水(1368—1937)》,李孝悌主编:《中国的城市生活》,新星出版社2006年版,第203—252页。
③ 胡英泽:《水井碑刻里的近代山西乡村社会》,《山西大学学报(哲学社会科学版)》2004年第2期;胡英泽:《水井与北方乡村社会——基于山西、陕西、河南省部分地区乡村水井的田野考察》,《近代史研究》2006年第2期;胡英泽:《凿池而饮:明清时期北方地区的民生用水》,《中国历史地理论丛》2007年第2期,亦见行龙主编:《环境史视野下的近代山西社会》,山西人民出版社2007年版,第45—81页;胡英泽:《古代北方的水质与民生》,《中国历史地理论丛》2009年第2期。
④ 胡英泽:《凿井而饮:明清以来黄土高原的生活用水与节水》,商务印书馆2018年版。
⑤ 梁志平:《太湖流域水质环境变迁与饮水改良:从改水运动入手的回溯式研究》,复旦大学博士学位论文,2010年。
⑥ 梁志平:《水乡之渴:江南水质环境变迁与饮水改良(1840—1980)》,上海交通大学出版社2014年版;梁志平:《救国与救民:民国时期工业废水污染及社会应对——基于嘉兴禾(民)(转下页)

水改良问题概括性的整体研究及个案分析，其中还有诸多问题，特别是饮用水改良与城市发展之间的关系还可以进一步深入探讨。

就近代江南具体城市的饮用水问题而言，上海城市供水问题，特别自来水问题是上海城市史研究的热点之一，在相关研究中，往往都有一定的论述，如 Kerrie L. Macpherson（程恺礼）、熊月之、周武、李达嘉、邢建榕诸先生的研究。[①] 这些研究有一个特点，即从城市化、近代化出发，把自来水当作上海市政、卫生建设近代化的一项重要内容来展开。日本学者菊池智子认为，学界以往对上海自来水的研究大多集中在传教士的活动和卫生基础设施建立的层面，对于 19 世纪后半期清朝政府当局对近代公共卫生制度的探索和接受，以及该地域社会对此的动向则尚未给予充分的注意。然而，其研究还是从自来水管建设和自来水价格等问题出发，来研究上海自来水卫生的提高和名流的形成[②]，其视角依旧是城市化、近代化。新近，陈文妍博士在其博士学位论文中，通过对比近代上海、苏州自来水的建立发展过程，特别关注近代城市供水格局形成过程中的权力问题。[③] 胡勇军对民国时期杭州饮用

（接上页）丰造纸厂"废水风潮"的研究》，合肥工业大学出版社 2017 年版；梁志平：《清末民初上海城厢自来水问题研究》，合肥工业大学出版社 2021 年版；梁志平：《何为污染：清代以来江南水污染与水质环境的解读——兼答余新忠先生》，《江南社会历史评论》第 20 期，商务印书馆 2022 年版，第 124—143 页。

① 代表性如：Kerrie L. Macpherson（程恺礼）：*A Wilderness of Marshes: The Origins of Public Health in Shanghai: 1843 - 1893*，Oxford University Press，1987，其中相关饮水内容可参，程恺礼：《19 世纪上海城市基础设施的发展》，《上海研究论丛》第 9 辑，上海社会科学院出版社 1993 年版，第 353—359 页；熊月之：《上海通史》，上海人民出版社 1999 年版；周武：《晚清上海市政演进与新旧冲突——以城市照明系统和供水网络为中心的分析》，张仲礼等主编：《中国近代城市发展与社会经济》，上海社会科学院出版社 1999 年版，第 183—200 页；李达嘉：《公共卫生与城市变革——清末上海人生活文化的一个观察》，中国史学会编：《第一回中国史学国际会议研究报告集：中国の歴史世界——統合のシステムと多元的な発展》，东京都立大学出版会 2002 年版，第 71—108 页；邢建榕：《水电煤：近代上海公用事业演进及华洋不同心态》，《史学月刊》2004 年第 4 期。

② ［日］菊池智子：《从晚清上海自来水建设看城市社会的形成》，《城市史研究》第 25 辑，天津社会科学院出版社 2009 年版，第 171—195 页。

③ 陈文妍：《水的双城记：上海与苏州自来水之供应（1860—1937）》，香港中文大学博士学位论文，2016 年；不过，由于误看史料的问题，其对上海内地自来水公司历史的解读有偏差；陈文妍：《苏州自来水事业的尝试和困境（1926—1937）》，《近代史研究》2020 年第 5 期。

水源及其空间差异性问题有研究。①

　　2018 年 6 月,西南大学张亮完成了题为《近代四川城市饮水环境研究》的博士学位论文,并发表了系列相关论文。论文在复原近代四川城市饮水环境变迁过程的基础上,分析人类社会与饮水环境互动关系,②是近代中国饮用水问题研究的另一项重要成果。新近,天津师范大学曹牧正在进行"20 世纪天津城市环境污染治理研究",其中饮用水相关问题是重要内容。③

　　综上所述,近些年来,也许受环境史、医疗疾病史研究的影响,学界对近代中国饮用水问题越来越关注,形成了黄土高原地区(缺水区域)、江南地区(丰水区域)、盆地区域(多地下水区域)之间的比较研究,这对全面了解近代以来中国饮用水问题无疑起到了重要推动作用。

2. 民国时期水系治理的研究

　　随着民国时期水利事业的开展,太湖流域水系治理的研究也开始起步。民国时期太湖流域管理局、江苏水利协会、江浙水利联合调查委员会等机构致力于新式水利的推广,编辑出版《江苏水利协会杂志》《太湖流域水利季刊》等刊物。沈佺等合编的《民国江南水利志》④、郑肇经著的《中国水利史》⑤、李书田等著的《中国水利问题》⑥、武同举编的《江苏水利全书》⑦等均为重要的代表性成果。

---

① 胡勇军:《民国时期杭州饮用水源及其空间差异性研究》,《史林》2017 年第 1 期;不过,此文基本史料、表达、结论与梁志平的博士学位论文《太湖流域水质环境变迁与饮水改良:从改水运动入手的回溯式研究》(复旦大学博士学位论文,2010 年)中的相关表达似乎差异不大。

② 张亮:《近代四川城市饮水环境研究》,西南大学博士学位论文,2018 年;张亮:《近代四川城市水源结构的空间差异性研究》,《云南大学学报(社会科学版)》2019 年第 2 期;张亮:《感观与科学:近代四川城市河流水质的判读》,《城市史研究》2019 年第 2 期;张亮:《清末民国成都的饮用水源、水质与改良》,《民国研究》2019 年第 2 期;张亮:《近代外国人游记所见长江上游的河流水色》,《长江文明》2023 年第 2 期。

③ 曹牧:《寻找新水源:英租界供水问题与天津近代自来水的诞生》,《天津师范大学学报(社会科学版)》2019 年第 5 期;曹牧:《饮水、深井与氟齿病——全球化视野下清末民初天津地下水资源开发及影响》,《清史研究》2021 年第 6 期。

④ 沈佺编:《民国江南水利志》,民国十一年木活字刊本。

⑤ 郑肇经:《中国水利史》,商务印书馆 1939 年版。

⑥ 李书田等:《中国水利问题》,商务印书馆 1937 年版。

⑦ 武同举编:《江苏水利全书》,南京水利实验处印行。

新中国成立后,中国水利水电科学院、江苏省水利厅以及中国科学院南京地理与湖泊研究所等机构,作了大量的资料整理和实地调查勘测,也有相当多的研究成果。其中比较重要的是《太湖水利史论文集》①、《太湖水利技术史》②、《太湖水利史稿》③,这三部著作可以说是太湖流域水利问题的基本论著。其中《太湖水利技术史》,采用水工门类作为专题论述的体例,集中而系统地反映了历史时期太湖流域各方面的技术成就和经验教训。陈克天撰写的《江苏治水回忆录》④,以亲身经历阐述了新中国成立后江苏省的治水历程,不但有淮河、洪泽湖、京杭大运河等河流湖泊的整治,也有太湖的治理和梯级河网化建设,是一部珍贵的当代江苏治水文献和著作。

进入 21 世纪后,对民国时期水系治理的研究进入活跃阶段。冯贤亮在系统研究明清时期江南地区水利环境与社会影响的基础上⑤,对民国时期水利环境与治理进行了深入的分析。其《近世浙西的环境、水利与社会》以专题形式,探讨了近世浙西杭嘉湖地区的溇港兴废与社会调控、水利设施兴复与环境变化、水利规划与地域社会等问题⑥;《民国前期苏南水利的组织规划与实践》则依据当时的水利规划及其实地调查报告,深入地揭示了民国前期苏南水利的进程实态及期间的政府动力与民间社会关系⑦。

对民国时期太湖流域地区水系治理进行系统研究的当数胡吉伟,其博士学位论文《民国时期太湖流域水系治理研究》,不但对太湖流域水系环境变迁的过程、水文环境的恶化的原因进行分析,而且着重阐析了太湖流域水利治理中的政策导向、治水方略、水利机构的利益纷争及现代化水利治理机

---

① 中国水利学会水利史研究会、江苏省水利史志编纂委员会编:《太湖水利史论文集》,1986 年印行。
② 郑肇经主编:《太湖水利技术史》,农业出版社 1987 年版。
③ 《太湖水利史稿》编写组编:《太湖水利史稿》,河海大学出版社 1993 年版。
④ 陈克天:《江苏治水回忆录》,江苏人民出版社 2000 年版。
⑤ 冯贤亮:《明清江南地区的环境变动与社会控制》,上海人民出版社 2002 年版;冯贤亮:《太湖平原的环境刻画与城乡变迁(1368—1912)》,上海人民出版社 2008 年版;冯贤亮:《环境、水患与官府:明清时期南苕溪流域的水利与社会》,《浙江社会科学》2020 年第 5 期。
⑥ 冯贤亮:《近世浙西的环境、水利与社会》,中国社会科学出版社 2010 年版。
⑦ 冯贤亮、林涓:《民国前期苏南水利的组织规划与实践》,《江苏社会科学》2009 年第 1 期。

制的建立诸问题,以此揭示人类的治水活动与太湖流域水系环境变化间的关系。① 胡勇军对民国时期东苕溪上游的防洪治理进行了研究,认为"西方先进的测绘和工程技术传入中国,修筑水库成为东苕溪上游防洪的一种重要方法"。虽受各种因素影响,计划未能实施,"但当时进行的实地调查和测绘工作,对此后的水库兴修以及水利建设起到了重要作用"②。常嵩涛对近代上海社会发展中起过重要作用的上海浚浦局进行系统研究,通过水利、主权和市政三个角度,对浚浦局所牵涉的错综复杂的中外冲突、中国内部社会关系、市政建设与市政治理等问题进行审视。③ 此外,学者们对民国时期江南运河、黄浦江的治理也进行了探讨。④

　　近年来,对民国时期江南地区水利纠纷的研究也有不少成果。陈岭探讨了民国前期政权更替背景下江南地方精英是如何通过水利事业参与地方政治的,指出,"民国前期江南地区极为复杂的水利纷争不仅体现了传统以来太湖流域的区域利益之争,更折射出在中枢政权未稳之时江南地方精英对权势格局的争夺"⑤。同样胡勇军通过民国初期太湖水域浚垦纠纷揭示了其背后的利益诉求,即"不仅体现了传统时代国家与江南精英在地方事务上的利益之争,更折射出政局动荡之际水利与政治之间的复杂关系"⑥。

───────────────

① 胡吉伟:《民国时期太湖流域水系治理研究》,南京大学博士学位论文,2014 年。
② 胡勇军:《浚湖与筑库:民国时期东苕溪上游防洪治理变迁研究》,《历史地理》2017 年第 1 期。
③ 常嵩涛:《水利、主权与市政视野下的上海浚浦局(1905—1938)》,华东师范大学硕士学位论文,2019 年。
④ 刘亮:《1912—1937 年常镇运河的治理》,《档案与建设》2019 年第 10 期;谭徐明等:《中国大运河技术史》,中国水利水电出版社 2016 年版;潘彬彬、宋云:《民国时期的江南运河整治——以官办治运机构为中心的考察(1914—1946)》,《档案与建设》2019 年第 12 期;单丽、温志红、任志宏:《黄浦江航道的疏浚与上海近代化——以技术人才和疏浚方案为中心》,《国家航海》2014 年第 3 辑;高璟:《近代以来黄浦江城市空间演进的形态特征与规律研究》,《上海城市规划》2013 年第 5 辑;龚宁:《清末黄浦江治理之争与浚浦局的设立》,《清史研究》2021 年第 6 期;金大陆:《20 世纪六七十年代上海黄浦江水系污染问题研究(1963—1976)》,《中国经济史研究》2021 年第 1 期等。
⑤ 陈岭:《民国前期江南水利纷争与地方政治运作——以苏浙太湖水利工程局为中心》,《中国农史》2017 年第 6 期。
⑥ 胡勇军:《"与水争地"抑或"与民争利":民国初期太湖水域浚垦纠纷及其背后利益诉求研究》,《中国农史》2018 年第 6 期。

周红冰认为,到民国晚期,乡绅在水利事务中的地位越发重要,在水利纠纷中已掌握了调解的主动权。[①]

3. 新中国成立后的圩田圩区及湖荡围垦研究

圩田圩区一直是农田水利研究的热点领域,20世纪50年代以来江南圩田圩区的研究,主要聚焦于古代圩田的历史与现状、圩田防洪、圩田生态系统等方面。缪启愉[②]、王建革[③]、孙景超[④]、滨岛敦俊[⑤]、庄华峰[⑥]、何勇强[⑦]等都发表了不少代表性论著。[⑧]

相对古代圩田的研究,对新中国成立后圩田圩区的研究要薄弱一些。1978年江苏省革命委员会水利局编的《圩区的规划和治理》一书是研究新中国成立后圩田圩区最早的著作之一。该书根据江苏省农田基本建设的实践经验,总结了圩区水利规划的特点和对洪、涝、渍、旱、碱等自然灾害作斗争的工程技术措施。内容涉及联圩并圩,圩内、外河网的改造和建设,农田排、灌、降系统的结构和布局等方面。[⑨] 高俊峰等对太湖流域省市边界圩区建设问题进行了探讨,分析了边界圩区的格局和特点,通过对圩区面积、圩内水面率和圩堤线长度等方面的研究,提出了边界圩区合适的圩区规模和圩内排涝动力。[⑩] 他还以湖西区为例,对圩区进行了分类和洪涝分析,认为雨量、

① 周红冰:《民国晚期江南地区的水利纠纷——以对乡绅的探讨为中心》,南京师范大学硕士学位论文,2017年。
② 缪启愉编著:《太湖塘浦圩田史研究》,农业出版社1985年版。
③ 王建革:《宋元时期吴淞江圩田区的耕制与农田景观》(《古今农业》2008年第4期)、《技术与圩田土壤环境史:以嘉湖平原为中心》(《中国农史》2006年第1期)、《泾、浜发展与吴淞江流域的圩田水利(9—15世纪)》(《中国历史地理论丛》2009年第2期)、《水乡生态与江南社会(9—20世纪)》(北京大学出版社2013年版)、《江南环境史研究》(科学出版社2016年版)。
④ 孙景超:《圩田环境与江南地域社会——以芙蓉圩地区为中心的讨论》(《农业考古》2013年第4期)、《宋代以来江南的水利、环境与社会》(齐鲁书社2020年版)。
⑤ [日]滨岛敦俊:《关于江南"圩"的若干考察》,《历史地理》第7辑,上海人民出版社1990年版。
⑥ 庄华峰:《古代江南地区圩田开发及其对生态环境的影响》,《中国历史地理论丛》2005年第3期。
⑦ 何勇强:《论唐宋时期圩田的三种形态——以太湖流域的圩田为中心》,《浙江学刊》2003年第2期。
⑧ 参见吕娜、李蓓蓓、魏学琼:《国内外圩田研究进展》,《人民长江》2019年第10期;胡吉伟:《民国时期太湖流域水系治理研究》,南京大学博士学位论文,2014年。
⑨ 江苏省革命委员会水利局编:《圩区的规划和治理》,水利电力出版社1978年版。
⑩ 高俊峰、陆铭峰:《太湖流域省市边界圩区建设问题初探》,《湖泊科学》2004年第3期。

水面率、田面高程、排涝能力、圩堤高度、地形等是致涝主要原因。[①]赵艳华以嘉善县姚庄圩区为例,对圩区工程防洪减灾的经济效益进行了分析。[②]张根福对20世纪50—70年代太湖流域的联圩并圩进行了系统考察,分析了联圩并圩的过程、生态与社会影响等,并对联圩并圩引起的省际水利纠纷与政府运作进行了客观分析。

　　近年来,相关学者对溇港圩田系统也展开了研究。陆鼎言、王旭强探讨了湖州入湖溇港和塘浦(溇港)圩田系统,揭示了塘浦圩田和溇港圩田系统在催生"吴越文化"和太湖流域经济发展中的作用。[③]王晴以太湖溇港圩田景观为研究对象,解释了传统溇港圩田景观的营造特征,并分析了城镇化对传统溇港圩田景观的主要影响因素。[④]刘卓乔以湖州长东片四漾为例,探讨了溇港圩田体系下的水利、农耕、聚落三者之间的关系。[⑤]程安祺、韩锋从文化景观的角度解读了溇港圩田景观的价值及其载体,对溇港遗产的保护提出了建议。[⑥]金瑛迪分析了湖州溇港圩田复合空间体系及其对时代需求的适应性。[⑦]此外,学界还发表了不少圩区建设现状与对策建议类文章,以期使圩区发挥更大作用。[⑧]

----

① 高俊峰、毛锐:《太湖平原圩区分类及圩区洪涝分析——以湖西区为例》,《湖泊科学》1993年第4期。

② 赵艳华:《圩区工程防洪减灾经济效益分析——以嘉善县姚庄圩区为例》,《浙江水利科技》2010年第4期。

③ 陆鼎言、王旭强:《湖州入湖溇港和塘浦(溇港)圩田系统的研究》,载《湖州入湖溇港和塘浦(溇港)圩田系统的研究成果资料汇编》,浙江省科学技术协会,2005年。

④ 王晴:《环太湖溇港圩田传统景观体系研究》,北京林业大学硕士学位论文,2022年。

⑤ 刘卓乔:《湖州溇港圩田景观研究与实践——以湖州长东片四漾为例》,北京林业大学硕士学位论文,2021年。

⑥ 程安祺、韩锋:《文化景观视角下的湖州太湖溇港遗产保护》,《绿色科技》2019年第10期。

⑦ 金瑛迪:《湖州溇港圩田复合空间体系及其对时代需求适应性研究》,浙江大学硕士学位论文,2019年。

⑧ 郑鱼洪:《湖州市圩区建设现状与对策》,《水利发展研究》2010年第3期;周虎成:《江苏农村水利建设的现状与问题》,《现代经济探讨》2006年第8期;骆金标等:《苏州市圩区现状及其治理对策》,《水利发展研究》2011年第1期;董宇:《苏南圩区治理规划相关问题探讨》,扬州大学硕士学位论文,2016年;张仁良:《关于杭嘉湖平原河网地区圩区建设与规划的几点思考》,《科技与企业》2015年第8期;刘克强、蔡文婷:《太湖流域圩区治理现状调查与思考》,《中国防汛抗旱》2023年第8期等。

20 世纪 50—80 年代,太湖流域出现了大规模的湖荡围垦活动,六七十年代达到了高潮。对这场湖荡围垦潮的缘起、过程、规模、后果,学术界已展开初步探讨,但还比较薄弱。中国科学院南京地理研究所研究了新中国成立以来太湖流域围湖利用的动态变化、地区性差异,分析了太湖等大、中型湖泊围湖利用的强度及其与湖泊、水情、滩地发育的关系。[①] 李新国等采用遥感方法,结合相关资料,利用 GIS 技术,探讨了 1971—2002 年近三十年来太湖流域主要湖泊的水域变化及其成因;[②] 刘庄等在调查和分析太湖流域湖泊滩地资源特征和开发利用状况基础上,探讨了滩地围垦对流域生态环境的影响;[③] 邝奕轩阐释了新中国成立以来太湖湿地围垦对太湖湿地水生态系统的影响;[④] 王书婷利用档案资料系统考察了 1950—1990 年太湖以东湖荡区域围湖的时空分布特点、驱动机制及其产生的水环境效应。[⑤] 吴俊范对 20 世纪下半叶太湖以东淀泖湖群的围垦改造及其对水环境的影响进行了比较深入的分析。[⑥] 此外,朱威、杨桂山等人的论著也都涉及太湖流域围湖造田与区域水环境的关系。[⑦] 对流域内县市围垦的个案研究也初步展开,满志敏等对上海淀泖湖荡群的演变进行了研究[⑧]。丁启明、吴正茂和朱钰良介绍

① 窦鸿身等:《太湖流域围湖利用的动态变化及其对环境的影响》,《环境科学学报》1998 年第 1 期。

② 李新国等:《近三十年来太湖流域主要湖泊的水域变化研究》(《海洋湖沼通报》2006 年第 4 期)、《太湖围湖利用与网围养殖的遥感调查与研究》(《海洋湖沼通报》2006 年第 1 期)、《太湖流域主要湖泊的水域动态变化》(《水资源保护》2006 年第 3 期)。

③ 刘庄等:《太湖流域湖泊滩地资源及其开发利用》,《农村生态环境》2003 年第 4 期。

④ 邝奕轩:《建国以来太湖湿地围垦及其对太湖湿地水生态系统服务功能的影响》,《生态经济》2013 年第 8 期。

⑤ 王书婷:《太湖以东湖荡围垦及改良利用研究(1950—1990 年)》,上海师范大学硕士学位论文,2019 年。

⑥ 吴俊范:《20 世纪下半叶太湖以东淀泖湖群的围垦改造与水环境》,《中国农史》2020 年第 3 期。

⑦ 朱威、徐雪红:《东太湖综合整治规划研究》,河海大学出版社 2011 年版;杨桂山、王建德等:《太湖流域经济发展·水环境·水灾害》,科学出版社 2003 年版;范亚民等:《近 20 年来太湖围湖利用及东太湖网围养殖动态变化研究》,《长江流域资源与环境》2012 年 S2 期。

⑧ 上海市围垦的研究主要是闫芳芳、杨煜达、满志敏的《基于 1875—2013 年多源数据的上海淀泖湖荡群演变研究》,《中国历史地理论丛》2019 年第 3 期。

了吴县和吴县东太湖围垦地的概况和利用情况,提出了相应对策。①

综上所述,学术界对近代以来江南水域环境改造进行了多角度的研究,这些成果将中国近代史、生态环境史的研究推进了一大步,也为以后的研究打下了基础。然而,有些方面有待进一步的深化,如江南近代和民国时期河流的整治、饮水改良与卫生变革,新中国成立后的联圩并圩、围湖造田、溇港治理等,研究的深度和广度有待继续拓展;对水域改造的运行机制、水利与流域社会、水域环境改造与生态社效应等需要继续深入探讨。

三、研究对象与时空范围

1. 江南

江南一直是个不断变化、富有伸缩性的地域概念。本课题研究的"江南"空间范围是长江以南,钱塘江以北,天目山、茅山流域分水岭以东的区域,即太湖流域,其总面积 36 895 平方千米,其中在江苏省面积 19 399 平方千米,占52.6%;在浙江省面积 12 093 平方千米,占 32.8%;在上海市面积为 5 178 平方千米,占 14%;在安徽省面积为 225 平方千米,占 0.6%。② 其行政区划分属江苏、浙江、安徽和上海三省一市,包括江苏省的苏州、无锡、常州、镇江四市,浙江的嘉兴、湖州二市及杭州市的一部分(市区、余杭、临安),安徽宣城地区的少部分及上海市的大陆部分(不含崇明、长兴、横沙三岛)(见下图)。

2. 水域环境改造

水域环境改造是指对流域内的水系通过改造和治理,以期达到防洪、供水、水资源和景观保护、灌溉等目的,以营造良好的生产、生态和人居环境。

3. 研究的时间范围

研究的时间范围是 1840 年至 1980 年改革开放初期 140 多年的历史。

① 丁启明、吴正茂:《浅析湖荡围垦的开发利用》,《资源开发与保护》1988 年第 3 期;朱钰良:《吴县东太湖围垦地概况及利用浅析》,《农业区划》1992 年第 1 期。
② 赵来军:《我国湖泊流域跨行政区水环境协同管理研究——以太湖流域为例》,复旦大学出版社 2009 年版,第 28 页。

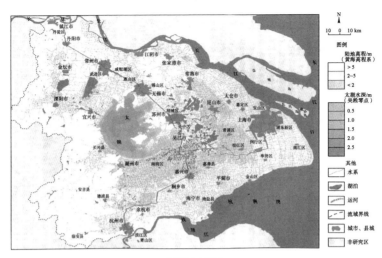

太湖流域图

四、研究思路与主要内容

本课题力图在充分调研、搜集和占有大量第一手史料,理清学术界研究现状的基础上,分专题对近代以来江南水域环境改造研究的薄弱环节进行深入细致的考察,以揭示水域环境改造与社会变迁之间的相互关系和协调运行机理。课题除绪论、结语外共分十章进行论述。

第一章,近代以来太湖流域水质环境时空变迁及其驱动因素分析(1840—1980)。该章在详细考证的基础上,认为近代以来太湖流域地表水水质环境时空变迁过程大体可分为六个阶段:即1843至1871年,太湖流域主要大城市市河水质浊秽萌发期;1872至1918年,太湖流域城市市河水质浊秽发育期;1919至1949年,太湖流域城市市河水质浊秽暴发期;1950至1960年,太湖流域城市市河水质浊秽普发期;1961至1980年,太湖流域广大乡村河道浊秽期;1980年以后,太湖流域水质彻底崩溃期。随着西方工业的传入、城市的扩张、农药化肥的广泛使用,太湖流域地表水水质环境变迁机理经历了一个由自然的污染向人为的工业污染和化学污染转化过程,一方面传统水质环境生态体系被破坏,水体自净能力下降;另一方面,近代生活与工业污染量逐渐增加,特别是新中国成立后工业污染成为主流,完全超越了水体自净能力,河流水质最终走向崩溃。

第二章,似公非公:近代上海城市化初期水环境问题的产权因素。该章以上海地区河流体系(包括堤岸)不完善的公有产权在上海开埠后所发生的私有化为切入点,来揭示乡村城市化过程中水环境问题产生的产权机制。农业经济条件下河流体系"似公非公"式的模糊产权,与城市地产商对河流进行商业开发所持有的私有产权意识,存在鲜明对立,这使得官方和民间在处理河流产权转让时缺乏明确标准和前瞻意识,造成河流水面在短时间内快速消失,带来严重的水环境问题。

第三章,水的政治:以英商上海自来水公司在华人中推广和入城阻力为中心。受"冲击—反应"分析模式的影响,学界传统观点认为华人对英商上海自来水公司的"排斥""抵制"主要有三个原因:对新生自来水的误解、官方的保守、水夫生计。研究指出,学界误读了晚清时期的自来水工艺:晚清是沙滤,无消毒技术,不会产生氯、漂白粉消毒后的异味。同时,当时自来水相关知识已在上海有较为广泛的传播,上海华人对自来水有一定认知,上海地方主要官僚并不保守,支持上海县城引入或兴办自来水。自来水"有毒"的谣言产生,是因为上海两千多名挑水夫担心自来水开通后影响生计而编造的,随着谣言的消释,上海地方当局再次把自来水入城提上日程。但由于兴办自来水获利可期,上海地方绅董想自办自来水,以"利权外溢"为借口,阻止自来水入城,并最终导致中国人兴办的第一家自来水厂——内地自来水厂的诞生。所以,19世纪80年代,上海华人对英商上海自来水公司所谓的抵制,表面上是反对"自来水"推广和入城,并非因为是对自来水缺少认知而不能接受,而是相关利益团体为了维护自身的经济利益而进行的政治运作。

第四章,救国与救民:民国时期工业废水污染与社会应对——基于嘉兴禾(民)丰造纸厂"废水风潮"的研究。江南生态环境的核心是水环境。江河湖沼等地表水自古以来就是江南民众日常生活和生产水源,民国时期江南工业的发展造成一些民众饮用水发生困难。该章选择民国时期嘉兴禾(民)丰造纸厂的废水污染与社会应对进行个案研究。在系统梳理该厂持续数十年的"废水风潮"的基础上指出,为了尽快使中国强大起来,在"救国"与"救民"的选择上,"救国"往往是第一位的。在民国时期,整个社会并不认为"工业废水"会带来"环境"问题,废水几乎没有治理,只有排放。民众反对排放废水,也只是出于对清洁饮用水的需求,而非环境保护。这种发展思路给中国近现代自然生态环境带来了巨大破坏。

第五章,水利主导权之争:近代浙西水利议事会的成立与改组。近代以来,受水旱、兵燹破坏以及客民垦殖的影响,浙西水利遭受严重破坏。清末新政实施后,清政府鼓励地方实行自治,乃有设立浙西水利议事会之提议。议事会筹设过程中,围绕水利治权、经费来源即有激烈争论。议事会成立后,为统筹地方水利工程,完善了组织框架和工程议决制度,力图处理好自治组织与政府权力的关系,为浙西水利事业作出了重要贡献。南京国民政府成立后,为统一水利行政,浙江省设立了水利局,强化了政府的水利主导权,并通过对议事会章程和相关制度的修订,削弱议事会的权力,使其逐渐融入以政府为主导的水利行政体系之中。浙西水利议事会的成立与运作,体现了近代政局动荡下社会精英参与政府管理、分享政治权力的意图,但作为政治权力的附庸,社会精英阶层只能在既有的政治框架内进行利益诉求,无力阻拦南京国民政府重建政府权威的努力。

第六章,1927—1937年上海华界地区卫生改良活动探析——以上海市卫生局为中心。1927—1937年南京国民政府统治时期,上海市卫生局在华界地区开展了一场卫生改良活动。这场活动的起因主要是华界地区卫生环境面临的困境、大上海计划的推动和社会精英的呼吁。卫生改良活动从卫生行政职能的优化、医疗机构的整合与新设、卫生宣传与疫病防治等方面展开。通过10年的努力,华界地区的卫生事业得到了长足进步,不但打破了租界垄断卫生资源的格局,提升了医疗卫生水平,还初步实现了卫生改良与"卫民兴族"的有机结合;但不可否认,因受经费、环境等因素的影响还存在一些不可忽视的问题。

第七章,近现代太湖流域的自然肥料生态失衡与化肥使用。该章旨在从生态系统的角度,对近现代时期太湖流域农业肥料结构的转型及其背后的人地关系机制进行梳理。20世纪前半期,太湖流域以河泥和绿肥为主的肥料结构与其地理环境相适应,具有源源不断和通畅的供应链。20世纪50年代后,因片面追求粮食增产、河湖养鱼和围垦占用水面、消灭血吸虫病填平河道水体等因素,大幅度改变了有机肥的生产环境,造成化肥需求的快速上升。目前控制使用化肥,也需要从重建有机肥产出环境做起。

第八章,"以农为纲":大跃进时期太湖流域的联圩并圩。新中国成立初期,太湖流域圩田布局形式主要是民国遗留下来的抗灾能力较低的小圩体系。它存在着严重的缺陷,如地势低洼,外河水位经常灌于田面;圩子小,工程基础差,容易出现险情;圩子内部,排水设施陈旧,排涝能力薄弱等。为抵御洪涝灾害,太湖流域各级政府和民众自20世纪50年代开始,进行了联圩并圩。后随着大跃进、人民公社化及梯级河网化运动的推动,联圩并圩工程全面推开。联圩的规模大小不一,但万亩以上的比例不少;联圩的分布也不均衡,大圩大部分分布在吴江西部和吴兴东部的江浙两省边界线两侧。对联圩的规模,初期各地大多未作系统科学的论证,对上下游的排水和圩内外的航运考虑得不够。在联圩并圩的同时,老河网和流域水系的改造、分级分片控制、机电排灌等工程相继开展。联圩并圩虽使部分圩区抵制洪水能力有所增强,农作物产量有所提高,但太湖流域水系蓄泄能力总体下降,水域生态环境遭到一定程度的破坏。

第九章,以江苏省吴县为个案,对20世纪60—70年代禁垦下的湖荡围垦现象进行深入分析。新中国成立以来,太湖流域各级政府及管理部门对湖荡均采取了禁垦的方针,先后下发了系列禁垦令,但这些禁垦令并未能取得实际的效果。围垦之风在20世纪60年代末70年代初愈演愈烈,导致了"围垦潮"的出现。究其原因,一是受"文革"影响,政府组织受到严重冲击,禁垦令得不到有效实施;二是为响应"农业学大寨""备战备荒为人民"等号召,向"湖荡要粮";三是为解决"人多田少""渔民陆上定居"等问题,部分社队在围垦湖荡上找出路;四是部分领导对上级的禁垦令有时认识不到位,执行不坚决，放任了群众围垦湖荡。改革开放后，随着农村改革的不断深入、产业结构的调整及湖荡围垦弊端的暴露，太湖流域的围垦之风才得以消退。太湖流域大规模的湖荡围垦造成严重后果：湖泊水域迅速减少，调节洪水的能力削弱，导致水情恶化；破坏了原有水系，出口淤塞，严重影响流域排水；水环境遭到破坏，水产资源的繁殖生长受到严重影响；出现了社队之间，甚至邻县之间与水争地的情况，助长了不良倾向。

第十章，南太湖地区溇港的疏浚与治理（20 世纪 60—80 年代）。太湖溇港及塘浦（溇港）圩田系统，作为古代伟大的农田水利工程，是太湖流域"天下粮仓""鱼米之乡""丝绸之府"形成的重要基础。历史上不同时期，对太湖溇港进行过多次疏浚和治理，但均未能达到理想的效果。至新中国成立初期，南太湖地区多数溇港因多年失修，淤塞严重；20 世纪 50 年代末吴江等地的打坝并圩又堵塞了下游河道，抬高太湖水位，影响溇港排泄；东、西苕溪分流工程及东苕溪导流工程，使入湖河流格局产生变化，必须加强溇港控制能力。20 世纪 60—80 年代，南太湖地区进行了溇港疏浚与治理，在动员民工的数量、挖掘的土石方数及疏浚的河道力度等方面超过历史上的大多时期，但疏浚与治理的方法还是主要沿用历史上传统的做法。因此，疏浚工程虽然在泄洪、引补、治渍方面发挥了重要作用，但并没有达到根治的效果。直至 20 世纪 80 年代后尤其是新世纪实施太湖水环境综合治理工程后，溇港才得以全面系统的治理，塘浦（溇港）系统也展现出全新的面貌。溇港治理是一项系统工程，涉及干流与支流、河道与河口、溇港与圩区、上游与下游、局部与整体等一系列关系，必须做好统筹规划，进行综合治理。同时系统治理要与溇港遗产的保护有机结合起来，建立相应的水资源协调管理机制，健全相关法律制度。

五、研究方法及技术路线

（1）研究方法

一是文献研究法。阅读和收集大量的档案材料、报刊资料、公私记载、各种地方史和专门史资料及学术界现有的研究成果等，为研究近代以来太湖流域水域环境改造及社会生态效应提供主要材料支撑、分析依据。

二是田野考察法。赴杭嘉湖、上海、苏南等地考察一些典型的河流、湖泊、水库、圩田、水利工程及相关管理部门和污水处理企业，采集相关的研究数据和资料。

三是专题研究法。分 10 个专题对一百四十多年来太湖流域水域环境的改造及社会生态效应进行研究。

（2）技术路线

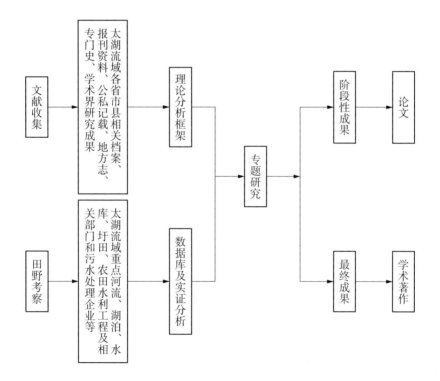

第一章

近代以来太湖流域水质环境时空变迁及其驱动因素分析

（1840—1980）

水是居民生活和生产必需的宝贵资源。然而,近代以来,随着工业的发展、城市的扩张,水污染越来越突出。在我国江南地区,地表水资源虽然丰富,但由于污染,水质型缺水已达到一个前所未有的高度。陈桥驿先生曾指出,长江三角洲地区近几十年的城市发展是在严重损害水环境生态机制的情况下进行的①。目前,长江三角洲地区部分河段污染严重、湖泊水体富营养化趋势加重、跨界断面水污染严重②,整个长江三角洲地区早已属于"水质型缺水地区"③。

就太湖流域而言,它是中国最早进入工业化和城市化的地区,直到今天,太湖流域仍然是中国经济最发达的地区之一,也就是说,它是我国最早被污染的地区,因为成体系的污水处理等环保系统至今还没完全建立起来。据1999年的监测,太湖流域89％的河道已被污染,平原河网受污染扩散的影响,已经无法找到一块较清洁的水源,而剩下11％的Ⅱ～Ⅲ类水,全部都在流域边缘,或山区或沿江。黄浦江作为太湖主要的排水河道,也是该流域主要纳污河道。在1990年以前,黄浦江每天接纳上海市排入的污水和废水达480万立方米,加上该流域上游下泄的污水,总量超过500万立方米,占太湖流域污水总量一半以上。1990年,由于水污染再加上干旱少雨,黄浦江从米市渡到白渡桥长58千米的河段内,水质全部下降为Ⅴ～Ⅵ级,上海市出现严重的"水质危机"④。

也许是因为资料的分散与缺失,在许多人看来水质环境的恶化主要是近几十年来的事情,史学界对历史时期水质环境变迁问题进行系统的研究

① 陈桥驿:《长江三角洲的城市化与水环境》,《杭州师范学院学报》1999年第5期。
② 余之祥、骆永明等:《长江三角洲水土资源环境与可持续性》,科学出版社2007年版,第26、27页。
③ 朱大奎、王颖、王栋、王腊春:《长江三角洲水环境水资源研究》,《第四纪研究》2004年第5期。
④ 黄宣伟编著:《太湖流域规划与综合治理》,中国水利水电出版社2000年版,第173、180、205、206页。

并不多见。不过,历史时期的饮用水问题的研究,是当前学术界关注的热点之一,在医疗疾病史、城市史、环境史等研究中往往有所涉及,这些成果非常丰富,可为借鉴与利用[①],特别是张亮、曹牧等人的研究已经越来越关注近代的水质变迁问题[②]。

前文已述,太湖流域是近代以来我国工业和城市最为发达的地区之一,也就是最早被污染的地区。有鉴于此,本章选择太湖流域作为研究范围。

一、相关水质环境变迁资料及处理

中国文献典籍浩如烟海,但有关历史时期太湖流域的饮用水、水质与改

---

① 相关研究中,医疗疾病史以余新忠、李玉尚等为代表,余新忠:《清代江南的瘟疫与社会:一项医疗社会史的研究》,中国人民大学出版社 2003 年版;余新忠、赵献海、张笑川:《瘟疫下的社会拯救——中国近世重大疫情与社会反应研究》,中国书店 2004 年版;余新忠:《清代江南的卫生观念与行为及其近代变迁初探——以环境和用水卫生为中心》,《清史研究》2006年第 2 期;李玉尚:《环境与人:江南传染病史研究(1820—1953)》,复旦大学博士学位论文,2003 年;李玉尚:《地理环境与近代江南地区的传染病》,《社会科学研究》2005 年第 6 期;李玉尚:《清末以来江南城市的生活用水与霍乱》,《社会科学》2010 年第 1 期。城市史以程恺礼、周武、邱仲麟为代表,Kerrie L. Macpherson(程恺礼): *A Wilderness of Marshes: The Origins of Public Health in Shanghai: 1843—1893*, Oxford University Press, 1987;周武:《晚清上海市政演进与新旧冲突——以城市照明系统和供水网络为中心的分析》,张仲礼等主编:《中国近代城市发展与社会经济》,上海社会科学院出版社 1999 年版,第 183—200 页;彭善民:《公共卫生与上海都市文明(1898—1949)》,上海人民出版社 2007 年版;周春燕:《清末中国城市生活的转变及其冲突——以用水、照明为对象的探讨》,台湾政治大学硕士学位论文,2001 年(感谢周春燕赠予);邱仲麟:《水窝子——北京的供水业者与民生用水(1368—1937)》,李孝悌主编:《中国的城市生活》,新星出版社 2006 年版;周春燕:《明清华北平原城市的民生用水》,王利华主编:《中国历史上的环境与社会》,生活·读书·新知三联书店 2007 年版。环境史以王建革、蔡蕃、胡英泽为代表,王建革:《水乡生态与江南社会(9—20 世纪)》,北京大学出版社 2013 年版;蔡蕃:《北京古运河与城市供水研究》,北京出版社 1987 年版;胡英泽:《水井碑刻里的近代山西乡村社会》,《山西大学学报(哲学社会科学版)》2004 年第 2 期;胡英泽:《水井与北方乡村社会——基于山西、陕西、河南省部分地区乡村水井的田野考察》,《近代史研究》2006 年第 2 期;胡英泽:《凿池而饮:明清时期北方地区的民生用水》,《中国历史地理论丛》2007 年第 2 期,亦见行龙主编:《环境史视野下的近代山西社会》,山西人民出版社 2007 年版,第 45—81 页;胡英泽:《古代北方的水质与民生》,《中国历史地理论丛》2009 年第 2 期。

② 张亮:《清末民国成都的饮用水源、水质与改良》,《民国研究》2019 年第 2 期;曹牧:《饮水、深井与氟齿病——全球化视野下清末民初天津地下水资源开发及影响》,《清史研究》2021 年第 6 期。

水的资料极其零星分散,也许人们"习以为常,史志中很少提及"①,给系统研究造成一定的困难。笔者经过多年来的资料发掘,查找整理出一批较为系统的资料,其中有些资料以往学者少有利用,主要分为以下五类。

一是档案与内部资料。进行近现代史研究,若撇开档案这类第一手资料,很难说是成功的研究。受上海交通大学历史系曹树基、李玉尚两位收集血防档案的启发,笔者跑遍了太湖流域 40 余家档案馆②,在他们热情帮助与支持下,获得了丰富的第一手材料,为研究奠定了坚实的基础。

笔者通过查找档案发现,国民政府在推行新县政、抗战胜利后的重建过程中会对一些地方进行专门的饮用水、水井调查,新中国成立之初及后来的血防也曾进行过一些饮水调查。这些调查除少数单独出版或散见于报纸杂志外,大部分还是以档案与内部资料的形式存在。

二是方志类。除了晚清民国所修方志有零星记载之外,在 1980 年以后,各县市都新修了县志或市志;同时,笔者发现大部分地区编有卫生志、水利志,另还有一些地区编有血防志、自来水志、公用事业志、环境保护志,甚至专门改水志。这些新修志书一般都会对当地饮用水水源、水质变迁、改水活动进行记载,不过,大多数在时间上限于新中国成立后,同时在可靠性方面还存在一定的问题。

三是报纸杂志,大体可分为以下四类:首先,医药卫生类期刊,如民国时期的《中华医学杂志》《卫生月刊》《卫生半月刊》《上海卫生》等,解放后的《大众医学》《华东卫生》等,此类期刊会有一些有关饮水卫生与改良内容。其

---

① 上海市公用事业管理局编:《上海公用事业(1840—1986)》,上海人民出版社 1991 年版,第109 页。
② 中国第二历史档案馆、上海市档案馆、宝山区档案馆、奉贤区档案馆、嘉定区档案馆、金山区档案馆、青浦区档案馆、松江区档案馆、(原)南汇区档案馆、江苏省档案馆、镇江市档案馆、丹徒区档案馆、丹阳市档案馆、常州市档案馆、武进区档案馆、金坛市档案馆、溧阳市档案馆、无锡市档案馆、宜兴市档案馆、江阴市档案馆、苏州市档案馆、吴中区档案馆、常熟市档案馆、张家港市档案馆、吴江市档案馆、昆山市档案馆、太仓市档案馆、浙江省档案馆、杭州市档案馆、余杭区档案馆、嘉兴市档案馆、嘉善县档案馆、平湖市档案馆、海盐县档案馆、海宁市档案馆、桐乡市档案馆、湖州市档案馆、长兴县档案馆、安吉县档案馆、德清县档案馆、上海市卫生局档案室。

次,市政类期刊,如民国时期的《公用月刊》《无锡市政》等,一般会有自来水、自流井等饮水改良活动的资料。再次,县政类期刊,民国时期的《浙江民政月刊》《浙江民政年刊》《江苏旬刊》,此类资料,出乎意料,作为新县政内容,各级政府的改水活动一般会刊登其中,以前研究民国时期医疗卫生的学者还少有人注意。再说报纸,近代报纸众多,由于时间与精力的限制,笔者主要选择了查阅起来比较方便的三种报纸:The Chinese Repository(《中国丛报》)、《上海新报》、《申报》,虽然都是在上海发行的报纸,它们记载内容的地域其实并不限于上海,涵盖周边地区,时间上也基本相继,分别为 1832—1851 年、1861—1872 年、1872—1949 年。这是一项相当耗时的工作,如《申报》时间跨度长,其影印本也有 400 册,不过,查到的资料还是比较令人满意的。

四是游记、回忆录。初到异域,新环境常常给人留下极其深刻的印象,从而写下了丰富的游记资料,如《幕末明治中国见闻录集成》《大正中国见闻录集成》各 20 册,是近代日本人中国游记的精华,冯天瑜就曾请人选译了其中的 5 篇[1],由张明杰组织翻译,题为"近代日本人中国游记",出版了 13 册。其选择的游记绝大多数也来源于上述两种集成,惜张明杰没有按照原书游记顺序来翻译出版,而是按照他自己所认为的学术价值进行选择。已有研究者利用翻译出版后的游记进行环境史研究,不过鲜见利用这些原版资料[2]。除此之外,笔者还发现了大量出于军事目的的饮水调查,如东亚同文书院和满铁的调查,以往国内学者较少利用来进行环境史研究。

五是文史资料。1980 年以后,各地都编有文史资料,常见的是由各省市县政协文史资料研究委员会主编的各地文史资料,此外,部分地方文史馆、文史资料委员会也编有文史资料,如上海。这些文史资料中也有一些水质环境变迁史料。[3]

---

① 冯天瑜:《"千岁丸"上海行——日本人 1862 年的中国观察》,商务印书馆 2001 年版,第305—465 页。注:选译的 5 篇原文就是用中文撰写的。
② 据笔者陋见,仅见邱仲麟、余新忠在其研究中有利用《幕末明治中国见闻录集成》《大正中国见闻录集成》。
③ 感谢李玉尚教授提供整理好的各地文史资料。

能否找到资料只是问题的一个方面,如何对资料进行处理研究是另一项重要内容。由于历史时期有关地表水水质的记载大多是描述性的,自然不可能按照现代水质五级分类体系。如何对这些史料进行科学的解读,学术界曾有不同的看法。[①]

不过,水质好坏,基本可以通过其物理性的指标(即色、味、嗅)来进行较为准确判断。在收集了大量资料、建立太湖了流域地表水水质数据库的基础上,笔者利用这些可以感观的指标,将太湖流域地表水水质分为可以饮用、需要简单处理才能饮用、完全不可饮用三个等级,即通过定性与定量相结合的方法,探讨太湖流域地表水水质变迁的时空过程,剖析水质变迁的原因与特点,以及随之而来的饮水危机。

二、近代以来太湖流域水质环境时空变迁过程

根据水污染范围与原因,笔者将近代以来太湖流域水质环境变迁过程分为以下六个阶段。

第一个阶段是 1843 至 1871 年,太湖流域主要大城市市河水质浊秽萌发期。此阶段出现水质污染的地方并不多,主要是上海、杭州城区,此时引起水质环境变迁的原因主要是河道淤塞。

上海县河道受潮汐影响,容易淤塞。鸦片战争以来,因缺乏有效的疏浚,河道变狭窄,水流变缓,水质易受污染。上海城区还有手工业及生活污染源,如染坊"洗褪黄绿青黑颜料",居民"洗濯小孩尿粪等布以及洗刷净桶",使得河水污秽不堪[②]。外国人进入上海居住后,对上海饮水问题特别关

---

① 梁志平:《西人对 1842 年至 1870 年上海地区饮用水水质的认知与应对》,《农业考古》2013 年第 1 期;余新忠:《清代城市水环境问题探析:兼论相关史料的解读与运用》,《历史研究》2013 年第 6 期;张亮:《感观与科学:近代四川城市河流水质的判读》,《城市史研究》2019 年第 2 期;梁志平:《何为污染:清代以来江南水污染与水质环境的解读——兼答余新忠先生》,《江南社会历史评论》第 20 期,商务印书馆 2022 年版,第 124—143 页。

② 《除秽水以免致病论》,《申报》,1873 年 12 月 9 日,(4)85;注:(4)、85,分别为上海书店影印版《申报》的册数与页码,下同。

注。雒魏林(William Lockhart),在开埠当年即进入上海,对上海的饮水环境与水质有诸多记载,其在 1848 年出版的《上海概览》(*Description of Shanghai*)一文中描述了上海支浜小河淤塞与水质恶化的状况:

> 在黄浦江和吴淞江日夜有潮汐,但那些汇入的支浜小河却没有流动和涨落的潮汐,水流或静止或停滞,从而变成绿色,并有令人恶心的气味。[①]

雒魏林还进一步指出,使用这些含有腐烂物的水作为日常生活用水,可能导致人罹患性质严重的疾病[②]。约翰·罗斯(John Rose)作为英国皇家海军的外科医生,在开埠初期来到上海,他也认为上海支浜小河极不清洁,称"河浜成了用来装各种垃圾的容器,一些地方只是在一月两次的大潮中才得到冲洗,作为城内家庭的日常用水,附着有腐烂物,并含有大量纤毛虫微生物"[③]。

水质更为糟糕的是上海县城内支浜小河。王韬自 1847 年旅居上海县城 13 年,对上海县城内水质环境感触颇深,他如此描述上海城内的水质环境与饮水危机:

> 城外惟一黄浦,其余港汊,潮退即涸。城中河渠甚狭,舟楫不通。秋潮盛至,水溢城闉,然浊不堪饮。随处狭沟积水,腥黑如墨。一至酷暑,秽恶上蒸,殊不可耐……如饮城河中水,易生疾病。潮退水涸,猝遇郁攸,无可取救……近城诸水,则由浜入城,然河道甚狭,逶迤曲折,不足以达流,仅潮至时一线相通,无异沟渠。[④]

---

① *The Chinese Repository*, 1848, Vol. 17, No. 6, p. 193. 亦见 William Lockhart, *The Medical Missionary in China: A Narrative of Twenty Year's Experience*, London: Hurst and Blackett, 1861, p. 28。

② William Lockhart, *The Medical Missionary in China: A Narrative of Twenty Year's Experience*, London: Hurst and Blackett, 1861, p. 40.

③ John Rose, *Medical and Topographical Notes on China*, The Lancet, 1862, 14 June, p. 631.

④ (清)王韬:《瀛壖杂志》,沈恒春、杨其民标点,上海古籍出版社 1989 年版,第 4 页。

差不多同时期的葛元煦,旅居在上海租界长达 15 年,对上海水质环境与饮水危机也有同样的认识:

> 沪城内河渠浅狭,比户皆乘潮来汲水而食。潮退腥秽异常,故饮者易生疾病,初至之人,尤觉不服。①

在杭州,市河淤塞造成的水质恶化问题也由来已久。康熙年间,裘炳泓称因明代设闸不当,导致杭州市河水流不畅,水质恶化:

> 今者城内河道日就淤塞,殆三百余年矣,其弊在去涌金门外之闸而增新河闸闸板。盖诸商因水浅运艰,是以受水处反去其闸,泄水处反加其板,以致省城之中,遇旱魃则污秽不堪,逢雨雪则街道成河,使穷民感蒸湿成疫痢。②

随着时间的推移,杭州城市河淤塞更加严重。至 1875 年,由于"淤泥拥塞",兼以"城厢近河居民多沉垃圾于河内",以致"河水渐浅""河面愈狭"③。

第二阶段是 1872 至 1918 年,太湖流域城市市河水质浊秽发育期。由于市河淤塞,加之近代工业有所发展,越来越多的地方出现了饮水困难,如上海租界、苏州、湖州等地。

19 世纪至 20 世纪初,上海工业发展,人口增长迅速,特别是一战期间是中国民族工业发展的黄金时期,随之而来的是中小水体不断遭受污染,发黑发臭。1917 年,美国人鲍威尔来到上海,称上海溪渠纵横,水位一旦较低,"水就变得像菜汤一般浓稠"④。此时受污染河流的典型代表是洋泾浜。锦江饭店创始人董竹君,生于 1900 年,家在上海洋泾浜边,在其回忆录中,她

① (清)葛元煦:《沪游杂记·淞南梦影录·沪游梦影》,上海书店出版社 2006 年版,第 157 页。
② 《裘炳泓请开城河略》,雍正《浙江通志》卷 52《水利一》。
③ 《杭垣疏河》,《申报》,1875 年 6 月 8 日,(6)521。
④ [美]J. B. 鲍威尔:《鲍威尔对华回忆录》,邢建榕等译,知识出版社 1994 年版,第 26 页。

这样描述童年生活时的洋泾浜:

> 　　这是一条黑得如墨汁、稠得如柏油、看不见流动的污水浜。浜里有死猫、死狗、死老鼠、垃圾,也有用草席、麻袋装盖的婴儿尸体……夏季到来,污水发酵,臭气上升,四处飘散,再加上蚊虫乱飞,真叫人受不了。①

黑得如墨汁、稠得如柏油、臭气四散,这些感观指标足以说明水质极差,完全不适合饮用。洋泾浜由于粪渣等垃圾杂物在浜底越积越多,疏浚已无济于事,租界当局不得已于民国 5 年(1916 年)填没洋泾浜,筑成了爱多亚路(今延安东路东段)。②

清末的苏州,城内支浜小河水质已大不如城外大河清洁。1872 年有人指出苏州城内茶铺、老虎灶及民间饮水大多“从城外大河运装清水入城”③。

湖州吴兴地区,地势平坦,水流纡缓,故“山洪略平,水流即定,而积污停垢,无不滞集河中”,容易污染。一战期间,湖州工业发展迅速,城区人口骤然增加,“阴沟里的淤水自然也增加了许多,染坊里的颜料水增加了许多,河底也增高了许多”,城内的水已经是“不宜喝了”④。

第三个阶段是 1919 至 1949 年,太湖流域城市市河水质浊秽暴发期。上海苏州河出现严重的污染,杭州西湖也不宜用作饮用水,太湖流域主要城市城区都出现了饮水危机。

1920 年前后,苏州河上游(今上海普陀区一带)两岸棉纺等工业发展很快,苏州河水质逐步恶化,不堪饮用。在 20 世纪 20 年代,恒丰路桥以东至苏州河口的 3.6 公里水域首先遭到明显的污染⑤。以后污染情况逐年加重,

---

① 董竹君:《我的一个世纪》,生活·读书·新知三联书店 1997 年版,第 3 页。
② 《上海环境保护志》编纂委员会编:《上海环境保护志》,上海社会科学院出版社 1998 年版,第 2 页。
③ 《上海城内宜设水船以便民用论》,《申报》一八七二年十一月初十(1872 年 12 月 10 日),(1)761。
④ 《湖州城市的自来水》,《湖州月刊》第 3 卷第 4 期,1928 年。
⑤ [美]罗兹·墨菲:《上海——现代中国的钥匙》,上海社会科学院历史研究所编译,上海人民出版社 1986 年版,第 43 页。

污染范围逐渐扩大。1926年,金诗伯来到上海,看到的苏州河是条"肮脏的小河",除了"苍蝇哄哄",最讨人嫌的莫过于"苏州河的恶臭"①。金诗伯并非言过其实,当时苏州河曹家渡段已"长此发黑"②。闸北自来水电厂也因苏州河水源污染,于1928年在杨浦军工路另建成新水厂,取黄浦江为水源。③

至1920年代末,苏州河的污染带已上溯到真如,周围居民深受其害。1928年,真如各条河流,"经由吴淞江流入者,水质污秽,于饮料有碍"④。1929年,据真如区市政委员洪兰祥等呈称:

> 本镇民众饮料咸取给于河流,自吴淞江两旁各厂家开设以来,所有秽水每乘潮来时放出,致由潭子江流入梨园浜,水黑如墨,而腥秽之气中人叹呕感受痛苦,难以言谕,虽多量明矾澄之使清,然恶臭难开,仍属不堪下饮,非将饮料改良,则疫疠之为害,恐不旋踵而酿成。⑤

至20世纪30年代,苏州河与黄浦江的水流有一条明显的界限:一种是"好像沉着什么污淀的黝黑色",一种是"含有沙质的深黄色",俨然"彼此不相侵犯"⑥。在人们眼中,苏州河变成"一个令人不可思议的地方",是"一个充满泥水的大沟渠"⑦。

到了20世纪40年代中叶,苏州河水质甚为污浊。据1946年上海市公用局的调查,苏州河水质"几与北洋泾西区污水处理厂所流出之污水相仿"⑧,甚至"鱼类不能生存"⑨,而在80年前,苏州河还有喜爱生活在洁净水

---

① [俄]金诗伯:《我在中国的六十年》,中国青年出版社1991年版,第34页。
② 《函请水利会取缔秽水》,《申报》1926年6月14日,(224)333。
③ 《上海公用事业志》编纂委员会编:《上海公用事业志》,上海社会科学院出版社2000年版,第158页。
④ (民国)洪兰祥等编:《上海特别市真如区调查统计报告表册》,上海社会科学院出版社2004年版,第3页。
⑤ 《卫生局公函》(1929年7月4日),上海市档案馆,档案号:Q5—3—2403。
⑥ 《水的界限》,《申报》1932年9月10日,(296)274。
⑦ [日]石滨知行:《上海》,东京三省堂,昭和十六年(1940),第106页。
⑧ 《上海市公用局调查水井及取缔土井案》(1946年3月8日),上海市档案馆,档案号:Q5—3—4916。
⑨ 《苏州河水质恶劣》,《申报》1946年2月10日,(388)220。

质环境中的鳗鱼。

西湖一直是杭州居民重要的饮水来源,在晚清时还相当清澈。1874 年,曾根俊虎游西湖时称"水波清澄"①。1884 年,内藤湖南游西湖,称虽不能说水色清澈见底,但能透过水面看到下边的荇藻②。民国时期,杭州西湖水已经不适于直接饮用。据 20 世纪 20 年代末浙江省蚕桑科职业学校的调查:

> 西湖水,其色混浊,复有臭气,含有浮游物、固形物,有机物多量,不适于饮用。③

1928 年,浙江各县卫生警察对辖区内饮水卫生状况进行了一次调查,结果表明,绝大多数城区河道水质不堪饮用。如余杭城区"阴沟淤塞,时有积水",南区"河流污浊,臭气扑鼻";嘉兴城内"河流狭浅,浑浊不堪",居民饮料"多向城外吸取";海宁"城内河流之淤塞,于人民饮料大有关系"。④

第四个阶段是 1950—1960 年,太湖流域城市市河水质浊秽普发期。该阶段太湖流域依靠溪水及低平原的市县城区出现饮水困难,如宜兴、溧阳等。

据 1953 年宜兴县的饮水调查,张渚镇地处山区,每年在夏秋季节,河水枯少,"因之汲水困难而至发臭",居民所需饮水,均用民船到数里外取水饮用,"一般居民叫苦连天"⑤。虽然这与水源减少有一定关系,但根本原因还是水源受污染。在城区,随着新中国成立后工农业生产的发展以及生活污水的影响,水质污染日益严重⑥。在溧阳,新中国成立后由于生活污水和生产污水都排放入河道,"河水污染严重,尤其是枯水季节,河水成为灰褐色"⑦。

---

① [日]曾根俊虎:《北中国纪行》,范建明译,中华书局 2007 年版,第 311 页。
② [日]内藤湖南:《燕山楚水》,吴卫峰译,中华书局 2007 年版,第 94 页。
③ 童振藻:《浙民衣食住问题之研究》,《浙江民政月刊》第 1 卷第 36 期,1930 年。
④ 浙江省民政厅编:《浙江民政年刊》之《行政概况》,1929 年,第 27、37、40、167、168 页。
⑤ 《宜兴县饮水消毒工作总结》(1953 年 11 月 16 日),苏州市档案馆,档案号:H67—3—35。
⑥ 江苏省宜兴市地方志编纂委员会编:《宜兴县志》,上海人民出版社 1990 年版,第 111 页。
⑦ 溧阳县卫生志编纂领导小组编:《溧阳县卫生志(1912—1985)》(内部资料),1990 年,第 98 页。

第五个阶段是 1961—1980 年,太湖流域黄浦江下游及广大乡村河道浊秽期。

1964 年夏季,外滩一带黄浦江出现了以前没有出现过的黑臭现象,严重影响工业生产和居民生活。黄浦江上游至龙华附近和下游出江口附近的溶解氧较高,中游从日晖港至东沟,不论涨潮、落潮,溶解氧都很低。其中日晖港到东沟段,始终被严重污染,特别是苏州河口至宁国路一带,因受苏州河和杨浦工业大量污水的影响,溶解氧已接近 0,有几处甚至已等于 0(溶解氧耗尽,水黑发臭)。总之,从以上资料来看,黄浦江的污染情况在 1964 年 5 月份已很严重,潜伏着发黑发臭的危机[①]。1966 年,调查证明工业污水为污染主要来源[②]。至 1969 年,黄浦江的黑臭已达到 49 天[③]。

新中国成立后,随着工业的发展、人口的增加,污染面越来越大,广大乡村河道也受到污染。1965 年,浙江大学附近的古荡大队,由于生活污水和化学污水的排放,饮用水塘受地面脏物、污水的污染,水质很差。居民为了吃到清洁的水,有时要到一里路外去挑泉水,来回要个把钟头。[④]

在宝山乡村,自 1960 年起,"地表水的污染问题日趋严重"[⑤]。至 20 世纪 70 年代,市、县、社、队办工业日益增多,靠近工厂生产队的河流由于工业废水和部分地区污水灌溉农田,河流水源都不同程度地被污染,水质较差,不能饮用。[⑥] 在昆山,20 世纪 70 年代,农田使用的大量农药化肥流入河中,水利建设又使一些河道被分隔成内河外河,造成水流缓慢,许多内河水污染

① 《市人委公用事业办公室关于制止黄浦江水质恶化及苏州河污水处理工程初步规划(一)》(1964 年),上海市档案馆,档案号:B11—2—122。
② 《上海市环境卫生局、规划建筑设计院关于制止和改善黄浦江水质继续恶化的报告、函、分布图》(1966 年),上海市档案馆,档案号:B256—2—268。
③ 《上海环境保护志》编纂委员会编:《上海环境保护志》,上海社会科学院出版社 1998 年版,第 4 页。
④ 《发扬自力更生精神,改善饮用水源》(1965 年 11 月 7 日),杭州市档案馆,档案号:3—1—229。
⑤ 周盛运、邵家文:《宝山饮用水三部曲》,政协上海市宝山区委员会文史资料委员会、上海市宝山区卫生局编:《宝山卫生史话》(内部资料),1990 年,第 18 页。
⑥ 《宝山县革命委员会卫生局关于建造无害化粪池和维修水进材料的请示报告》(1974 年 4 月 16 日),宝山区档案馆,档案号:36—1—6。

严重,肠道疾病增加。[①] 20 世纪 70 年代的溧阳别桥公社村民,"平时吃臭水,下雨吃浑水,施肥吃脏水,治虫吃毒水",饮水条件十分恶劣。[②]

第六个阶段是 1980 年以后,太湖流域水质彻底崩溃期。太湖流域山丘区及太湖核心区完全不可直接饮用。在前揭已有说明,不再累述。

综上所述,为直观与形象,笔者制作出近代以来太湖流域城区水质恶化开始出现时间表,并绘制了示意图(表 1-1、图 1-1)。结合图表,笔者以为,近代以来,太湖流域水质环境时空变迁过程总体说来具有以下特点。

首先,水质环境变迁的城乡差异明显。在新中国成立前,水质污染与饮水危机主要发生在城区及一些经济较为发达的城镇,基本没有影响到农村地区,农村地区即使出现饮水危机,那也主要是由自然的河道淤塞引起,只要水道流畅就不会出现饮水问题。新中国成立后,随着工农业的发展,工业污染源向农村转移,农药化肥的广泛使用,使得越来越多的农村地区在 20 世纪 60 年代及以后出现水污染,饮水困难开始突显,到 20 世纪 80 年代,所有地表水都出现较为严重的污染,不可直接饮用,包括浙西山区。

其次,因平原区水流速比较慢,水体流通性较差,污染物较难稀释,低位平原区及高位平原沿江滨海区的水质恶化一般要早于浙西山区及太湖西部地区。

再次,感潮区受潮汐带来泥沙的影响,河道易塞,水质恶化一般要早于非感潮区。同时,感潮强的地区要早于感潮弱的地区,如浦江低平原区感潮强,河道最容易淤塞,因而更容易受到污染。

最后,水域面积较大的湖泊,因水量大,自净能力较强,出现水质恶化的时间要晚于其他地区。如 20 世纪 60 年代苏南的主要湖泊淀山湖、阳澄湖都水质良好,至于太湖水质受到大面积的污染基本要到 20 世纪 80 年代。

---

① 《昆山市血防志》编纂委员会编:《昆山市血防志》,上海科学技术文献出版社 1995 年版,第 104 页。
② 《别桥公社积极推广"灶边井",努力改善饮水卫生》(1976 年 7 月 24 日),溧阳市档案馆,档案号:301—1—513。

表1-1　近代以来太湖流域城区水质恶化开始出现时间表

		1843—1871	1872—1918	1919—1949	1950—1960	1961—1980
低平原	浦江区	上海县城	上海租界	（苏州河）	松江、青浦	（黄浦江）
	嘉湖区		湖州	桐乡、嘉兴	嘉善	
	阳澄淀泖			吴江、昆山		
高平原	滨海区	杭州	海宁	南汇、奉贤、金山、余杭、海盐、平湖		
	沿江区		常州、江阴、苏州	镇江、无锡、常熟、太仓、嘉定、宝山	丹阳、沙洲（张家港）	
	太湖以西				溧阳、宜兴	金坛
丘陵山区					长兴、安吉	德清、临安

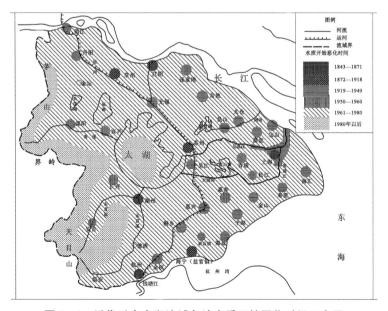

图1-1　近代以来太湖流域各地水质开始恶化时间示意图

三、近代以来太湖流域水污染原因分析

近代以来,太湖流域地表水经历了一个从河流自然淤塞造成的水质污染,到生活污染、工业污染呈现,再到工业污染与化学污染占主要地位的变化过程。

前揭清末上海县城、杭州城水质恶化,都与河道淤塞紧密相关。民国时期,因河道淤塞而引起的水质环境变迁情况非常多。1914 年,沈保宜、曾省三在《致市公所函》中称"武进城河,日久淤垫",从后来所浚河道长达2 348 余丈来看,淤塞面积比较广,居民"难于汲饮"①。然而疏浚一次并不能管太久,1929 年夏,因天气干旱,武进县河水混浊,居民饮水发生困难②。

1928 年,海宁县新县政报告中称,县府河道"颇淤浅"③。同年,海宁县卫生警察的调查亦称,"城内河流之淤塞,于人民饮料大有关系"④。1929年,平湖视察员在公共卫生报告也指出平湖市河淤塞,水质污染:

> 城乡市河久未疏浚,水质秽浊,河道淤塞,关系饮料。⑤

在嘉兴县城,城中河道为"供给饮料、运载柴米、排泄物等要道",然因年久失治,河底高仰,两旁驳岸,复侵占日甚,以致"一遇天旱水落,河水即停滞不动,色味俱变,有碍卫生"⑥。至新中国成立初,城市内河道年久失修,大部分淤塞不通,部分河岸塌倒,"天气稍旱即变成干臭水河"⑦。桐乡"市河窄而

① 沈保宜、曾省三辑:《武进市区浚河录》,1914 年,国家图书馆藏,第 1、3 页。
② 武进县卫生局编史修志领导小组编:《武进县卫生志(1879—1983)》(内部资料),1985 年,第125 页。
③ 浙江省民政厅编:《浙江民政年刊》之《行政概况》,1929 年,第 24 页。
④ 浙江省民政厅编:《浙江民政年刊》之《行政概况》,1929 年,第 167 页。
⑤ 浙江省政府民政厅指令第 12502 号:《令平湖县县长方立呈一件为呈报办理公共卫生事项经过情形祈鉴核由》(1929 年 7 月 11 日),《浙江民政月刊》第 1 卷第 21 期,1929 年。
⑥ 幼甫修、陆志鸿等纂:《嘉兴新志》,成文出版社有限公司 1970 年影印本,第 49 页。
⑦ 《嘉兴市疏通河道运动初步计划书》(1953 年),嘉兴市档案馆,档案号:78—1—76。

浅,大部淤塞,有几段已成臭水沟"①。

新中国成立后,城市建设中填塞河道,农田水利建设则随意变更河道,进一步加剧了河道的淤塞。如作为丹阳城内主要水源的河道,除环城而过的运河之外,城内只有一条与运河相通的小河,其他河道皆淤塞不通,"水质极差,不堪饮用"②。吴江农村地区随着电力灌溉系统的发展和防汛工作的需要,农村全部按圩头或联圩筑起大包围,原来的"活水"变成"死水"③。

太湖水系的整体淤塞,与潮汐带来的泥沙密不可分。太湖流域平原平均地面海拔高程 3—4 米,低于长江口高潮位 2—3 米;低于杭州湾高潮位 5—6 米④。例如,上海的水系既受上游来水影响,又受来自东海的潮汐作用,水流特性为往复流。上海市主要河流大约在每 24 小时 48 分钟内,都有涨潮、落潮过程各两次,属河水流向不稳定的往复流和不正规浅海半日潮⑤。1862 年,松田屋伴吉来到上海称:

> 上海河水平时没有清的时候,有很多泥,若要饮用,需用明矾沉淀,上层是清水,下层是浊泥。⑥

民国时期,由于黄浦江浑潮倒灌而上,大干河水流湍急,未至淤浅,小干河则日益淤塞,"非但农田不便灌溉,即商市亦渐形萧索"⑦。

江阴城内河道受潮汐带来影响也非常大,所谓"潮来一箸,箸积成寸,积寸成尺"。咸同年间,江阴城河淤塞严重,居民汲水困难。同治十一年(1872

---

① 伍仁:《略述解放前夕梧桐镇旧貌》,《桐乡文史资料》第 9 辑,1990 年,第 215 页。
② 《丹阳县 1955 年饮水消毒工作总结报告》(1955 年),丹阳市档案馆,档案号:338—1—5。
③ 中共吴江县委血吸虫病防治领导小组办公室吴江县卫生防疫站编:《江苏省吴江县血吸虫病流行情况和防治工作(1952—1981)》(内部资料),1982 年,第 86 页;吴江市血防志编纂委员会编:《吴江市血防志》,今日出版社 2001 年版,第 120—121 页。
④ 黄宣伟编著:《太湖流域规划与综合治理》,中国水利水电出版社 2000 年版,第 2—3 页。
⑤ 段绍伯编著:《上海自然环境》,上海科学技术文献出版社 1989 年版,第 56 页。
⑥ [日]松田屋伴吉:《唐国渡海日记》,《幕末明治中国见闻录集成》卷 11,东京ゆまに书房,1997 年,第 55 页。
⑦ 《江苏各县水利调查一览》,《申报》1923 年 5 月 6 日,(191)114。

年),林达泉在江阴时称:

> 当河未浚,夏秋之交,潮势甚猛,仅容轻舠;冬春之间,潮小河涸,涓
> 滴不留。善堂筑坝,蓄汲停水,秽浊不可食。须赴城外远汲,水价昂贵,
> 担水有至四五十文者。余住仓中,用水夫一人,及冬增至三人,犹缺于
> 水,居民之难汲可知。①

虽然林达泉组织人力对江阴城河进行了一次较为彻底的疏浚,然而"更十年
又将渐淤"。至民国时期,江阴城河淤塞更加严重,县长申丙炎在民国 20 年
(1931 年)的县政概况中称:

> 城区接近江滨,潮水由黄田港灌输而入,居民饮料,多仰给于此。
> 每当夏秋潮汐畅旺之际,固无临渴之虞,一至冬春两季,水涸潮涸,更因
> 消防重要,四城筑坝,备置蓄汲,积污停淤,味败色变,苟非急谋补救,实
> 于卫生有害。②

太仓到常熟一带的河水,至民国时期,也因河道淤塞严重,水质恶化,居
民饮水时常发生困难。据 1923 年的水利调查,除浏河水流尚畅外,七浦等
口因潮汐挟沙倒灌,清水不足以敌浑水,所以渐形淤塞,而杨林之中段为尤
甚③。据 1935 年浚河报告称:

> 顾门泾,社陵泾,北六尺河,石头塘等十五道,均以年久失修,泥沙
> 淤淀,水流积潴,宣泄不畅,每至冬季,水深几不及膝,两旁河岸,易于坍

---

① (清)林达泉:《浚江阴城河记》,温廷敬辑:《茶阳三家文钞》,沈云龙主编:《近代中国史料丛
刊》第三辑第 23 种,文海出版社 1967 年影印本,第 191 页。
② 申丙炎:《江阴县县政概况》,《江苏旬刊》第 58 期,1930 年。
③ 《江苏各县水利调查一览》,《申报》1923 年 5 月 6 日,(191)114。

塌,河面狭小,水流污浊,交通饮料,灌溉农田,均感困难。①

　　嘉定城有练祁塘直穿东西,横沥河贯通南北,是居民主要饮用水源,但受江潮影响较大。晚清时嘉定城河水质似乎已不太清洁。1876年,曾根俊虎称嘉定城河"河水很浅,河又不宽"②。1936年,县长许次玄在县政报告中称,"市河泉源不洁,复受江潮倒灌,浑浊殊甚"③。

　　宝山受江潮影响也极大,所谓"浑潮之迁变不常",河流"或昔通而今塞,或昔塞而今通"④。

　　除了河流自然淤塞、水流不畅造成的水质环境变迁,日益增加的城镇人口,不断发展的近代工业,则进一步加剧了水质的污染。这里主要分析近代以来污染水质的三大主要来源:粪秽、垃圾、工业废水。

　　1. 粪秽与水污染

　　传统中国城市,无公共厕所、化粪技术。居民排泄于家,家家必备马桶,由粪夫搜集,挑出城外作为农业肥料。粪夫多为城市周边的农民或城市贫民。晚清《营业写真》写道:

　　　　粪夫担粪街头走,满桶淋漓不闻臭。无夏无冬肥料收,卖入田家获利厚。无怪世间逐臭夫,不顾臭秽将财图。说甚银钱多龌龊,不闻有利骨头酥。⑤

因有利可图,在一些较大的城市形成了专门收集粪溺的行业,如苏州的"壅业"。从理论上讲,若城市所有粪秽都能通过这种方式处理,避免直接排入河道,可以防止水源污染。然而,缺乏城市粪秽用作农业肥料比例的统计资料,同时,面对不断增加的城市人口,城市粪秽主要还是泄入河道。即使通

①《太仓县二十二年度征工浚河报告》,《江苏建设》第2卷第1期,1935年。
②〔日〕曾根俊虎:《北中国纪行》,范建明译,中华书局,2007年,第178页。
③ 许次玄编:《嘉定县政概况》,1936年,第150页。
④ (清)黄程云编:《杨行志》,曹光甫标点,上海社会科学院出版社2005年版,第14页。
⑤《粪夫》,环球社编辑部:《图画日报》第2册,上海古籍出版社1999年版,第548页。

过粪夫来处理,随着城市的发展及其他原因,粪秽还是大量流入河道。

首先,粪秽收集与运输中的污染。因粪秽的干湿与稀稠关系其出售的价格,在粪秽收集与运输中,粪夫与粪商为了获取最大的经济利益,他们会把不要的液体倒进附近的河道,把保留下来较干的粪便运到一定的地点,在那里铺开晒干。①

在上海,19世纪60年代,出现了粪便承包商,贩运大粪于城乡之间。洋泾浜两岸率先出现粪码头。码头上粪水常泄入水体,遇到恶劣天气船只不能航行时,粪便就如数倒入洋泾浜。日积月累,洋泾浜底泥淤积,污染严重②。

民国时期,上海市卫生局清洁所改为官办,专门管理市区粪秽清除工作。但是由于粪霸暗中阻碍,实际上仍由其控制,这种现象并没有改变。以南市为例:

> 名为官办,实乃粪霸层层操纵,粪霸以粪渔利(收取居民铺户的马桶费、售粪收入)置环境卫生不顾,运送车辆车况破损,粪汁沿途渗漏,私放冲沟现象(即放入黄浦江、苏州河或雨水管道里)屡有发生,造成环境再次污染。③

同时,雇工收入低,工作量大,也造成一些粪夫将收集的粪秽倒入阴沟或河流。受雇于粪车老板的雇工,按月计薪,月薪仅是3至8斗米,伙食还要自理,为减少工作量,经常将马桶里的水倒入阴沟(俗称"泌浆"),然后再将马桶里的稠实粪便倒入粪车,亦有将整车粪便倒入阴沟④。例如在江苏路开源路一带所埋管道本来较小,由于粪夫往往就近将粪倒入该路阴沟内,致沟管

---

① [美]罗芙芸:《卫生的现代性:中国通商口岸卫生与疾病的含义》,向磊译,江苏人民出版社2007年版,第223页。
② 《上海环境保护志》编纂委员会编:《上海环境保护志》,上海社会科学院出版社1998年版,第2页。
③ 上海市南市区志编纂委员会编:《南市区志》,上海社会科学院出版社1997年版,第750页。
④ 《上海环境卫生志》编纂委员会编:《上海环境卫生志》,上海社会科学院出版社1996年版,第146页。

时常壅塞①。在新中国成立初期,倒粪入沟的现象还是十分突出,在1949年10月14至20日一周的突击检查中,上海市工务局第二区管理处就有16起倒粪入沟事件②。

其次,坑厕设置中的水污染。沿河设置粪缸与粪坑,这是江南地区的普遍状况。在上海县城护城河,"多设有粪厕屎池"③。据1929年的县政调查,金山县城后河设置的坑厕,"与食水仅一瓦相隔",潮涨时,常常有淹没坑面者,"危险特甚"④。

新中国成立初,张国高经过松江、嘉定、南翔及太仓,看到是"粪便污染了江南大地"。在镇上,大多数居民将厕所建筑在河旁:

> 他们将粪缸安置在厕所的下方,使其尽量的接近河面,在靠河一边的厕所墙面,还特地开了个大洞,或留个缺口,目的是便利粪船前来取粪。这固然是便利了一时的工作,却也留下了无穷的祸害!这理由很简单,粪缸接近河旁,由于平时不断的渗透,已将水源污染,假如遇到河水涨升,满缸的粪便就全都流入河中了。⑤

同时期的太仓城也是一样:

> 公私厕所林立,且甚多皆沿河建立,并于河边开一孔穴,以便粪船出粪。更因厕所建筑简陋,粪汁随时有渗入河流之可能,如逢雨天更易冲入河中。⑥

---

① 《上海市工务局关于粪便倾入粪阴沟报告文件》(1946年3月9日),上海市档案馆,档案号:Q215—1—4949。
② 《上海市工务局查禁粪夫等擅将粪汁垃圾倾入阴沟暨制止办法文书》(1949年10月24日),上海市档案馆,档案号:Q215—1—5290。
③ 《除秽水以免致病论》,《申报》癸酉年十二月初九(1874年1月26日),(4)85。
④ 《金山县县政概况》,《江苏旬刊》第29期,1929年。
⑤ 张国高:《看,江南乡村的环境!》,《大众医学》1950年第2期。
⑥ 蔡宏道、张国高、孔祥云:《太仓区居民与家畜感染日本血吸虫病之调查》,《华东卫生》1951年第4期。

丛树樾亦称,在南方地区,"粪缸和厕所多设在靠近河塘两岸"[1]。

再次,粪秽贮存与使用的污染。新鲜的粪便是不能直接使用,要经过一段时间沤制,否则会烧坏农作物。太湖流域水网密布,城市粪秽主要通过船只运送到农村地区。农民为方便,在沿河地方建有许多粪缸。

1930年代,费孝通在吴江开弦弓村调查发现,农民"房后有些存放粪尿的陶缸,半埋在土地里面",而在"沿着 A 河南岸,路边有一排粪缸,由于有碍卫生,政府命令村民搬走,但没有实行"[2]。

农民沿河设置粪缸,贮存粪秽,这是江南的普遍情况。在上海县,农民贮存粪尿的粪缸到处可见,有的紧靠河边。1952年,在爱国卫生运动的推动下,农村开始将粪缸迁离河岸,当年全县迁离河岸的粪缸3795只[3]。虽然有爱国卫生运动,但是农民沿河设置粪缸的情况并没有多大变化。据1956年嘉善县调查,为使用方便,居民"都习惯集中粪缸在河边",在梅雨季节,粪便即随雨水流入河中,"粪缸被洪水所淹没是普遍所见的"[4]。

另外,随着城市的发展,人口的增加,粪秽处理压力增大,一些城市开始收粪秽处理费用,迫使一些居民将粪秽倒入阴沟或河流。如民国25年(1936年),上海市区开始收取"倒桶费"。多出一笔开支,自然让一些经济能力有限的居民想办法逃避,将马桶粪便向阴沟、垃圾桶或小浜内倾倒。[5]

至于居民在河中冲洗马桶、污染水源的行为,一直到近些年才逐渐改变。

2. 垃圾与水污染

垃圾,是物品在其流动中的一种表现形式,通常分为居民生活垃圾、营

---

① 丛树樾:《农村的给水问题》,《大众医学》1953年第12期。

② 费孝通:《江村经济——中国农民的生活》,商务印书馆2001年版,第113页。

③ 上海县卫生志小组:《上海县卫生志》(内部资料),1990年,第108页。

④ 《嘉善县1956年血吸虫病调查统计情况》(1956年),浙江省档案馆,档案号:J166—003—051。

⑤ 《上海环境卫生志》编纂委员会编:《上海环境卫生志》,上海社会科学院出版社1996年版,第168页。

业垃圾和建筑垃圾三类①。随着城市的扩张,人口的增加,城市垃圾急剧增加,成为巨大的环境隐患。由于缺乏科学的管理与处理,将垃圾丢入河中是传统中国的一大陋习,即使在一些有垃圾处理机构的城市也不例外,造成了水源污染。如上海,20 世纪 20 年代,"居民二百余万",每日垃圾运卸,"确为市政中一极大问题"②。

　　虽然上海市区较早就注意对垃圾的处理,但处理方式非常简单,也不科学。垃圾清除后堆放在空地、河边或填埋沟、浜、洼地,这是最常见、最主要的一种垃圾处理方式。19 世纪 60 年代初期,租界道路上清除的居民日常生活和店铺经营活动中产生的垃圾都堆在道路旁,用来填埋一些沟、浜或低洼地。在 19 世纪 90 年代,还有相当部分堆放在黄浦江沿岸(如小东门至董家渡)低于水位线的滩地上,待涨潮时将垃圾冲走。③

　　民国时期,上海的垃圾主要由承包商用船运出市区,在一定程度上解决了垃圾的出路问题,但也存在不少弊端。有的承包商本身无船只,将垃圾水运任务转包他人,结果层层转包,使垃圾水运的责任也层层转嫁,实际无人负责。承包商为了获利,往往在途中将垃圾倒入河中,虽然当局也采取了一些措施,但是将垃圾直接倒入河中的事情还是经常发生。如 1929 年 6 月17 日:

　　　　小工七八十人,携箩荷铲,分别将垃圾搬运在外滩北京路十五号码头,倾入浦江,一任潮水冲散江心。④

大量的垃圾丢入河中,日积月累,造成了河道淤塞,水质恶化,即使是一些较大的河浜也不例外。1921 年,吴淞水利工程局在苏州河小沙渡(现宜昌路)

---

① 陶渊主编:《城市市容环境卫生管理》,东华大学出版社、中国纺织大学出版社 2001 年版,第14 页。
② 《垃圾如何倾入河中?》,《申报》1929 年 6 月 22 日,(259)612。
③ 《上海环境卫生志》编纂委员会编:《上海环境卫生志》,上海社会科学院出版社 1996 年版,第 125 页。
④ 《租界垃圾倾弃浦江》,《申报》1929 年 6 月 18 日,(259)491。

至叉袋角(现安远路)疏浚河道时,"挖出泥土不下七万方,而垃圾几占三分之一"①。

据1947年上海市卫生局的估算,每日水运垃圾1400吨,如平均堆积5尺高,占地1.5亩,每月需占地45亩,全年则达540亩。此时垃圾堆放地为浦东三林塘,然而,从1941至1949年的9年间,实际只在三林塘垃圾滩地填充了35.6亩,不及1个月的填埋面积,绝大多数垃圾都在运输过程中被扒入黄浦江里或堆积后被水冲走了。②

城市垃圾用于填埋沟、浜、洼地,为上海的城市建设增加了可利用的土地,也提高了土地的价值。但是,当越来越多的垃圾这样处理时,不可避免会影响浅层地下水水质。据法租界公董局统计,1935年前的20多年里,租界内80%的低洼地是用生活垃圾填平的,面积约300亩。至1940年,法租界以25.26万立方米的生活垃圾填没了3.16万平方米的低洼地。新中国成立后,这种方式得到进一步利用,1949至1954年8月,有354万吨垃圾用来填没沟塘,面积达300余万平方米。③

在杭州,至1875年,由于"淤泥拥塞",兼以"城厢近河居民多沉垃圾于河内",以致"河水渐浅""河面愈狭"④。民国时期,情况更加严重。市民洗涤用水,以沿河为多,"至有不少废弃物漂流河面"⑤。1929年,杭州的报纸登载:

> 市区各处河道,浮面垃圾成堆,章家桥一带,菜场小贩日以污秽之水倾入河内,间有居民以死猫死鼠掷入其中,流余市河各节。⑥

---

① 《上海环境卫生志》编纂委员会编:《上海环境卫生志》,上海社会科学院出版社1996年版,第120页。
② 同上书,第122页。
③ 同上书,第134页。
④ 《杭垣疏河》,《申报》1875年6月8日,(6)521。
⑤ 张信培:《十年来之卫生》,载《杭州市政府十周年纪念特刊》,见杭州市档案馆编:《民国时期杭州市政府档案史料汇编(1927—1949)》(内部发行),1990年,第183页。
⑥ 浙江省政府民政厅训令第12440号:《令杭州市市长周象贤》(1929年7月8日),《浙江民政月刊》第1卷第21期,1929年。

在苏州,城内河道也是各种垃圾漂浮。1921 年,时人称:

> 余家居苏城,每见上午八时许,河旁淘米洗菜与洗粪桶及其他污物,同时举行,河水臭味触鼻,色黑如墨,腐木烂草,浮于其上,一至夏日,瓜皮死犬,顺流而过。此种污浊不堪之河水,饮之其结果可想而矣。[1]

上海、杭州、苏州这些有垃圾处理机构的大城市情况尚且如此,中小城市及市镇,虽然人口相对较少,其产生的垃圾量要少得多,但由于缺乏管理,情况就更不容乐观。

在南汇县惠南镇,民国时期由于垃圾堆积,市河靖海桥港和县桥港,河水经常发臭变黑,有"南汇苏州河"之称,全镇臭水浜多达 80 处,污染河道 3 条,长 2 300 米,甚至有这样的民谣流行:

> 城里城外臭水浜,垃圾多来堆成山。夜里蚊子碰鼻头,日里苍蝇要造反。西北城外毁人滩,死人臭气冲九天。[2]

在余杭县,抗战胜利后,各河道虽经雇用民船将污物、淤塞之处疏通,制置木牌,禁止倾倒垃圾及抛弃污物,乃因"日久玩生",沿河居民将污物向河内乱倒,南渠河葫芦桥一带,"垃圾积堆,河水发生恶臭"[3]。

在吴江县盛南镇,1947 年居民呈称:

> 盛南镇中浜贯通直港,水流清洁,附近居民饮料及消防汲水皆仰给于此,抗战期间,居民庞杂,垃圾随地倾倒,燃灰尽弃浜底,致日渐填塞,

---

[1] 《兴办各地自来水刍议》,《申报》1921 年 2 月 12 日,(168)588。
[2] 南汇县卫生局编:《上海市南汇县卫生志》(内部资料),1987 年,第 31—32 页。
[3] 《县政府关于改进城乡水井、河道沟渠、整理公私厕所、举行全城大扫除的训令、指令》(1947 年),余杭区档案馆,档案号:90—5—299。

形成岸滩,水质污浊不堪。[①]

3. 工业废水与水污染

工业生产有三废,即废水、废渣、废气。工业三废中含有多种有毒、有害物质,若不经妥善处理,如未达到规定的排放标准而排放到环境(大气、水域、土壤)中,超过环境自净能力的容许量,就对环境造成污染,破坏生态平衡和自然资源,影响工农业生产和人民健康。就水质环境而言,工业废水的影响最大,废水排入江河,会导致水质变坏,影响生活生产用水。

近代以来,工业废水对水质环境的影响容易理解,这里,主要强调以下三点:

一是工业废水的处理方式。在改革开放前,绝大多数工业废水没有经过任何处理,直接排入河道,废水处理系统是近些年才有的事情。

新中国成立后,上海作为全国的工业重心,排放河道的工业废水不断增加,污水量从解放初期的每天 60 万吨逐步上升到 1965 年的 200 万吨(其中工业污水量占三分之二强),增加了两倍多,特别是 1958 年以来,污水量增长非常快[②]。黄浦江成为污水的总汇,虽然它的流量较大,但仍受着严重的污染。从 1956 年的化验资料来看,黄浦江的上游基本上能符合一级水源的标准,但自龙华以下,即遭受涨落潮时市区污水的影响,水质远距一级水源的标准。[③]

在苏州,据 1964 年的调查,苏州 63 家工厂每日排放的污水有 4.5 万吨,是污染河道的主要原因之一。[④]

新中国成立后,运河水质也被工业废水污染。新中国成立之初,常州的

---

① 《布告禁止中浜河倒入垃圾确保居民饮水》(1947 年 5 月 21 日),吴江市档案馆,档案号:205—1—1986。

② 《市人委公用事业办公室关于制止黄浦江水质恶化及苏州河污水处理工程初步规划(一)》(1964 年),上海市档案馆,档案号:B11—2—122。

③ 《上海市建设委员会城市建设处关于城市下水规划(包括苏州河)第二卷》(1957 年),上海市档案馆,档案号:A54—2—156。

④ 《苏州市卫生防疫站苏州市河道水质情况汇报》(1964 年 10 月 4 日),苏州市档案馆,档案号:C36—3—114。

益丰昌染织二厂,"每日泻放有颜色废水甚巨",这些废水都没有经过任何处理,直接排入运河①。1969年常州建成西门水厂,取运河水作为水源,由于出厂水水质不合格率增加,水厂经常被迫停产②。

二是产生废水的主要行业。印染、皮革、缫丝、造纸及冶炼与化工,这些行业在生产过程中会产生大量废水,其中印染、皮革、缫丝这些太湖流域传统工业,产生的废水污染在清代已有所体现,民国时期则在更多城市凸显,造纸业的污染在民国时期也越来越严重,冶炼与化工业的污染则主要是在新中国成立后。

众所周知的《苏州府永禁虎丘开设染坊污染河道碑》,记载了乾隆二年(1737年),在苏州虎丘发生的染坊废水造成禾苗受损、饮水受影响的事件。虽然这里把染坊的污染夸大了,之所以要求迁移虎丘附近染坊,根本原因不是污染问题,而是"虎丘为天下名山",康熙六次南巡的行宫在此,还"御书龙匾,匾供于中"③。但不可否认,染坊存在肯定会对水质产生一定的影响。光绪三十四年(1908年),在南京城,由于染业污染,引起居民不满,后经江南巡警商务总局调解,定为:

> 逢春夏秋三季,以午前内河潮水未涨,为染业漂洗之时,午后潮水已涨,为居民吸饮之时,冬季内河水涸,仍赴外河漂洗,彼此守定界限,两不相妨。④

民国时期,染织业的污染问题更加严重。1922年,常熟海虞各染坊店及

① 《为疏浚运河请准益丰昌染织厂在青盛墩东放泄废水由》(1951年11月22日),常州市档案馆,档案号:I345—3—6。
② 《常州市土地志》编纂委员会编:《常州市土地志》,江苏人民出版社1999年版,第51页。
③ 《苏州府永禁虎丘开设染坊污染河道碑》,江苏省博物馆编:《江苏省明清以来碑刻资料选集》,生活·读书·新知三联书店1959年版,第60—61页;苏州博物馆、江苏师范学院历史系、南京大学明清史研究室合编:《明清苏州工商业碑刻集》,江苏人民出版社1982年版,第71—73页。感谢中山大学黄国信先生的指点,本书解读与传统观点不同。
④ 《江南巡警商务总局规定南京染业春夏秋三季在河漂洗时间地点碑》,江苏省博物馆编:《江苏省明清以来碑刻资料选集》,生活·读书·新知三联书店1959年版,第474—476页。

各布厂家,将染布之含有矿质毒体的洋红靛水,任意放泻河内,以至"河水污秽,臭气冲鼻",实属"妨碍饮料",附近居民"因之疾病,啧有烦言"[1]。为此,1929年,浙江省曾要求城内染坊、制革业迁到城外[2]。

民国时期,太湖流域造纸业发展迅速,带来极大的污染。当时嘉兴地区工业发展较快,特别是造纸业,对当地河水水质造成了严重的影响,例如嘉兴东栅镇禾丰造纸厂水污染事件。嘉兴禾丰造纸厂自1925年生产以来,污水排入河道,居民强烈反对。1926年4月28日,政府派化学专员取东栅镇西市双溪桥河水化验,河水呈"类黄色""混浊""带有机物之腐臭",浮游物"多量",据此判决"有碍卫生,不适于饮用"[3]。1925年,杭州武林造纸厂将污水放入河中,以致邻近河内"水泛黑色,鱼虾多毙"[4]。

三是工业废水污染凸显的时间。河流有自净功能,在水量充足、水流通畅的情况,中国传统工业,如印染业,对水质影响尚属轻微。晚清近代工业开始发展,但规模还比较小,排放的污水有限,绝大多数河流仍维持良好状态。一战时期是中国民族工业发展的黄金时期,随之而来,工业废水污染问题逐渐凸显。如上述染坊、造纸业废水污染问题。至20世纪60年代左右,工业废水已成为各地河道最主要的污染源。如,据1964年的调查,苏州工业废水是污染河道的主要原因之一[5];1966年的调查也证明工业污水是黄浦江污染的主要来源[6]。

至于农业生产中农药化肥的广泛使用要在20世纪60年代及以后,对水质污染也很容易理解,不再赘述。

---

① 苏州市档案局编:《苏州市民公社档案资料选编》(内部资料),1986年,第311页。

② 浙江省政府民政厅训令第17969号:《令查城外染坊二家有无妨碍饮料情形由》(1929年9月23日),《浙江民政月刊》第1卷第23期,1929年。

③ 《浙江省派会验嘉兴禾丰纸厂泄水官河案》,《申报》1926年6月19日,(224)444。

④ 《为河水污染如何使造纸厂停工事苏州函苏州总商会》(1925年6月9日),苏州市档案馆,档案号:I14—002—0196。

⑤ 《苏州市卫生防疫站苏州市河道水质情况汇报》(1964年10月4日),苏州市档案馆,档案号:C36—3—114。

⑥ 《上海市环境卫生局、规划建筑设计院关于制止和改善黄浦江水质继续恶化的报告、函、分布图》(1966年),上海市档案馆,档案号:B256—2—268。

四、近代以来太湖流域水质环境生态机制变迁

太湖流域地表水水质从可以饮用到完全不能饮用,时间上只用了一百年左右。水体有其自净功能,太湖流域水质环境体系在百年间崩溃值得思考。

1. 传统时期的水质环境生态体系

传统时期,引起水质污染的因素也是存在的,如粪秽、生活垃圾,甚至一些传统手工业,如印染,都会产生一定的污水,但是水体有其自净功能,水体接纳了一定量的有机污染物后,在物理、化学和水生物等因素的综合作用下而得到净化,水质恢复到污染前的水平和状态。太湖流域水网密布,在河流畅通的情况下,可以确定,传统时期少量的污染源还不足以使水质发生大的变化。

同时,传统农业社会有一个维持水质环境平衡的体系。首先,河道定期维修制度,减缓了河道淤塞的进程。其次,农业生产罱泥行为,也减缓河道的淤塞,避免了河底有机质过高而引起的水质恶化。罱泥,即捞取河泥。太湖一带河网密布,由于雨水挟带地表肥沃的细土、无机盐、污物、枯枝落叶等汇流到沟、河、湖、塘中沉积下来,加上水生动植物的遗体和排泄物等,因此河泥含有一定的养分。河泥成为传统农业社会农业生产的主要肥料来源之一。

根据陈恒力先生的考察,罱泥行为在嘉、湖地区一直持续到解放初期,并估计当时农民"罱泥占整个劳动日支出的三分之一以上"[1]。在苏南地区,一般以冬、春罱积数量最多,每当秋种结束,罱泥就成为主要的农事活动之一。[2]

2. 近代以来水质环境生态体系变迁

首先,在河道维护机制上,由于缺少维护,水网逐渐淤塞。据王建革研

---

[1] (清)张履祥辑补,陈恒力校释,王达参校、增订:《补农书校释》(增订本),农业出版社 1983 年版,第 60 页"校者按"。

[2] 中国科学院南京地理研究所湖泊室编著:《江苏湖泊志》,江苏科学技术出版社 1982 年版,第 37 页。

究,太湖水系在清代整体水网的末端经常变化,鸦片战争以后,清政府无力兴大工,太湖水系保留了道光时代的主干河道,所产生的变化主要是支流的淤塞与微地貌的改变①。李玉尚也指出,"清代以来,江南城市的市河体系从整体上来说,向着河道变狭、流速减慢和污染加剧方向发展"②。

其次,农业肥料体系的变迁。随着新中国成立后化肥的逐渐推广使用,粪秽逐渐淡出农业生产,农民的罱泥行为也逐渐走向消亡,水体底泥污染呈现并加剧,原有维持水质环境生态体系不复存在。

最后,水生植物的变迁。新中国成立后,不合理种植外来水生植物,并大面积推广,所造成的物种入侵,进一步加剧了水体富营养化与河道淤塞。最具代表性的是水葫芦与水花生,20 世纪五六十年代曾作为猪饲料与绿肥全面推广,并最终失控。③

在上海的川沙县,水葫芦被当作"养猪好饲料",由政府从广东空运来沪,用温室培育,以广繁殖④。在吴县,全县先后组织几次水面绿化,20 世纪60 年代均放养"三水"(水花生、水浮莲、水葫芦)2.7 万亩,总产 2.76 万吨。20 世纪 70 年代中期出现"三水"发展高潮,1973 年放养面积达 9 万亩,不仅满足本县所需,并支援兄弟县发展"三水"。⑤

适量的水生物对水质生态体系的维护是有好处的,但是,若超过一定的限度就会带来灾难性的后果。

水葫芦,即凤眼莲,又称水浮莲。水葫芦原产于南美,在原产地巴西由于受生物天敌的控制,仅以一种观赏性种群零散分布于水体。水花生,即空心莲子草,也原产于巴西。水葫芦和水花生的繁殖能力极强,在中国又缺少天敌,种植后会很快覆盖整个水面,使得水中的其他植物不能进行光合作

---

① 王建革:《华阳桥乡:水、肥、土与江南乡村生态(1800—1960)》,《近代史研究》2009 年第1 期。

② 李玉尚:《清末以来江南城市的生活用水与霍乱》,《社会科学》2010 年第 1 期。

③ 感谢王建革教授提醒注意外来物种对水质环境影响。

④ 川沙县县志编修委员会:《川沙乡土志》(内部资料),1986 年,第 148 页。

⑤ 吴县地方志编纂委员会编:《吴县志》,上海古籍出版社 1994 年版,第 314 页;"三水"中的水浮莲其实就是水葫芦,不知道何故众多新修方志都把水浮莲与水葫芦当作两种不同的生物。

用,水体生态平衡被打破,严重影响水质,甚至变成死水。在吴江,由于水花生、水葫芦泛滥,造成水源严重污染,群众"对饮用水意见很大",原因是:

> 摇船一条缝(指水生作物满河面,仅留出一条行船道),吃水一个洞(指用物拦住水生作物,留出一个小水面),吃的是粪水(水生作物要施粪肥)、药水、臭水。[①]

综上所述,一方面传统水质环境生态体系被破坏,水体自净能力下降;另一方面,近代工农业生产、生活污染量逐渐增加,特别是新中国成立后工业污染成为主流,完全超越了水体自净能力,河流水质恶化最终走向崩溃。

---

① 中共吴江县委血吸虫病防治领导小组办公室吴江县卫生防疫站编:《江苏省吴江县血吸虫病流行情况和防治工作(1952—1981)》(内部资料),1982年,第86页;吴江市血防志编纂委员会编:《吴江市血防志》,今日出版社2001年版,第120—121页。

第二章

似公非公:近代上海城市化初期水环境问题的产权因素

　　由于河流湖泊等地表水资源的社会经济功能和产权归属发生变化，而导致乡村城市化过程中产生种种水环境问题，已为环境史研究者所关注。本章系针对该问题的历史学个案研究，试图以上海城市化初期农业用地转化为城市用地过程中河流产权及其社会经济功能的转换为切入点，对当时水环境问题的缘起和发生机制进行探讨。

　　从现代经济学的产权角度来看，传统时期上海地区的河流与湖荡属于一种产权不完善的公共资源，所有权与使用权不统一，官方管理上的懈怠，措施上的模糊，以及民间的侵占、围垦等行为，均与其产权的"似公非公"性或多或少存在联系。西方经济学家对"公地"管理中的产权矛盾早有理论构建，例如，1954 年，H. S. 戈登（H. S. Gordon）在其论文《渔业：公共财产研究的经济理论》中，清楚地归纳了所谓"公地资源"的悲剧：属于所有人的财产就是不属于任何人的财产，所有人都可以自由得到的财富将得不到任何人的珍惜[1]；加勒特·哈丁（Garrett Hardin）在 1968 年进一步完善了"公地悲剧"之表述："任何时候只要许多个人共同使用一种稀缺资源，便会发生环境的退化。"[2]"公地悲剧"理论有助于理解江南水乡地区的河湖水面作为一种产权并不完善的公共资源，由人类各种开发利用行为所导致的水环境变化，如河流被填没作为建筑用地、河道被作为排放污染物的场所、湖荡被圈占为私人鱼塘等，是在何种动因下产生的，又产生了哪些环境效应，人们应当如何全面认识这种"公地"的特殊性并适当调整自己的行为。本章正是基于上述认识，运用上海开埠初期的土地转让契约等历史文献，来分析和反思上海城市化过程中的河流环境问题及其发生机制。

---

[1] 引自［美］埃莉诺·奥斯特罗姆：《公共事物的治理之道：集体行动制度的演进》，余逊达、陈旭东译，上海译文出版社 2012 年版，第 12 页。

[2] 同上书，第 11 页。

一、传统时期河流产权的"似公非公"

上海地处太湖平原的东端,在水系特征上属于亚热带大河三角洲水网地貌,塘、浦、泾、浜密集分布,纵横交错,故而应当把上海地区的河流体系置于区域开发史的长河中来观察,从长时段总结该地区河流水系的演变趋势及人地关系机理,以便于从历史发展的角度理解上海地区的河流体系在近代城市化时期所发生的变化。

太湖流域较大的河道多以"塘""浦"命名,较小的河道则以"泾""浜"命名。考诸史册,"塘"包含两层意思,既指中间的水道,也包括河道两边的堤岸。秦汉以前太湖地区(主要指湖西及湖北区域)属于低湿的沼泽地带,人们通过开挖疏水通道,即渠化河道,逐渐将低洼处的积水排出,进而再将排干后的区域围垦成农田。在开挖河道时堆泥成堤,则自然形成人畜行走、拉纤或小型运输的道路。这种水道与堤岸的结合体最早被称为"塘",体现了太湖低洼地区在早期开发中,两岸堤路夹河,外挡洪涝,中通排灌,亦通舟楫的水陆兼通的特色。"凡名塘,皆以水左右通陆路也"①,这就是对"塘"初始含义的最佳概括。太湖以东地区开发较晚,其河网构筑是在唐中期之后,随着大型圩田的出现并逐渐完善起来。圩田全赖圩岸,筑圩必须"相地势,度水势,划而为圩,高筑堤岸,令内足以围田,外足以御水。圩岸既固,不惟在圩之田无霖涝之旱,且湖水不得漫行,而归于塘浦。则塘浦之水自然满盈迅疾,虽高阜之地,亦因水势易达,可引以资灌溉"②。当时自太湖至海边曲折一千多里,构成能灌、能排、能通船的河网体系,纵有浦,横有塘,岸上有路,水内有船,故交通十分便利③。

宋代以后,太湖地区又逐渐出现大圩分小圩的过程,分圩就是以不断开

①《永乐大典》卷2276"塘"引《吴兴志》原注。
②《明经世文编》卷396"与林侍郎论水利第二书"。
③《中国大百科全书》"农业"卷2,中国大百科全书出版社1990年版,第434页,"太湖水利史"。

挖泾浜沟渠以及增修各类堤岸的方式,将大面积的农田单位分成小的单位①。在分圩过程中,广阔的水面受到愈来愈严重的分割,圩田与圩岸形成多种规模与等级②。经过明清时期农业的持续发展,太湖地区遍布大小圩田,堤岸与水道体系也越分越细,构成了复杂而完整的塘浦泾浜与圩田网络。因此,从区域经济开发与环境演化的关系来看,各级水道及其堤岸(同时也是陆上通道)所构成的地理系统,其实代表了太湖地区农业土地利用的一种特有方式。处于这种系统中的河流沟渠,相对于中国其他地区的河流来说,具有更高度的人工化,且变化频繁;处于这种系统中的道路,随河而就,与河流具有相当高的环境一体性。所以本章考察上海开埠初期的河流环境变化时,是将堤岸、道路的开发和利用一并考虑的。

上海地区虽然成陆较晚,但其农田水利开发与整体水环境演变的相互关系,基本原理与整个太湖地区是相似的,只不过由于东面地势较高(古称高乡),在沟洫、圩岸农田水利功能与具体筑法上与太湖平原西部(古称低乡)有一些差异,因而导致种植的农作物种类亦有区别。明人金藻说:"老农云:'种田先做岸,种地先做沟。'此两句切中连年之病。盖高乡花豆不收,为无沟故也;低乡稻禾不收,为无岸故也。是故高乡沟洫为急,而圩岸次之;低乡圩岸为急,而沟洫次之。"③可见,上海地区的农田水利开发方式相对于整个太湖地区而言,是谓同中存异。但是东西部的共同点也很明显,农民均必须通过"圩岸"来整理和开发农田,河流格局与圩田格局相辅相成,河流变动则圩岸变动,圩岸变动也影响河流分布。上海开埠后,城市地产商用作筑马路的地基,先是圩岸,后来又填没河流作为路基,扩展路面,这样不仅瓦解了农业经济时代的圩田格局,河流体系也逐渐崩解。

接下来的问题是,传统时期与社会经济生活息息相关的河流,其产权如何管理呢? 作为一种人人皆可使用的自然资源,在所有权和使用权上有何

---

① 可参阅[日]滨岛敦俊:《关于江南"圩"的若干考察》,《历史地理》第 7 辑,上海人民出版社 1990 年版,第 188—200 页。

② 王建革:《水车与秧苗:清代江南稻田排涝与生产恢复场景》,《清史研究》2006 年第 2 期。

③ 顾炎武:《天下郡国利病书》(第一册),上海古籍出版社 2012 年版,第 433 页。

特殊性?

在传统中国社会,土地所有权名义上归国家。王家范、程念祺研究认为,传统中国的土地经济与国家权力紧密结合,无论是地主或是自耕农申报的自有土地,在国家只是作为一个赋税的单位才具有真实的意义。国有制在本质上把土地所有权从属于国家主权,满足于把所有制关系意识形态化①。在这样一种制度背景下,作为农田水利命脉和交通载体,被各个社会群体广泛依赖的河流,在整体上被视为国家"公共财产"。但另一方面,由于实际使用河流的人是各个社会群体和广大民众,又造成了所有权与使用权的分离,人们出于各种实用目的,削弱了河流的公有性。上海开埠后,公共租界当局曾组织西方学者对传统中国的河浜权利做过专门研究,关于江南通航河道与更小型的潮汐河浜之所有权,学者 G. 贾米森(G. Jamisson)如此解释:"虽然皇帝或国家被认为是名义上的所有者,但国家从未行使过真正的所有权,他们更像是这种资源的保管者。在国家的意识里,河浜这种'财产'同皇宫、皇家游乐场、狩猎场等严禁百姓介入的私产还是有很大的区别的,最起码民众是可以使用的。"②正因河流资源的所有权与使用权严重分离,民众的各种意图均可作用于河流,并改变河流的格局与水环境。

所有权与使用权的分离,极易造成河浜资源被民间侵占为私产。对于江南地区普遍存在的由泥沙沉淤等原因形成的河湖涨滩,一向被视为国家所有的公地,如果农民对涨滩进行围垦,必须付出一定的升科手续费并保证此后向当地政府纳税③。但在水面产权并不明朗的情况下,农民尽量逃避升科手续,常常在官府并不知情的情况下非法围垦,乃至侵占并未淤塞的河道、湖荡,用人工促淤法加速水面变成土地。往往是农民已耕作种植多年,

① 程念祺:《国家力量与中国经济的历史变迁》,具体参见王家范"序",新星出版社 2006 年版。
② 上海公共租界工部局档案,档案号:U1 - 1 - 1250,关于河浜权利(1845—1930),其中"Land Tenure in China"一文的摘要,发表于 1888 年。
③ 上海公共租界工部局档案,档案号:U1 - 1 - 1250,关于河浜权利(1845—1930),其中 N. J. Hannen, H. B. M's Consul-General to Taotai Tsai, 1897 年 11 月 7 日。

政府却并不知情,更勿谈向政府纳税①。

　　然而在传统农业经济条件下,大量侵占、开发或利用河湖,造成地表水体急剧减少或消失的情况不可能成为主流,这是由河流的社会经济功能甚至文化功能所决定的。民间客货运输、农田灌溉、给水排水、日常生活饮水,甚至是住宅和坟地的风水等,皆需依赖河流,为了维护这些公共需求,人们设法维持河流体系的完整性。虽然在人地关系紧张时期,江南地区易出现大量围垦河湖滩地、影响水生态环境等事件,但在漫长的农业时代,河流湖泊服务于农田水利的主体功能保持不变,人们始终围绕这一功能展开维护和建设②。传统社会对河流体系的维护方式,主要是对河流进行定期疏浚和堤岸维护,以保障水流畅通、水量稳定、农田安全以及民众基本生活。根据河流受益面的大小,河流疏浚维护的出资者和出力者均有所不同。对于大型河流的疏浚,以官方出资和组织劳力为主,地方官经常亲自督促整个工程的进展;对于中小型河流,则采取官绅结合的方式,往往是由地主、士绅牵头,募集资金,受益范围内的农户出工出力;至于田间地头的私有沟渠,相关田主经过商议即可自行处理。上海地处滨海感潮区,地势平缓且东部微高,随潮上溯的泥沙易于在河道中淤积,对河流疏浚的要求更高,所以疏浚河道无论是对于官府还是民间,都是每年的重要事务③。

二、上海城市化初期河流产权的转让

　　近代上海城市化伊始,在划定的租界区内,虽然原来的农业用地以永租

---

① 民国中期豫皖客民围垦吴江县庞山湖就是一例,最初官厅不完全了解情况,虽然有几次制止行动,并统计已垦农田强制田主纳税,但最终庞山湖还是被完全垦为农田。参见《客民围垦民田》(《新黎里》1925 年 5 月 16 日第 3 版)、《关于水利事业案:提议绥办庞山湖围垦案》(《建设》1930 年第 7 期)等。

② 陈桥驿在《古代鉴湖兴废与山会平原农田水利》一文中持此看法(《地理学报》1962 年第 3 期);陈桥驿的《长江三角洲的城市化与水环境》(《杭州师范学院学报》1999 年第 5 期)一文也提出同样观点。

③ 对于江南河流疏浚的组织方式及等级差异,参考吴俊范:《近代上海土地利用方式转型初探——以河浜资源为中心》,《中国经济史研究》2010 年第 3 期。

的形式逐渐转化成城市建设用地,但在中国官方制定的道契文本和《土地章程》等法规中,对河流与堤岸这种"公有性"资源的转让与开发均持保守态度,官方本能地抑制地产商对河流、堤岸的使用权限,力图维持其原有的功能和完整性。这种态度一方面是由于传统河流环境观念的延续,另一方面也是因为时人并未预见到城市化即将对河流体系造成的巨大改变。

起初,上海地方政府在批准农民将私有的农田租给外商时,并未放弃租界范围内的滩涂、官河、官路、公浜、公路等公地的总体控制权,仍然用"公地公用"的原则来加以限制。即使对于原来产权比较模糊的集体财产,如乡村级别的公浜与公路,也一样加强了控制。这说明作为传统圩田系统的骨架,河流与堤岸的公有性不仅没有改变,而且在当时特殊的社会背景下反而有意无意地得到强化。这种意识在 1845 年上海地方政府颁发的《土地章程》相关条款中均有所体现,其中与交通道路密切相关的内容共有 5 款①。

    第一款:商人租赁基地,必须地方官与领事官会同定界,注明步数、亩数,竖立石柱。如有路径,应靠篱笆竖立,免致妨碍行走,并在石柱上刻明外有若干尺为界。

    第二款:杨(洋)泾浜以北原有沿浦大路,系粮船牵道,后因坍没未及修理,现既出租,应行由各租户将该路修补,以便往来。其路总以粤海关尺二丈五尺宽为准,不惟免致行人拥挤,并可防潮水冲激房屋。其既修之后,任凭催船员役及正经商人行走,不准无业游民在此窥探。

    第三款:商人租定基地内,前议留出浦大路四条,自东至西,公同行走。一在新关之北,一在打绳旧路,一在四分地之南,一在建馆池之南。又,原先宁波栈房西至留南北路一条,除打绳路旧有官尺二丈五尺外,其余总以量地官尺二丈宽为准,不惟往来开阔,并可预防火灾。

---

① 《上海租界志》编纂委员会编:《上海租界志》,上海社会科学院出版社 2001 年版,第 682—684 页。

其出浦之处,在滩地公修码头,各与本路相等,以便上下。其新关之南、桂花浜及怡生码头之北,俟租定后,仍需酌留宽路两条。此外,如有应行另开新路之处,亦须会同妥议。其租定路基,业由商人先行给价者,如有损坏,应由比邻租户修补,嗣后由领事官派令各租户公议均摊。

第四款:商人现租基地内旧有官路,兹因行走人多,恐有争竞。议于浦江之西、小河之上,北自军工厂旁冰厂之南官路起,南至杨(洋)泾浜河边厉坛西首止,另开二丈宽直路一条,公众行走。但必须租定地面,将路修好,会同勘明何路应改,再行示谕。不得于新路未修之前阻拦行人。其军工厂之南,东至头坝渡口码头,旧有官路一条,亦应开二丈宽,以便行走。

第十八款:不得占塞公路,如造房、搭架、檐头突出、长堆货物等;并不得令人不便,如堆积污秽、沟渠流出路上、无故吵闹喧嚷等。

1845年《土地章程》系由上海道台宫慕久公布,较多体现了中国官方在"公地"管理方面的意愿。但章程条款主要侧重于公路利用方式,对沿路河塘或者其他类型的河浜沟渠如何利用却极少提及,只在第十二款中提到商人有修补桥梁、开沟放水的义务。这说明当时官方把主要关注点放在陆路交通设施上,对与陆上通道密切相关的河道的利用前景及可能出现的问题尚未有足够理性的考虑。

开埠初期乡民在向城市地产商出租土地时,对各种等级的河流和水道的权利转让也不够重视,这在道契文本关于地块的四至描述中有明显体现。1—100号英册道契代表了开埠后最早的一批土地出租,全部发生在上海县二十五保二、三图(县城北面乡村最初划定的租界区域内),时间介于道光二十四年至咸丰三年(1844—1853年)。表2-1为对组成地块边界的河流、道路类型进行的统计。

表 2-1 1—100 号英册道契中出现的河流、道路类别及频次[1]

类别	公路	大路	官路	半公路	私路	河	半河	小河	河+公路
频次	128	15	1	2	2	32	18	1	2

(注:频次指各种类别的河流、道路在所有样本边界中出现的总次数)

表 2-1 显示,道契文本中对土地边界的界定,主要强调各类官有、公有的大型公路或大路,对河流的强调相对较少,对不同级别的河流分类也不够细致。作为地产边界的河流产权的粗放式表达,意味着河流转让之后城市化开发利用的简单粗放。

当河流产权转让问题引起官方充分重视时,已经到了城市商业用地向租界外的农村大规模扩展的 19 世纪 70 年代。由于河浜产权转让时对商业化的开发利用方式缺少具体的限制,影响了郊区农田水利和农民生活,民众意见纷纷,才使官方有所警觉,继而将关注的重点转向河流如何开发利用才能兼顾地产商和农民双方的利益。

三、河流产权管理的调整与水环境问题的初现

城市地产商无需顾及河流、堤岸原来服务于农村经济的功能,他们按照利益最大化的原则填没河流,扩大建筑用地,用管道排水系统替代河流的排水功能,这使得原本完整通畅的河道体系被割裂。但与此同时,郊区农民仍然需要按照原来的方式使用河流和堤岸。由于水乡的塘浦泾浜是相互连通的,城市段的河流被填没或阻断,连带性地造成郊区段河流的排水不畅、水质变臭等问题,这给农民的生产和生活带来影响[2]。

官方逐渐认识到,应当在出租农地时对各种水道的类型加以细化,并附加相关规定,以此约束地产商的使用开发权限。在 100 号之后的英册道契

---

① 蔡育天主编:《上海道契》卷 1。

② 参考吴俊范:《城市空间扩展视野下的近代上海河浜资源利用与环境问题》,《中国历史地理论丛》2007 年第 3 期。

中可以看到，作为地产边界的河浜、道路的类型变得多样而复杂，不再只是笼统地体现其公有性，而是以河流、道路各组成部分在圩田系统中的实用价值为分类标准。在城市扩张影响下，官方侧重维护农业地区水利正常运转的意图更加明显。

表 2-2 101—500 号英册道契地产边界的分类统计[①]

类别	公路	大路	官路	小路	马路	石路	路	弄	小弄	街弄
频次	60	36	4	35	66	15	77	10	3	1
类别	半路	半街	半弄	全路	私路	出浦	出浜	高路	高岸	小岸
频次	14	4	3	2	2	32	4	1	4	10
类别	浜岸	圩岸	田岸	岸	官塘	河塘	河	浜	小河	小浜
频次	3	1	4	8	1	12	43	66	2	10
类别	小沟	水沟	沟	浜边	全浜	私浜	半浜	半河	闸港	闸江
频次	1	8	39	3	3	5	62	26	1	1
类别	凌家浜		洋泾浜		洋林浜		唐家浜		肇家浜	
频次	1		20		1		4		3	

表 2-2 中作为地产边界的道路与河浜类型，较表 2-1 细化了许多，而前后间隔的时间差并不大（1854—1862 年），这并非是因为租地分布的地理环境出现了大的差异，而是出租人和承租人双方对河流、道路的价值观念逐步转变的一种体现。在土地出租的交易中，作为地产边界的各类河流、堤岸、圩岸、道路实体都得到明确强调，尤其是出现了"全路"与"半路"、"全浜"与"半浜"之别，数量虽少，却是原有比较笼统的河流公有产权意识走向细化的一个重要标志。各类河道对于农民和城市地产商来说，均有实际价值，应当区别对待。

19 世纪 70 年代以后，随着城市地产业向乡村地区扩张加快，官方进一步注意到在道契签发时应对原来模糊的地产边界加以明确化，尤其是对其

---

① 蔡育天主编：《上海道契》卷 1—2。

中涉及河流、堤岸产权的部分应详加说明,以避免河流水道被笼统地开发。光绪四年(1878 年)八月十六日道台在签发英册 1181 号道契时,在契尾批注如下:"东界半浜系祥茂洋商地内,西半浜仍应顾聚源完粮,此浜内通民田,关碍水利,洋商不得侵占填塞。"[①]这个例子说明,虽然按照惯例私人对属于自己地产的"半浜"具有较大支配权,但在出租给洋商时政府明确指出地产商不许填浜。官方所采取的另外一种办法,就是将道契中已经写明的"半浜"边界更改为"浜岸"或者"浜边",更改的目的仍然是阻止河流被盲目开发,同时保障农田水利安全(见表 2-3)。例如,光绪十四年(1888 年)八月二十二日道台在签发英册 1754 号道契时,在契尾如是批注:"东、西、南至与契载相符,惟北至半浜。该浜系小闸港官浜,应以闸港南岸为界,官浜不得阻塞。"[②]浜岸是指以河边为界,半浜指以河道中线为界,道台作如此更改(由半浜改为浜岸),是用强制手段更正了原先对河浜产权的模糊界定,也暂时避免了重要河浜被填、局部水利系统出现紊乱的问题。

表 2-3 光绪七年(1881 年)道契中官方对地产边界表述的纠正举例[③]

道契编号	签发时间	契载地块边界	批注后地块边界
英册 1304	光绪七年二月十一日	北至半浜	北至浜岸
英册 1307	光绪七年二月二十四日	西至小路	西至小路西水沟
英册 1311	光绪七年三月初二日	北至浜;南至黄浦;西至英副册 193 号地	北至小沟;南至浦岸;西至浦岸
英册 1322	光绪七年四月十九日	北至半路	北至路边
英册 1327	光绪七年五月十三日	北至浜	北至浜岸

---

① 蔡育天主编:《上海道契》卷 4。
② 蔡育天主编:《上海道契》卷 6。
③ 蔡育天主编:《上海道契》卷 1—9。

续表

道契编号	签发时间	契载地块边界	批注后地块边界
英册 1329	光绪七年五月十三日	南至浜	南至浜岸
英册 1331	光绪七年五月二十九日	南至半浜	南至浜岸
英册 1333	光绪七年六月二十三日	南至浜;西至虹口港	南至浜岸;西至虹口港滩岸
英册 1338	光绪七年七月初三日	北至浦滩	北至浦滩边岸
英册 1340	光绪七年七月十五日	北至路;南至吴淞港边路	北至路;南至吴淞江边路为界
英册 1351	光绪七年八月初七日	西至浜岸	西至烟业公所水沟
英册 1354	光绪七年八月十九日	东至半浜、林姓地	东至林姓地
英册 1361	光绪七年十月初一日	北至静安寺路;东至路;西至半浜	北至姚张田并静安寺老路;东至娄浦港岸;西至路
英册 1369	光绪七年十一月二十四日	南至吴淞港	南至吴淞江涨滩里面岸边为止
英册 1370	光绪七年十一月二十四日	北至浜、陆姓地;西至浜	西北均至浜岸为止
英册 1371	光绪七年十二月初六日	西至吴淞港	西至吴淞江岸边路内
英册 1372	光绪七年十二月初六日	西至吴淞港	西至吴淞江岸边路内
英册 1373	光绪七年十二月初六日	北至路;西至吴淞港	北至路,路内立界,路北小浜;西至吴淞江岸边路内

对于已经签发出的地契,如果因地产边界划分不当而造成较大河流被填没的情况,官方一旦收到举报,即注意重勘纠正。例如光绪十三年(1887年)八月,因出现界址争端,道台令上海知县与会丈局总办对已在光绪六年(1880年)八月签发的英册 1253 号道契边界进行复查。会丈局查核的结论

是,当初租地时对边界河浜的产权划分不当。报告内容如下:

> 黄巡检会同英总领事所派之员,前赴该地,按照原图,详细履勘。
> 查该地北首有毗连水浜,据名南穿虹浜,该浜潮汐相通,应系公浜。奉
> 发前号原勘绘图,其北至全浜高易地,系跨浜为界。现将该地断归原告
> (指租地洋商,笔者注)收管,如照前图地亩为准,将来倘被全浜填没,恐
> 与农田水利攸关,若除去全浜,又与英公堂原断地亩不符,事关华洋商
> 民抵欠断归之案,卑职等未便擅拟,究竟该洋商收管以后,能否将全浜
> 让出,不致填没,应请宪台札饬英公堂饬传该洋商详询明确,以凭
> 勘定。①

上引案例可见,由于初期官方对土地交易中的河流产权控制得不够细
密,致使一条公浜(穿虹浜)随同田地一块出租,洋商按照西方产权观念去理
解,认为自己有开发整个公浜河道的权利。原契只写明北界为"全浜",仅从
字面看不出该浜之等级高低,官方当时也未核实这就是该区干河穿虹浜的
一段河道。作为出租方的乡民,只考虑局部利益,认为田地既已租出,河浜
已经无甚价值,只要洋商愿意接受,将其量进地亩多得地价自然是便宜之
事。后来官方意识到该浜与水利全局大有关碍,又欲收回其产权,但为时已
晚,更改起来程序非常麻烦。这实际是一个产权管理制度与现实经济需求
相互偏离的个案,其中自然有官员不尽职责的因素,但主要还是与传统社会
中河流产权模糊、政策存在漏洞有直接关系。模糊的河流产权转让在面对
城市化土地开发时出了问题。

官方在法规层面也逐渐对河流产权的转让有所调整。1893 年《新定虹
口租界章程》第五条规定:"不论何条通潮之港,向来所有者,工部局愿不填
塞,如用填塞,须先与地方官商议方可。"第八条规定:"吴淞江不在美租界
内,水利之事,归中国地方官经管。所有北岸岸线,将来应由地方官与美领

---

① 蔡育天主编:《上海道契》卷 4。

事、工部局员会同划定。以后修建驳岸，不得填筑线外。工部局如在吴淞江添造桥梁，同现在所造之桥一律，不能再低。倘在北岸建筑码头，亦不得填出河外，淤垫河身，有碍水利。"[①]虽然该规定尚不够细致，但与1845年《土地章程》缺漏对河浜利用的规定相比，却是一个明显的变化。

最后需要说明的是，19世纪70年代及以后官方虽然对河流、堤岸、道路的产权转让进行了政策方面的规范，纠正了早期粗放型的产权管理，但随后发生的事实却是，随着租界城市空间的快速扩张与道路系统的构建，整体水网生态被严重扰乱，农业经济所依赖的农田水利系统，快速地走向瓦解。其深层的原因，除近代城市化对传统水乡地理环境不可避免的改造作用外，社会各群体是否能够正确认识河流湖泊等地表水资源的社会经济功能转型和产权归属变化，并有针对性地采取应对措施，也是一个重要因素。

四、小结

本章以历史资料呈现了上海城市化初期地方政府和乡民对河流产权认识的转变过程，但所采取的应对办法毕竟具有传统的延续性和相对于城市化的滞后性，多为问题发生后的补救措施，而且在执行中不一定得力。从后来的发展看，填浜筑路一直是上海城市空间构建的重要方式，城区和郊区普遍出现河流消失、水质腐化等水环境问题。这说明传统土地利用方式在城市化时期面临挑战，旧的观念需要及时做出调整，以适应社会经济变化的要求。

农业经济条件下河流系统"似公非公"式的模糊产权，与城市地产商对河流进行商业开发所持有的私有化产权意识，存在鲜明对立，地产商本能地把原本产权不明的河流囊入自己的产业中。这实际上是传统农业经济与近代城市经济在土地利用观念和方式上的差异。正是这种差异的存在，使农业经济所依赖的河流系统在面临城市化改造时，出现大面积消失和水质问

[①]《上海租界志》编纂委员会编：《上海租界志》，上海社会科学院出版社2001年版，第686页。

题。在当时历史条件下,官方对于突如其来的城市化对水环境的改变并不具备前瞻性,但在今天和将来的城市规划中,我们应以史为鉴,避免历史问题的重演。

在历史地理学者看来,河流体系的产权过渡问题,在根本上还是区域人地关系在城市化条件下的一个表现。太湖流域的土地利用方式与环境演变,有其自身的历史规律和地理特征,有其一以贯之的演化脉络,城市化的土地利用方式也必须充分考虑历史的延续性。由本章的研究来看,近代上海城市化过程中的水环境问题,与河流体系在长期传统社会形成的产权结构有着相当大的关系。维持一个符合长江三角洲水文规律、上下游排水通畅的水网,是这一区域良好生态的基本前提。

第三章

水的政治：以英商上海自来水公司
在华人中推广和入城阻力为中心

　　对近代以来上海自来水问题的研究,可谓是上海城市史研究的热点之一,在相关研究中往往都会对此有一定的论述,如程恺礼(Kerrie L. Macpherson)、熊月之、周武、李达嘉、邢建榕诸先生的研究①。这些研究有一个特点,即从城市化、近代化出发,把自来水当作上海市政、卫生建设近代化的一项重要内容来展开。

　　日本学者菊池智子认为学界以往对上海自来水的研究,大多集中在传教士的活动和卫生基础设施的建立层面,对于19世纪后半期清朝政府当局对近代公共卫生制度的探索和接受,以及该地域社会对此的动向则尚未给予充分的注意。不过,其研究还是从自来水管建设和自来水价格等问题出发,研究上海自来水卫生的提高和名流的形成②,还是城市化、近代化的视角。

　　上述研究思路是有道理的,毕竟自来水是近代城市发展的重要内容。不过,对近代以来上海自来水问题的探讨还有一定的空间,特别是上海华人对自来水的认知和自来水推广背后的阻力问题。学界基本都是以“冲击—反应”模式来展开分析,认为上海华人对自来水的认知和接受是一个从“排斥”“抵制”到“接受”的过程,被广为引用的是这句话:

　　　　当时风气未开,华人用者甚鲜,甚至谓水有毒质,饮之有害,相戒不

① 代表性如,Kerrie L. Macpherson(程恺礼): *A Wilderness of Marshes: The Origins of Public Health in Shanghai: 1843–1893*, Oxford University Press, 1987。其中相关饮水内容可参程恺礼:《19世纪上海城市基础设施的发展》,《上海研究论丛》第9辑,上海社会科学院出版社1993年版,第353—359页;熊月之等:《上海通史》,上海人民出版社1999年版;周武:《晚清上海市政演进与新旧冲突——以城市照明系统和供水网络为中心的分析》,张仲礼等主编:《中国近代城市发展与社会经济》,上海社会科学院出版社1999年版,第183—200页;李达嘉:《公共卫生与城市变革——清末上海人生活文化的一个观察》,中国史学会编:《第一回中国史学国际会议研究报告集:中国の歴史世界——統合のシステムと多元的発展》,东京:东京都立大学出版会2002年版,第71—108页;邢建榕:《水电煤:近代上海公用事业演进及华洋不同心态》,《史学月刊》2004年第4期。
② [日]菊池智子:《从晚清上海自来水建设看城市社会的形成》,《城市史研究》第25辑,天津社会科学院出版社2009年版,第171—195页。

用。其后,水公司遍赠各水炉、茶馆,于是用者渐众。①

不过,自来水有毒的谣言存在时间并不长,大概只持续一年左右,不能简单用谣言来解释英商自来水在华界推广阻力问题;同时,随着谣言的消释,但自来水管网并没有像"越界筑路"一样深入上海城厢,因而不能简单用主权来解释英商自来水入城阻力问题。毕竟,谣言是短暂的,华界主权在列强眼中又不是不可侵犯的,英商上海自来水公司在华人中推广和入城阻力问题值得深入分析。

正如熊月之所指出,对近代中国口岸城市史的研究,费正清先生等人提出的"西方冲击—中国回应"解释模式,很有解释力②。但是,越来越多的国内外学者认为完全运用这个模式来解释近现代中国历史,会严重夸大西方冲击的作用。卢汉超研究西文物质文明在近代上海传播时,已在深化这一解释模式③;熊月之亦认为需"在中国发现历史",对"中国中心观"应多予关注④。

笔者在之前相关研究中受"冲击—反应"模式的影响⑤,但在后来的阅读思考中发现,还是应该将目光对准国人,毕竟他们才是中国社会的主角。唐振常在总结上海华人对西方近现代物质文明的接受过程时,得出这样的结论:"初则惊,继则异,再继则羡,后继则效。"⑥谁在"惊",谁在"异"? 面对新生的自来水,到底谁在造谣,谁在抵制,其背后的动机是什么,真的是所有华人都在抵制吗,是什么力量主导了中国近代城市公用事业的发展? 一系列问题,需要进一步深入讨论。陈文妍在其博士学位论文中特别关注现代供水过程中的权力格局,这为本研究提供了启发。⑦

---

① 胡祥翰:《上海小志》,上海古籍出版社 1989 年版,第 8 页。
② 熊月之、张生:《中国城市史研究综述(1986—2006)》,《史林》2008 年第 1 期。
③ [美]卢汉超:《西方物质文明在近代上海》,《史林》1987 年第 2 期。[美]卢汉超:《霓虹灯外——20 世纪初日常生活中的上海》,段炼等译,上海古籍出版社 2004 年版。
④ 熊月之:《研究模式移用与学术自我主张》,《近代史研究》2016 年第 5 期。
⑤ 梁志平:《水乡之渴:江南水质环境变迁与饮水改良(1840—1980)》,上海交通大学出版社 2014 年版,第 89—100 页。
⑥ 唐振常:《近代上海探索录》,上海书店出版社 1994 年版,第 62 页。
⑦ 陈文妍:《水的双城记:上海与苏州自来水之供应(1860—1937)》,香港中文大学博士学位论文,2016 年。

一、英商上海自来水公司早期推广活动与学界对推广阻力的认知

英商上海自来水公司为推广使用自来水,在完成水管敷设之后,于 1883 年 4 月 7 日在上海外文报纸刊登广告,告知远近住户,最远至静安寺,如希望使用自来水,可以申请接装①。在正式供水之前,英商上海自来水公司还进一步在《字林西报》上刊发广告:"公司将自下月一日开始供水,预期的用户,请从速提交其申请书。"②同时,为扩大销路,自 1883 年 7 月 30 日至 8 月 21 日,连续 23 天在《申报》上发布招人承销自来水的广告:

> 本公司水管刻下业已洗荡干净,准于华历六月二十九日起即可售水,现在招人承办售水,不论英法美三界,愿包何处,开明地段,到本公司面定销水数目、价钱,或先交顶者钱,又或否妥当,保人即来承充可也,凡向来不业售水者,如欲为本公司承揽售销,一律可来本公司面议,总须以速为贵,以便早为定夺。此布。大英老巡捕房斜对门里内自来水公司帐房启。③

---

① 《水管可接》,《申报》1883 年 4 月 7 日,(22)471。

② 上海市公用事业管理局编:《上海公用事业(1840—1986)》,上海人民出版社 1991 年版,第 122 页;关于正式供水日期,李达嘉先生依据:"前闻以本月之朔为开用之期,乃今以逾期数日,未见开用。"(《自来水价宜变通说》,《申报》1883 年 8 月 6 日,(23)217,认为正式供水日期较预定的时间稍晚;参李达嘉:《公共卫生与城市变革——清末上海人生活文化的一个观察》,中国史学会编:《第一回中国史学国际会议研究报告集:中国的歴史世界——统合のシステムと多元的发展》,东京都立大学出版会 2002 年版,第 76 页。注:朔日为农历初一,当年农历七月初一日为 8 月 3 日。

③ 《招人承销自来水》,《申报》1883 年 7 月 30 日,23(176);7 月 31 日,23(183);8 月 1 日,23(191);8 月 2 日,23(196);8 月 3 日,23(203);8 月 4 日,23(207);8 月 5 日,23(215);8 月 6 日,23(220);8 月 7 日,23(227);8 月 8 日,23(231);8 月 9 日,23(239)8 月 10 日,23(243);8 月 11 日,23(251);8 月 12 日,23(255);8 月 13 日,23(264);8 月 14 日,23(271);8 月 15 日,23(275);8 月 16 日,23(283);8 月 17 日,23(289);8 月 18 日,23(294);8 月 19 日,23(301);8 月 20 日,23(306);8 月 21 日,23(313)。

为推动租界挑水夫售卖自来水,英商上海自来水公司在《申报》上发布威胁警告,租界挑水夫若不挑卖自来水,将另雇他人:

> 本公司创设自来水,原欲人溥沾利益,仁寿同登,即向业水夫亦愿广为招致,俾仍自食其力,今已开办售水,凡有向在租界之水夫,如愿为本公司挑者,可来帐房各认向挑地段,按照每日销水多少以定辛工,如再不来,本公司即当另雇挑夫,按户挑送,毋致自误。自来水公司帐房白。①

在招募承销代理和挑水夫的同时,为让更多的华人知晓,自 1883 年 8 月 8 日起,英商上海自来水公司还持续数十天在《申报》上发布公告,希望居民前来购用:

> 本公司自来水业已开办,可便居民汲用。如欲每日取用若干者,即向英界老巡捕房、法界二洋泾桥下塊、美界虹桥塊、虹兴里各本帐房挂号取水可也。②

1884 年,英商上海自来水公司在连续 30 天《申报》上刊登《扬清激浊》的广告,宣扬自来水的好处,吸引居民前来购用自来水:

> 今告上海诸人,有极清之水可饮,盖租界人烟稠密食用之水,取资冀浦,未免混浊秽垢殊甚,沿滨一带停泊船只无数,倾倒粪溺,加之各马

---

① 《布告水夫》,《申报》1883 年 8 月 22 日,(23)316;8 月 23 日,(23)323;8 月 24 日,(23)330。
② 《自来水公司帐房告白》,《申报》1883 年 8 月 8 日,23(230);8 月 9 日,23(237);8 月 10 日,23(244);8 月 11 日,23(251);8 月 12 日,23(255);8 月 13 日,23(264);8 月 14 日,23(271);8 月 15 日,23(275);8 月 16 日,23(283);8 月 17 日,23(289);8 月 18 日,23(293);8 月 19 日,23(300);8 月 20 日,23(307);8 月 21 日,23(312);8 月 22 日,23(318);8 月 23 日,23(325);8 月 24 日,23(328);8 月 25 日,23(335);8 月 26 日,23(341);8 月 27 日,23(347);8 月 28 日,23(353);8 月 29 日,23(361);8 月 30 日,23(365);8 月 31 日,23(371);9 月 4 日,23(396),等。

路阴沟之水,上海地广,阴沟甚多,流出泥浆,尤属污秽,无怪夏令疾疫繁多,倒弊日见,百病丛生⋯⋯①

虽然,英商上海自来水公司在《申报》《字林西报》等报纸中进行了广泛宣传,但效果似乎不佳,自来水严重滞销:

　　租界中之自来水,不甚畅销,各处水管积水甚多,恐不免有秽恶之气,昨晨将各水管开放,出陈换新。②

对于英商上海自来水公司初期在华人中推广使用的阻力问题,学界广为引用的是前述胡祥翰这句话:"当时风气未开,华人用者甚鲜,甚至谓水有毒质,饮之有害,相戒不用。其后,水公司遍赠各水炉、茶馆,于是用者渐众。"③即基于"冲击—反应"模式来展开分析,认为上海居民对自来水的认知和接受有一个从"排斥""抵制"到"接受"的过程。学术界如卢汉超④、唐振常、徐新吾、周武、李达嘉、邢建榕、马长林、张鹏⑤诸位的研究,以及相关史志、

——————————

① 《扬清激浊》,《申报》1884 年 1 月 23 日,24(134);1 月 24 日,24(141);1 月 25 日,24(146);2 月 2 日,24(153);2 月 3 日,24(158);2 月 4 日,24(165);2 月 5 日,24(170);2 月 6 日,24(176);2 月 7 日,24(182);2 月 8 日,24(188);2 月 9 日,24(194);2 月 10 日,24(200);2 月 11 日,24(206);2 月 12 日,24(212);2 月 13 日,24(218);2 月 14 日,24(224);2 月 15 日,24(230);2 月 16 日,24(236);2 月 17 日,24(242);2 月 18 日,24(248);2 月 19 日,24(252);2 月 20 日,24(258);2 月 21 日,24(264);2 月 22 日,24(268);2 月 23 日,24(274);2 月 24 日,24(280);2 月 26 日,24(286);2 月 28 日,24(300);3 月 2 日,24(318);3 月 3 日,24(324)。

② 《开管放水》,《申报》1883 年 9 月 9 日,(23)423。

③ 胡祥翰:《上海小志》,上海古籍出版社 1989 年版,第 8 页。

④ 卢汉超:《西方物质文明在近代上海》,唐振常、沈恒春主编:《上海史研究》(二编),学林出版社 1988 年版,第 35 页。

⑤ 唐振常主编:《上海史》,上海人民出版社 1989 年版,第 254 页;徐新吾、黄汉民主编:《上海近代工业史》,上海社会科学院出版社 1998 年版,第 22 页;周武:《晚清上海市政演进与新旧冲突——以城市照明系统和供水网络为中心的分析》,张仲礼等主编:《中国近代城市发展与社会经济》,上海社会科学院出版社 1999 年版,第 198—199 页;周武、吴桂龙:《上海通史》第 5 卷《晚清社会》,上海人民出版社 1999 年版,第 178—181 页;李达嘉:《公共卫生与城市变革——清末上海人生活文化的一个观察》,中国史学会编:《第一回中国史学国际会议研究报告集:中国の歴史世界——統合のシステムと多元的発展》,东京都立大学(转下页)

一些硕士学位论文及文章也持相同观点①。所有研究中最具代表性、最有影响力的是熊月之的观点。在分析晚清自来水进入县城的阻力时,熊先生认为主要原因有三个方面:

第一,误解。人们祖祖辈辈是从河里挑水、井里提水,从未见过从铁管子里流出白花花的自来水。自来水在制作过程中要添加漂白粉之类的消毒剂,有些异味,这更加深人们的疑忌心理。有人说,在水管上有两龙相斗;也有人说,水管与煤气管接近,有煤毒进入水中。

第二,保守。这主要来自官府,"守土者以事出西人,其管又系西人掌之,以西人而行西法,多一事不如少一事"。考其心迹,明知使用自来水有利无弊,但因此事创自西人,又系西人管理,若骤然师法,恐怕要引来"以夷变夏"之讥,于是借口"地非租界,畛域宜分",拒绝使用。

第三,生计原因。自来水出现以前,上海有不少人以担水为生。19世纪80年代初,上海县城有担夫400多人,租界有担夫2000多人。人们担心,自来水推广以后,这2000多人的生计将遭到严重威胁,因此反对使用自来水。②

二、误读的自来水工艺:晚清是沙滤,无消毒

学术界对英商上海自来水公司在华人中早期推广阻力的认知当然有一

(接上页)出版会2002年版,第71—108页;邢建榕:《水电煤:近代上海公用事业演进及华洋不同心态》,《史学月刊》2004年第4期;马长林:《上海的租界》,天津教育出版社2009年版,第127页;张鹏:《城市形态的历史根基——上海公共租界市政发展与都市变迁研究》,同济大学出版社2008年版,第192页。

① 如:上海市公用事业管理局编:《上海公用事业(1840—1986)》,上海人民出版社1991年版,第124—125页;满振祥:《近代上海供水事业的历史考察(1883—1949)》,上海师范大学硕士学位论文,2008年;梁春阁:《利益的守护人:工部局监管下的近代上海公共租界供水事业的发展(1868—1911)》,华东师范大学硕士学位论文,2015年;楚克静:《陆伯鸿与近代上海市政建设研究(1911—1937)》,杭州师范大学硕士学位论文,2014年;李春晖:《风骚独领——上海早期供水事业的创立和演变》,《城镇供水》2014年第3期,该文相关内容摘抄自《上海公用事业(1840—1986)》。

② 熊月之、张敏:《上海通史》第6卷《晚清文化》,上海人民出版社1999年版,第21—22页。

定的史料依据,但笔者以为这些解读存在一定的偏差,没有揭示背后更深层次的原因,需要进一步探究。

首先,"误解"是有的,但并不是因为自来水消毒后的异味,当时自来水只是沙滤。自来水对上海华人来说毕竟是开埠后传入的新鲜事物,加上缺乏相关科学知识,不明白之处容易借用神鬼观念来解释,正所谓:

> 黑龙几条伏水底,倒吸吴淞半江水。①
> 奇哉水蛇地中行,汩注无穷制亦精。②

在英商上海自来水公司正式开始供水后,"外间物议颇多":有谓"见二摆渡总水管上有两龙时现,形相斗者";有谓"埋管之处与地火管贴近,恐有煤毒入于水管者"。《字林西报》曾记载,法租界一老妪,买得自来水一担,令挑夫担至家内后,"将水倾之沟中而扣留其桶,不肯给还,并告人以自来水不可饮"③。

国内外上海史专家普遍认为当时自来水在制作过程中要添加漂白粉、氯之类的消毒剂,有些异味,加深了人们的疑忌心理。如美国学者罗兹·墨菲,在其1953年出版的英文专著中称:

> This water, pumped from the Whangpoo, was purified by slow sand filters, alum, and chlorine. ④

"chlorine"就是"氯",即用氯消毒。罗兹·墨菲的英文专著后来由上海社会科学院历史研究所组织翻译,1986年由上海人民出版社出版⑤。也许

---

① 《自来水》,《申报》1882年9月17日,(21)473。
② 《自来水》,顾炳权编:《上海洋场竹枝词》,上海书店出版社1996年版,第419页。
③ 《倾水留桶》,《申报》1883年9月26日,(23)526。
④ Rhoads Murphey, *Shanghai, Key to Modern China*: Harvard University Press, 1953, p. 36.
⑤ [美]罗兹·墨菲:《上海——现代中国的钥匙》,上海社会科学院历史研究所译,上海人民出版社1986年版,第42页。

受罗兹·墨菲的影响,其后国内诸多学者都有类似的表达:如,唐振常称此时的自来水"经过消毒的"[1];熊月之认为"添加漂白粉之类的消毒剂,有些异味"[2];李达嘉直接引用罗兹·墨菲的英文原著,也认为当时自来水加了"氯气"[3];罗苏文的表述与罗兹·墨菲专著的中译本相关内容颇有几分相似,不过没有注明其史料来源:

> 1883年8月,上海公共租界开始供水(3 698立方米/日)。自来水公司将取自黄浦江的水,用缓慢的沙滤器、明矾和氯气使水净化、消毒后,通过铺设的专用管道供应给用户。[4]

不过,这些都是以民国及当今的自来水工艺技术去臆测晚清时期的自来水,实际上,晚清上海自来水工艺只有沙滤,并无消毒。

水源的过滤与消毒发展历史是这样的。1750—1850年是英国近代供水系统的发展时期,人口从农村向城市流入、制造业的迅速发展和铁路的引进,都需要连续不断地供应清洁的水。水过滤技术主要发展历史如下:

在印染和漂白行业中,对清洁的纯净水的需求促使英国兰开夏郡的一些生产企业通过沙床来过滤他们的生产用水。1791年,皮科克取得了一项将水向上流过分级沙床的专利。1804年,在佩斯利成功建造了处理公共用水的慢沙滤池。后来,这种过滤装置在英国许多地区、欧洲其他地方以及美国都相继建造起来。[5]

---

① 唐振常主编:《上海史》,上海人民出版社1989年版,第254页。
② 熊月之、张敏:《上海通史》第6卷《晚清文化》,上海人民出版社1999年版,第21页。
③ 李达嘉:《公共卫生与城市变革——清末上海人生活文化的一个观察》,中国史学会编:《第一回中国史学国际会议研究报告集:中国の歴史世界——統合のシステムと多元の発展》,东京都立大学出版会2002年版,第76页。
④ 罗苏文:《上海传奇:文明嬗变的侧影(1553—1949)》,上海人民出版社2004年版,第154—155页。
⑤ [英]查尔斯·辛格等主编:《技术史》第4卷《工业革命(约1750年至约1850年)》,辛元欧主译,上海科技教育出版社2004年版,第331—338页。

1829 年,伦敦切尔森自来水公司工程师詹姆斯·辛普森(James Simpson, 1799—1869 年)建造了"慢速沙滤池",此后英国和欧洲大陆又建造了大量按照同一原理设计的沙滤池。慢速沙滤池的典型结构,主要包括防水的砖池或砌石池,置于池内的 2 英尺或 3 英尺厚的沙层,以及位于沙层下面的砾石。砾石下方是一个砖、石或瓦之间构筑有细缝的地下排水系统,用以收集经过滤的水(图 3-1)①。

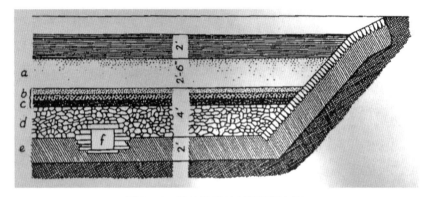

图 3-1 慢速沙滤池剖面(都柏林)

注:a-沙子;b-大小不等的砾石;c-碎石(3 英寸);d-碎石(4—8 英寸);e-整实黏土;f-干砌石集排水道。

1849 年与 1853—1854 年间,伦敦数度爆发严重的亚洲霍乱,经医生查明是由于饮水水源被排泄物污染所致;同时,来自泰晤士河的水变得越来越恶臭难闻,这些事件激起民众强烈的反感。在此情况下,1852 年,英国通过《大城市水法》,强制规定水必须经过过滤,并禁止在泰晤士河潮汐区域汲水。新的水源未经贸易部检验员批准,不得取用。②

① [英]查尔斯·辛格等主编:《技术史》第 5 卷《19 世纪下半叶(约 1850 年至约 1900 年)》,远德玉主译,上海科技教育出版社 2004 年版,第 388—389 页。

② [英]查尔斯·辛格等主编:《技术史》第 4 卷《工业革命(约 1750 年至约 1850 年)》,辛元欧主译,上海科技教育出版社 2004 年版,第 339 页;"《大城市水法》"在第 5 卷译为"《大都市供水法》",[英]查尔斯·辛格等主编:《技术史》第 5 卷《19 世纪下半叶(约 1850 年至约 1900 年)》,远德玉主译,上海科技教育出版社 2004 年版,第 389—391 页。

当时，人们已在水过滤这一水处理的基本方法上取得了巨大的进展。1885 年，珀西·弗兰克兰（Percy Frankland, 1858—1946 年）开始对伦敦各供水公司的供水进行常规的细菌学分析，证明了有效的沙滤可使水中的细菌含量减少 98%。19 世纪 80 年代发明了现代形式的快速沙滤池。19 世纪末，许多水厂采用了多层过滤。[①]

在水消毒方面，当使用物理过滤方法处理水源时，人们也在思考用化学手段来帮忙处理。1843 年，辛普森曾试验性地使用硫酸铝对水进行化学混凝；1881 年，在博尔顿也曾大规模地使用过。但是，当时这种方法并没有被看作水处理的固定工序。另一种化学处理方法是使用铁盐作为混凝剂，对水进行沉淀。此方法在 19 世纪 80 年代曾在欧洲流行了数年，但最终被硫酸铝取代。

实际上，直到 20 世纪初，人们才开始对水进行消毒处理。1896 年，人们用漂白粉制止了亚德里亚海波拉地区伤寒的蔓延。1897 年，梅德通地区暴发伤寒疫情时，同样使用了漂白粉。以上只是孤立事件。1902 年，比利时的米德尔·凯尔克（Middel Kerke）建造了世界第一座氯化水的永久性装置。在英国，以次氯酸钠溶液形式使用的氯于 1905 年在林肯首次用作水的常规处理。[②]

英商上海自来水公司建立之时所用之法，"以明矾沉淀其污秽，然后以水车转送各用户"[③]，也就是生产流程为潮汐进水，慢滤池过滤，蒸汽机出水，主要设备有总容量 613 万加仑的沉淀池 2 座，慢滤池 4 座，清水池 1 座，蒸气

---

① [英]查尔斯·辛格等主编：《技术史》第 5 卷《19 世纪下半叶（约 1850 年至约 1900 年）》，远德玉主译，上海科技教育出版社 2004 年版，第 388—389 页。

② 同上书，第 391、392 页。关于饮用水过滤消毒技术发展史可参查尔斯·辛格等主编：《技术史》第 7 卷《20 世纪（约 1900 年至约 1950 年）》，关锦镗译，华中理工大学出版社 1992 年版，第 345—355 页；亦可参吴一蘩等编著：《饮用水消毒技术》，化学工业出版社 2006 年版，第 17—18 页；秦敏在其硕士论文中也介绍，但基本摘抄自查尔斯·辛格等主编的《技术史》，只是没有注明完整出处，参秦敏：《近代自来水技术的引进、发展与传播（1880 年—1936 年）》，内蒙古师范大学硕士学位论文，2011 年。

③ 昌燕：《上海自来水之调查》，《钱业月报》1921 年第 7 期。

锅炉 3 台及出水间 1 座①。1920 年 8 月 4 日起，出厂水才全部加氯②。这是中国最早应用氯气消毒工艺的水厂③。1922 年 3 月，英商上海自来水公司杨树浦水厂 4 只美式快滤缸投产运行，结果满意。1923 年实行全面投加硫酸铝，用连续沉淀取代间歇沉淀，之后美式快滤池逐步代替英式慢滤池④。

由此可知，在民国以前，英商上海自来水公司在净水过程中绝无可能添加漂白粉或用氯消毒。虽然慢沙过滤也能起到很好的净水效果，防止疾病的发生，但过滤与消毒是两个完全不同的概念：一个是物理过程，一个是化学过程。至于华人所谓自来水中的异味，极有可能是华人的心理作用，当然也不排除当时沙滤处理原水的效果有限。

三、自来水传播历史：1883 年前已有广泛传播

学界认为第二方面原因是华人"保守"，主要阻力来自官府，明知使用自来水有利无弊，但因此事创自西人，又系西人管理，若骤然师法，恐怕要引来"以夷变夏"之讥，于是借口"地非租界，畛域宜分"，拒绝使用。确实，是有一部分人保守，但这个借口只是表面原因。

自来水对晚清时期的中国居民来说确为新鲜事物，但从上海开埠（1843年）到英商上海自来水正式供水（1883 年）的 40 年间，上海地方官僚和民众对自来水已有一定的认知和接受。

首先，这 40 年里，自来水已在上海一定程度和范围内实践。1883 年英商上海自来水公司建成供水，并不是一个突然来到上海的新鲜事物，之前有一系列铺垫。西人来沪后，对饮用水提出了更高的要求。南浸信会传教士耶茨

---

① 《上海公用事业志》编纂委员会编：《上海公用事业志》，上海社会科学院出版社 2000 年版，第 183、184 页。
② 上海市公用事业管理局编：《上海公用事业（1840—1986）》，上海人民出版社 1991 年版，第 137 页。
③ 洪觉民等主编：《中国城镇供水技术发展手册》，中国建筑工业出版社 2006 年版，第 160 页。
④ 上海市公用事业管理局编：《上海公用事业（1840—1986）》，上海人民出版社 1991 年版，第 137、138 页。

(1847 年来到上海)最先提议改用自来水①。1860 年,上海市区开凿了第一口深井(自流井),1872 年,出现了沙漏水行,1875 年,建立了第一家自来水厂②。

其次,在 1883 年前,有关自来水的新闻报道已在《申报》《字林西报》等媒体上屡见不鲜。19 世纪 60 年代,在总理各国事务衙门的组织下,朝廷曾派遣官员考察外国的自来水厂。一些官员回国后,撰写文集,向国人宣传自来水的好处。同治五年(1866 年),斌椿(1803—1871 年)、张德彝(1847—1918 年)随海关总税务司司长赫德(Robert Hart,1835—1911 年)出访欧洲,对欧洲自来水颇感惊奇,在他们的游记中(斌椿《乘槎笔记》、张德彝《航海述奇》)都留下了相关记录。其中,张德彝用"自来"形容西方现代化的用水设施,是中国文献中最早使用"自来水"一词的记录。随后,《上海新报》《中国教会新报》等报纸中都出现了有关自来水的报道。③

仅以《申报》为例,自 1872 年创刊至 1883 年,其中与自来水相关的报道和广告共计 70 篇(反复出现的广告、公告只计入一次)(见图 3 - 2),其中,在1883 年 8 月 1 日英商上海自来水公司正式供水前,《申报》中相关报道有 62

《申报》(1872—1883年)自来水相关新闻报道篇数

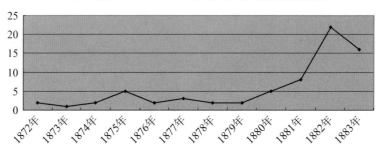

图 3 - 2:《申报》(1872—1883 年)自来水相关新闻报道篇数

注:统计资料来源于影印版《申报》,反复出现的广告、公告只计入一次。

① 何小莲:《西医东渐与文化调适》,上海古籍出版社 2006 年版,第 189 页。
② 上海市公用事业管理局编:《上海公用事业(1840—1986)》,上海人民出版社 1991 年版,第110—118 页。
③ 陈文妍:《水的双城记:上海与苏州自来水之供应(1860—1937)》,香港中文大学博士学位论文,2016 年。

篇,特别是在 1880 年工部局确定建立自来水公司方案后,相关报道增加较快。在这 62 篇新闻报道和广告中,有 24 篇标题中含有"自来水"三个字,还有 4 篇直接以"自来水"为标题。

进一步对英商上海自来水公司正式供水前《申报》中 62 篇相关报道和广告内容进行分析,除了 2 篇关于杭州科举考试用水,1 篇报道香港自来水,1 篇关于广州用水,其余 58 篇都与上海相关。这 58 篇中,17 篇是追踪报道英商上海自来水公司兴办动态,其余 41 篇无一例外,都极力宣扬自来水的好处,将兴办自来水视为"善举""美举",例如:

> 吸水之法,于数十里外取清水将挹彼而注之,此诚善举焉。①
> 去春曾有西人议用机器引远方滩淀等处清水分沠铺户应用,诚为地方之美举。②
> 且议用机器引水之法,诚为地方之美举,倘得众擎易举,亦为一劳永逸之方。③

上述 41 篇报道除了对上海兴办自来水充满赞誉与期待之外,还有一个明显的意思表达:上海县城也应该有自来水。如称,上海县城应该抓住机会接入洋人开办的自来水④;或称上海县城华人应该自办自来水,是一件"无形功德事"⑤。

由此可见,在 1883 年英商上海自来水公司正式供水前,"自来水"虽属新鲜事物,但相关知识在上海至少已经传播十几年,华人社会对其有一定程度的认知和接受。当时,自来水公司、电灯公司,"华人皆愿入股"⑥。1882年,在上海办理洋务的陈福勋邀当时文人集会,曾以"自来水、电气灯"为题

---

① 《拟建水池议》,《申报》1872 年 5 月 10 日,(1)29。
② 《上海饮水秽害亟宜清洁论》,《申报》1873 年 2 月 28 日,(2)177。
③ 《论饮水清洁之法》,《申报》1874 年 5 月 25 日,(4)471。
④ 《城内宜商取自来水说》,《申报》1875 年 5 月 15 日,(6)441。
⑤ 《城内拟设自来水》,《申报》1883 年 3 月 22 日,(22)377。
⑥ 《劝华人集股说》,《申报》1882 年 6 月 13 日,(20)807。

助兴[①]，这些都说明了当时上海华人商界、知识界对自来水有一定认知，也充满期待，很难说是"风气未开"。

至于学术界所说官府的保守，"守土者以事出西人，其管又系西人掌之，以西人而行西法，多一事不如少一事"[②]，恐怕要引来"以夷变夏"之讥，于是借口"地非租界，畛域宜分"[③]，拒绝使用。不排除一些守旧官僚反对，但上海地方官僚支持自办自来水或自来水入城的大有人在。

上海道台冯焌光在任期间(1875—1877年)，曾"委某别驾赴香港，将以仿造自来水法"[④]；道台邵友濂在任期间(1882—1886年)，在李平书和姚安谷的推动下[⑤]，曾委托水利局张委员与英商上海自来水公司议订合同，准备引水入城，后因1884年中法马尾海战，张委员因他案牵涉，经臬司撤委提省，邵升任台湾藩司，自来水入城功败垂成，成为泡影[⑥]。而直隶总督李鸿章在英商上海自来水公司参观了水厂开阀引水，更是直接说明了官方在自来水问题上的态度与影响[⑦]。李鸿章是晚清权臣，虽说此次活动是他服丧期间

[①] 《养和堂晏启记》，《申报》1882年8月14日，(21)265。
[②] 《论沪城改用自来水》，《申报》1883年3月29日，(22)417。
[③] 《宜用自来水以却疾疫论》，《申报》1882年11月12日，(21)805。
[④] 《城中运水说》，《申报》1876年6月10日，(8)533。
[⑤] 冯绍霆：《李平书传》，上海书店出版社2014年版，第33页。
[⑥] 李平书：《李平书七十自叙》，上海古籍出版社1989年版，第17页。注：这只是李平书一家之言，自来水入城夭折的原因，其实是上海地方绅董的反对，详见后文论述。
[⑦] 程恺礼、周武、李达嘉诸人认为，是自来水公司特意请李鸿章来主持开闸仪式，这一论断应该是来源于《申报》相关记载："水之开始运用，在一八八三年六月二十九日，总督李鸿章参与开幕典礼。"[《记上海自来水公司》，《申报》1920年7月25日，(165)456]但据英商上海自来水有限公司1884年4月30日的第四次股东年会上的1883年董事会年度报告，"(1883年)6月29日，那时在上海的李鸿章总督，事先曾宣告(表示)要参观水厂。(当日)在总工程师的请求下，开放了引入黄浦江水的阀门"(喻晓：《李鸿章与杨树浦水厂》，《新民晚报》2013年7月5日，A29版)，即是李鸿章想要参观，自来水公司帮忙打开水阀，并非一个专门的开闸仪式；分别参程恺礼：《19世纪上海城市基础设施的发展》，林克主编：《上海研究论丛》第9辑，上海社会科学院出版社1993年版，第358页；周武：《晚清上海市政演进与新旧冲突——以城市照明系统和供水网络为中心的分析》，张仲礼等主编：《中国近代城市发展与社会经济》，上海社会科学院出版社1999年版，第195页；周武、吴桂龙：《上海通史》第5卷《晚清社会》，上海人民出版社1999年版，第178页；李达嘉：《公共卫生与城市变革——清末上海人生活文化的一个观察》，中国史学会编：《第一回中国史学国际会议研究报告集：中国の歴史世界——統合のシステムと多元的発展》，东京都立大学出版会2002年版，第76页。

的一项私人访问,但还是有"一大批随员陪同",像"半国事访问",他对这个企业甚感兴趣,表示希望不久在天津建立类似的企业[①]。

也许有人说上述这些官僚是洋务派,或许思想比较开明,但实际上,1876年,上海建成中国第一条营业铁路——吴淞铁路,当年正是在冯焌光主政下交涉购回,然后拆除,冯焌光有其"保守"的一面[②]。邵友濂曾竭力反对引入西方的缫丝机械和棉纺织业,停止《上海官报》的发行[③]。支持兴办自来水,也许是受李鸿章的影响,邵友濂不仅是李的幕僚,还与他有姻亲关系,邵友濂大儿子邵颐婺的是李鸿章的侄女(李家老六李昭庆的女儿)[④]。

上海地方官僚对自来水的普遍欢迎态度,也许是因为饮用水为居民日常生活必需品,而当时上海城内饮用水确实是一个大问题:"河渠甚狭""浊不堪饮",同时挑水夫来回挑水造成城内道路泥泞难行[⑤],"引自来水入城",使城内居民"饮和而食德",是"治城中水利之上策"[⑥],这是当时上海地方官僚的共识。

四、昙花一现的"毒水"谣言:水夫利益表达与各方应对

笔者以为,英商上海自来水公司早期在华人推广中的阻力,最直接原因

---

① 徐雪筠等详编:《上海近代社会经济发展概况(1882—1931)——〈海关十年报告〉译编》,上海社会科学院出版社1985年版,第28页;关于李鸿章对上海影响,梁元生先生在《晚清上海:一个城市的历史记忆》中有一章名为"津沪联系:李鸿章对上海的政治控制"专门讨论此问题,参见梁元生:《晚清上海:一个城市的历史记忆》,香港中文大学出版社2009年版,第191—206页;另外,1883年李鸿章到上海还有其他目的,当时中法即将开战,他在租界与法国驻华公使巴特诺特(M. Patrenotre)协商越南北部问题。参[英]麦克莱伦:《上海故事——从开埠到对外贸易》,刘雪琴译,载[美]朗格(H. Lang)等:《上海故事》,高俊等译,生活·读书·新知三联书店2017年版,第114页;这一点可以《李鸿章年谱》相印证,参雷录庆编:《李鸿章年谱》,台湾商务印书馆1977年版,第310页。
② 参梁元生:《晚清上海:一个城市的历史记忆》,香港中文大学出版社2009年版,第92页。
③ 梁元生:《上海道台研究——转变社会中之联系人物,1843—1890》,陈同译,上海古籍出版社2003年版,第92—93页。
④ 宋路霞:《细说盛宣怀家族》,上海辞书出版社2015年版,第117页。
⑤ 梁志平:《渐变下的调适:上海水质环境变迁与饮水改良简析(1842—1980)》,《兰州学刊》2011年第12期。
⑥ 《整治沪城末议》,《申报》1883年2月15日,(22)205。

是水夫的抵制和阻挠,即学界所说的"生计原因"。水夫生计一旦有保障,其抵制和阻挠顷刻瓦解。学术界在研究晚清自来水在上海华人推广中阻力相关问题时注意到了挑水夫问题,特别是李达嘉先生[①],对自来水推广初期水夫的谣言与各方应对有一定论述,但缺少深入分析,如与"以夷变夏"之间的关系;其他学者,如熊月之只是谈到有人担心挑水夫的生计问题而反对自来水,没有具体研究挑水夫如何反对与抵制[②];丁日初、徐新吾先生在相关研究中虽直接提及挑水夫的反对与抵制,但限于研究主旨,都只是一笔带过:

> 原来打算向租界居民普遍供水的计划进展不快,因为一般中国人还不知道自来水的优点,也不愿意改变使用河水的习惯,一向以挑水为生的挑水夫的竭力反对也起了一些作用。[③]
> 初期因受到上海挑水夫有组织的抵制,业务进展不很顺利。[④]

上海滨江靠海,在水质污染范围有限的晚清,城外远汲和乘潮而汲是居民获得清洁饮用水的传统手段[⑤]。在自来水出现以前,上海有不少以担水为生的挑水夫。据称19世纪80年代初,上海县城有担夫400多人,租界有担夫2000多人[⑥]。这些人本身处于社会底层,"无业穷氓业此,以为生者,不乏

---

① 李达嘉:《公共卫生与城市变革——清末上海人生活文化的一个观察》,中国史学会编:《第一回中国史学国际会议研究报告集:中国の歴史世界——統合のシステムと多元的発展》,東京都立大学出版会2002年版,第78—79页。

② 熊月之、张敏:《上海通史》第6卷《晚清文化》,上海人民出版社1999年版,第21—22页。

③ 丁日初主编:《上海近代经济史·第一卷(1843—1894年)》,上海人民出版社1997年版,第309页。

④ 徐新吾、黄汉民主编:《上海近代工业史》,上海社会科学院出版社1998年版,第22页。

⑤ 梁志平:《水乡之渴:江南水质环境变迁与饮水改良(1840—1980)》,上海交通大学出版社2014年版,第81—84页。

⑥ 《宜用自来水以却疾疫论》,《申报》1882年11月12日,(21)805;《论沪城改用自来水》,《申报》1883年3月29日,(22)417;对于当时租界挑水夫的数量,李达嘉先生不知如何判断,他亦认为,"各租界自来水每日有穿号衣之水夫挑送居民铺户,然向来挑黄浦水为生计者,不下四五百人"(《水夫嫉妒》,《申报》1883年11月2日,(23)748,参李达嘉:《公共卫生与城市变革——清末上海人生活文化的一个观察》,中国史学会编:《第一回中国史学国际会议研究报告集:中国の歴史世界——統合のシステムと多元的発展》,東京都立大学出版(转下页)

其人"①。自来水推广以后，这2 000多人势必各失其业，"无以为糊口之资"②。自来水，龙头一拧，水自来，挑水夫担心因此而失业，于是编造了自来水有毒的谣言：

> 一时水夫等恐通行自来水或致失业，遂编作谣言，煽惑众听，大都居家所用之汤水等物，皆系妇女管理，男子专治外政，何暇问及，而妇女辈一闻此言，莫不易于见信，遂致该公司之水销路极少，为患殊深，是以该公司禀请总领事照会会审，出示晓谕，以破众人之疑问而止谣言之肆造。③

故而，水夫生计问题，是推广自来水不得不面对一个话题④。这才是上海一些官僚反对自来水进城或开办自来水的原因，"以夷变夏"只是一个借口：

> 当自来水初设时曾拟分布城中，俾无数居人咸受和甘之福。领事曾为咨商，竟格于例，不克举行，说者谓，执政虽托词于地非租界，畛域宜分，实以担夫数百人之生计，恐因是而绝斯言也。⑤

其实，对于自来水给水夫可能带来的影响，英商上海自来水公司也不是没有考虑。为拉拢水夫，平息原有挑水夫的抵制，1883年8月，在自来水正式供水后不久，英商上海自来水公司在《申报》上连续三天发布公告，将与水

（接上页）会2002年版，第78页）。 笔者认为，《申报》这篇报道说得是租界挑黄浦江江水水夫的数量，并非所有水夫都挑黄浦江江水，综合其他史料，当时租界挑水夫数量应当为2 000多人。《论自来水之利》，《申报》1880年2月18日，（16）169。

① 《论自来水之利》，《申报》1880年2月18日，(16)169。

② 《于自来水见西人克肩大任说》，《申报》1882年2月15日，(20)181。

③ 《推广禁止谣言说》，《申报》1884年2月16日，(24)235。

④ 参《查核食用水数》，《申报》1877年7月5日，(11)14；《议用自来水说》，《申报》1878年9月12日，(13)253；《论自来水之利》，《申报》1880年2月18日，(16)169；《于自来水见西人克肩大任说》，《申报》1882年2月15日，(20)181；《宜用自来水以却疾疫论》，《申报》1882年11月12日，(21)805；《论沪城改用自来水》，《申报》1883年3月29日，(22)417。

⑤ 《宜用自来水以却疾疫论》，《申报》1882年11月12日，(21)805。

夫"溥沾利益"，号召水夫挑售自来水，不过，这个公告明显带有威胁性质，称"如再不来，本公司即当另雇挑夫"①。针对外间自来水有毒的谣言，英商上海自来水公司除了在《申报》等媒体上持续宣传水质洁净之外②，还请上海地方政府"出示晓谕""禁诸谣言"③。于是，1884 年 2 月 15 日《申报》上出现了《禁止谣言示》。

谣言因"水夫"而起，"水夫"又直接与用水居民接触，要想让谣言止息，让原有挑黄浦江水的水夫生计无忧，转挑自来水，无疑是最佳选择：

> 上海食水秽恶，易致疾病，自来水颇为清洁，倘能畅销遍用，则疾疫必可稍减于前，但苦居民惑于谣传，疑信参半，大都水夫等谣诼所致，若使若辈均沾利益，则水销必广，而被其泽者多矣。④

当时，面对承销自来水经营困难状况，承销商李平书就将上海华人不愿用自来水的原因归咎于原来挑水夫的阻挠：

> 近见租界清水盛行，凡向用浦水之户大半改用清水，其水系用沙沥漏三次，清洁异常，水管直至东北三门吊桥下，观其出水甚便，现在城中铺户颇多要用，无如向挑河水之夫，恐碍生计，屡经该清水公司招募，未肯承挑，因此阻隔。⑤

其实，水夫显然还在衡量收益与风险，不肯受雇于承销商，挑售自来水。1884 年，时值夏季，为"隐弭沴疠"，李平书特请上海代理知县堂黎光旦出示晓谕：

---

① 《布告水夫》，《申报》1883 年 8 月 22 日，(23)316；8 月 23 日，(23)323；8 月 24 日，(23)330。
② 如，自 1884 年 1 月 23 日起，英商上海自来水公司在持续 30 天《申报》上刊登《扬清激浊》的广告，参《扬清激浊》，《申报》1884 年 1 月 23 日，24(134)。
③ 《请禁谣言》，《申报》1884 年 2 月 6 日，(24)176。
④ 《利益同沾》，《申报》1884 年 2 月 16 日，(24)235。
⑤ 《劝用自来水示》，《申报》1884 年 6 月 5 日，(24)883。

此水有益无害，劝令各水夫一律承挑清水，俾得城厢内外共饮和甘，实为德便。①

同时，李平书还进一步建议，"传谕老虎灶，一律改用清水"，若水价高，他愿意与自来水公司妥商，格外减价，"务使老虎灶及各水夫利益均沾，无碍生计"。光绪十年五月初八日（1884年6月1日），上海代理知县黎光旦出示晓谕，"水夫"不得再"把持生事"，若违将法办：

查城厢河水秽臭，不堪入口，今据廪生李钟珏请饬水夫挑卖自来水，以消疫疠，该水夫仍收其佣值，事属便民，自可照办，除批示外合行出示晓谕，为此示仰城厢铺户居民及水夫、地保人等知悉，尔等须知：城厢河道每逢小汛，河水污秽，饮之易致疾病，现在自来水公司议明价值，由各水夫挑买清水，在民间所费较诸买用河水相去无多，水极清洁，并无弊病，该水夫等仍得借以糊口，事属两利，嗣后不得再有把持生事，如敢故违，许该地保禀县提究，其各遵照毋违，特示。②

除了请上海县知县出示禁谕，四处推广之外，李平书还利用作为《字林沪报》主笔的机会，在报纸上著文鼓吹，撰有《自来水有益于人说》《论化验水质》等文，宣传自来水清洁、便宜。③

虽说李平书承销自来水最终撤局，以失败告终，但经过上海地方政府的多次出示晓谕，再加上英商上海自来水公司的免费试用，以及后来法租界内居民免费汲取④，上海"居人皆得含清饮洁，甚以为便"⑤。不久，英商上海自

---

① 《劝用自来水示》，《申报》1884年6月5日，(24)883。
② 同上。注：李平书原名李钟珏。
③ 冯绍霆：《李平书传》，上海书店出版社2014年版，第32—33页。
④ 《汲水新章》，《申报》1885年11月29日，(27)924；《违章汲水》，《申报》1885年12月16日，(27)1028。
⑤ 《洁水畅销》，《申报》1886年9月27日，(29)542。

来水公司事业走上发展轨道。

上海自来水是成功的,1886年,《纽约时报》记者来到上海,对上海自来水给予了高度评价:

> (供水)通常这是东方城市的致命弱点,在远东地区,由于饮用不清洁水而死亡的人数要比其他所有原因致死人数的总和还要大。令人惊奇的是,上海人解决了这个问题。现在,上海有一个了不起的供水系统,为居民提供优质饮用水。①

陈文妍博士认为与传统挑取黄浦江水相较,无疑自来水成本更为昂贵,可见挑运的水费高昂,才是上海华人拒绝光顾街道水龙头的原因②。挑用自来水是否一定比较挑用江水要贵,这个可能要具体分析,就挑运距离来讲,挑用江水显然要比挑用自来水要远,只是自来水是有价的。其实,使用自来水的价格也并不一定十分昂贵。居民需水者,可饬水夫送去,不论远近,"每担钱十文,激浊扬清,人皆称便"③,"人皆乐之"④。

通过试用、宣传、官方禁谣与推崇,自来水以其卫生、方便等优点,逐渐获得了上海居民的认可与推崇,称"其水之清,其水之便,意美法良,居租界者无不皆受其益"⑤。同时,对自来水的赞美当时也是层出不穷,仅在顾炳权编纂的《上海洋场竹枝词》中就有5首竹枝词赞美租界自来水的方便、清洁⑥。在此情形下,自来水公司营业扩展也较快,供水范围扩大到外国租界

---

① 《1886年的上海:租界见闻》,郑曦原编:《帝国的回忆:〈纽约时报〉晚清观察记(1854—1911)》(修订本),李方惠等译,当代中国出版社2007年版,第58—59页。
② 陈文妍:《水的双城记:上海与苏州自来水之供应(1860—1937)》,香港中文大学博士学位论文,2016年。
③ 黄式权:《淞南梦影录》,上海古籍出版社1989年版,第145页。
④ 藜床卧读生:《绘图上海杂记》卷3《自来水》,上海文宝书局石印本,1905年。
⑤ 《阅本报纪议设自来水事之以论》,《申报》1896年10月7日,第54册,第101页。
⑥ 辰桥:《申江百咏》卷上,颐安主人:《沪江商业市景词·自来水台》,颐安主人:《沪江商业市景词·自来水公司》,刘梦音:《上海竹枝词》,锄月轩居士:《申江竹枝词·自来水》,分别参见顾炳权编:《上海洋场竹枝词》,上海书店出版社1996年版,第80、102、115、417、419页。

的全部地区,股息率也常保持在 8% 左右①。

五、"利权"争夺与自来水入城的夭折

有一个问题耐人寻味:当水夫生计有保障,自来水有毒的谣言消释,华人对自来水的接受度越来越高之后,自来水管网并没有像"越界筑路"一样广泛深入华界。华界主权在列强眼中又不是不可侵犯的,然而,上海城厢并没有直接接管引入英商上海自来水公司的自来水,而是在 1897 年自办自来水。这其实是因为上海地方绅董看到了兴办自来水可以名利双收,借口"利权外溢",反对引水入城。

前文已述,上海道台冯焌光在任期间(1875—1877 年)就有兴办自来水的想法。1883—1884 年,在上海士绅李平书和姚安谷的推动下,上海道台邵友濂曾委托水利局张委员与英商上海自来水公司议订合同,准备引水入城,虽然"图样业已绘就"②,但后来由于中法战争,邵友濂的人事变动,"很有希望之事最终又成泡影"③。不过,这只是李平书在自传中解释的原因,有人指出其实另有原因,"实缘未与本地绅董会合筹款""独断独行""故事不成"④。这可能才是真正原因,其中似有经济利益冲突。黄式权就曾称:"惑于某绅

---

① 丁日初主编:《上海近代经济史·第一卷(1843—1894 年)》,上海人民出版社 1994 年版,第310 页;祝慈寿称股息经常为年息 7%—8%,参见祝慈寿:《中国近代工业史》,重庆出版社 1989 年版,第 239 页。徐新吾称为 8%—9%,参见徐新吾、黄汉民主编:《上海近代工业史》,上海社会科学院出版社 1998 年版,第 22 页。

② 《接水入城》,《申报》1884 年 5 月 25 日,(24)819。

③ 李平书:《李平书七十自叙》,上海古籍出版社 1989 年版,第 17 页;冯绍霆:《李平书传》,上海书店出版社 2014 年版,第 30—33 页。

④ 《沪南拟设水利公司时不可失说》,《申报》1896 年 5 月 1 日,(53)1。另,李达嘉先生认为邵友濂引租界自来水入城失败的原因:"一方面是华官不愿租界外人力量伸入城内,侵害中国主权,一方面则认为西人所能为者,华人皆仿其法为之,自来水之创办,华人自能仿行,并不需用西人之自来水。"参见李达嘉:《公共卫生与城市变革——清末上海人生活文化的一个观察》,中国史学会编:《第一回中国史学国际会议研究报告集:中国の歴史世界——统合のシステムと多元的発展》,东京都立大学出版会 2002 年版,第 82 页。笔者以为,主权只是表象,背后还是华人绅商对经济利益的考量。

之言,其议遂息。"①不管是何原因,接水入城失败被后人称为一大"憾事"②。

之后,随着有关自来水有毒的谣言的消失,华人进一步认识到了自来水的好处,希望用上自来水。然而,兴办自来水需要巨额资金,主要是埋管费用,直接引入英商上海自来水公司水管,相对自办自来水公司来说,费用要少很多,大概"只须先集十万金,便可试办"③。实际上,上海道台邵友濂与英商上海自来水公司确有自来水入城的想法与实践:

> 本埠自来水管拟将接入城中一事,已纪前日报章,并闻此事已由道宪核准,昨晨该公司西人带同数华人前赴大东门一带丈量街道,以待兴工,从此激浊扬清,饮和有望,城内居民当必同声称便矣。④

对于启动自来水入城,上海居民大加赞许,充满期待:

> 近闻传言,城中接入自来水一事,亦既渐有端倪,已有西人勘量地段,装置一切,此举若成,则城内居民从此一洗旧染之污而自新,是真邑人之幸矣。⑤
>
> 从新接入,俾居民饮和食德,利益无穷,不特可免夏秋时疫,且一遇火警施救亦易,为功不较疏凿阴沟,功德更无限量乎?⑥

不过,自来水入城还有一个更大的现实障碍,即法租界公董局的阻挠。早在1880年,英商上海自来水公司与法租界公董局曾有过协议,自来水公

---

① (清)黄式权:《淞南梦影录》,上海古籍出版社1989年版,第145页。
② 参见《论自来水大有益于民生》,《申报》1892年2月19日,(40)243;《论辟秽与浚河宜次第举办》,《申报》1893年4月21日,(43)657;《沪南拟设水利公司时不可失说》,《申报》1896年5月1日,(53)1。
③ 《沪南拟设水利公司时不可失说》,《申报》1896年5月1日,(53)1。
④ 《饮和可望》,《申报》1885年11月19日,(27)864。
⑤ 《书同仁医院本年清册后》,《申报》1886年11月26日,(29)913。
⑥ 《息影轩宾谈》,《申报》1889年3月18日,(34)387。

司可在法租界内铺设自来水管道，并可向上海县城供水，但保证优先向公董局各机关供水。1893 年，法租界公董局与英商上海自来水公司合约期满，公董局想自办水厂，拒绝英商上海自来水公司借道法租界向城厢供水。①

同时，上海地方绅董还担心"利权外溢"②，上海城厢当局最终决定不接通租界自来水。何为"利权"，实为兴办自来水有长期稳定的经济收益。同样的道理，1895 年，法租界公董局购地设自来水厂，法领事提出要求在南市售水，上海道台与地方人士集议，决定自办。③

兴办自来水前期投入巨大，但工部局赋予了英商上海自来水公司在公共租界的专营权，随着谣言的消释，用户的增加，英商上海自来水公司事业渐有生色，收益已相当可观，《申报》中不断有相关报道，如，1885 年，英商上海自来水公司盈利 2 734 镑 4 先令 10 便士，虽说"尚未能大有所获"，但其获利可见，为开拓市场，拟招新股一千二百股④。之后，英商上海自来水公司事业更是蒸蒸日上。

1889 年，英商上海自来水公司营业收入为银 75 676 两，除去一切开销，外净余银约 50 000 两，按此，公司若分红，旧股友每股须派 28 先令，新股友每股须派 14 先令⑤。1891 年，营业收入为银 97 117 两，净利润 60 000 余两，公司议定每股派给利银计英金一磅二先令六辨(便)士⑥。

自来水除了具有商业性，还有公益性，对于自来水可能的获利，工部局是预期和管理的。在英商上海自来水公司设立时，工部局就"限利不准太得"："每本洋百元，每年不过得利八元。"⑦也就是说工部局规定了英商上海

① 上海市公用事业管理局编：《上海公用事业(1840—1986)》，上海人民出版社 1991 年版，第 126、127 页。
② 《沪南拟设水利公司时不可失说》，《申报》1896 年 5 月 1 日，(53)1。
③ 上海市公用事业管理局编：《上海公用事业(1840—1986)》，上海人民出版社 1991 年版，第 128 页。
④ 《自来水公司清帐》，《申报》1886 年 6 月 16 日，(28)965。
⑤ 《公司获利》，《申报》1889 年 3 月 5 日，(34)308。
⑥ 《自来水公司帐略》，《申报》1892 年 3 月 25 日，(40)464。
⑦ 《准运自来水》，《申报》1880 年 6 月 19 日，(16)657；《上海公用事业志》编纂委员会编：《上海公用事业志》，上海社会科学院出版社 2000 年版，第 154 页。

自来水公司的年收益不能超过 8%。1883 至 1894 年,除了最初几年,英商上海自来水公司的年收益基本维持在这一水平(见表 3 - 1)[1],可谓"获利颇厚"[2]。据统计,当时中国主要工业行业的平均利润率为 7% 左右。[3]

表 3 - 1 英商上海自来水公司经营情况(1883—1894 年)

年份	资本(万镑)	年供水量(万吨)	日均供水量(吨)	年营业收入	净利(英镑)	股息率
1883	12	—	2 270	3 589 英镑	—	—
1884	12	160	4 372	—	4 885	4%
1885	12	170	4 657	—	2 374	1.5%
1886	14.4	228	6 246	—	8 065	5%
1887	14.4	340	9 315	69 171 两	35 619	5%
1888	14.4	270	7 377	75 676 两	42 907	7%
1889	14.4	228	6 246	86 657 两	53 403	8%
1890	14.4	250	6 849	90 606 两	55 629	8%
1891	14.4	273	7 479	97 117 两	60 131	8.6%
1892	14.4	316	8 633	108 947 两	69 804	8.6%
1893	14.4	340	9 315	114 362 两	71 355	6.74%
1894	14.4	347	9 506	131 333 两	84 533	7.5%

资料来源:丁日初主编:《上海近代经济史·第一卷(1843—1894 年)》,上海人民出版社,1997 年,第 310 页;丁日初将净利单位写为"英镑",而非《申报》中的"两"。

后来随着上海城市的扩展、人口的增长,英商上海自来水公司的供水范围越来越大,年利润远超过 8%。如,1931 年,其营业总收入为 270 万两,股

---

[1] 丁日初主编:《上海近代经济史·第一卷(1843—1894 年)》,上海人民出版社 1997 年版,第 310 页;祝慈寿称股息经常为年息 7%—8%,参见祝慈寿:《中国近代工业史》,重庆出版社 1989 年版,第 239 页。徐新吾称为 8%—9%,参见徐新吾、黄汉民主编:《上海近代工业史》,上海社会科学院出版社 1998 年版,第 22 页。

[2] 《沪南拟设水利公司时不可失说》,《申报》1896 年 5 月 1 日,(53)1。

[3] 《各个时期帝国主义在我国榨取的工业的平均利润率》,陈真等合编:《中国近代工业史资料》第 2 辑《帝国主义对中国工矿事业的侵略和垄断》,生活·读书·新知三联书店 1958 年版,第 840—841 页;

息分配 133 万两。据统计，1883 至 1949 年，英商上海自来水公司的平均年获利为 11.21%[①]。

兴办自来水可能带来长期持续的经济收益，华人也有认知，认为该公司"利之必获"[②]。故自来水公司、电灯公司，"华人皆愿入股"[③]。但购买西人公司股票只能分得一点点利润，毕竟自来水"获利颇厚"，让西人"捷足"[④]，一些华商显然不愿意看到，他们知道只要"苟经理得法"，"无不有利券之可操"[⑤]，希望中国官商能够仿效兴办自来水：

> 自来水可以防火患，辟疫疠，有益于民生者甚多，华人识见渐开，宜业乐于行用，日后再专推广，则该公司之获利自有左券可操，蒸蒸日上之机，可为有股诸君贺，尤望中国官商仿彼成法，有志扩充，裨益闾阎，实非浅鲜，此则留心世道者所引领而望者也。[⑥]

上海城厢店铺殊甚栉比，偶遇火灾，取水颇觉不便，并经常造成重大损失。同时，上海城厢居民平时食水亦全赖潮水来时竞相挑汲，不仅造成街道泞滑，行人跌撞，而且潮水不经沙滤，随汲随饮，未免不洁，或致疾病。因而，上海城厢居民对自来水的呼声极高，希望建立自来水，从而饮和食德，然而"洋人既不能越界"，"南市之利惟中国人自擅之"，自然无法接通租界自来水，呼吁"创造自来水于南市"[⑦]。由此，1897 年中国人开办的第一家自来水

---

① 顾泽南、顾其详：《近百年来中国自来水厂的发展》，《中国科技史料》1984 年第 1 期；陈文妍博士在研究中看错了史料而认为上海内地自来水公司是一个失败的公司（参见陈文妍：《水的双城记：上海与苏州自来水之供应(1860—1937)》，香港中文大学博士学位论文，2016 年)，其实，1907 年，上海内地自来水公司"月"收入在万元上，而不是"年"，参见《苏松太道蔡照会抄送收回内地自来水公司详稿认可禀覆文》(1909 年 2 月 11 日)，杨逸：《上海市自治志》甲编《议收回上海内地自来水公司案》，成文出版社 1974 年影印本，第 441 页。
② 《再论自来水》，《申报》1881 年 11 月 13 日，(19)541。
③ 《劝华人集股说》，《申报》1882 年 6 月 13 日，(20)807。
④ 《沪南拟设水利公司时不可失说》，《申报》1896 年 5 月 1 日，(53)1。
⑤ 《论自来水大有益于民生》，《申报》1892 年 2 月 19 日，(40)243。
⑥ 《自来水公司帐略》，《申报》1892 年 3 月 25 日，(40)464。
⑦ 《论南市宜仿造自来水》，《申报》1893 年 5 月 4 日，(44)25。

公司——内地自来水公司开始动工兴建,在招股过程中规定,"只许中国绅商居民购买,不准外人附入"①,从而确保不致"利权外溢"②。故所谓的"利权",其实主要是经济利益,主权只是一个舆论空间尺度的转换与政治空间的生产。

六、结语:话语空间的生产与利益的表达

英商上海自来水公司在华人中推广和入城阻力问题,学术界基本都是以"冲击—反应"模式来展开分析,认为上海华人对自来水的认知和接受有一个从"排斥""抵制"到"接受"的过程。这并不能准确反映19世纪80年代初上海部分华人对英商上海自来水公司所谓的"抵制",毕竟谣言是短暂的,这种"抵制"表面上是对自来水缺少认知而不能接受,反对"自来水"推广,实际上是相关利益团体为了维护自身经济利益而进行的政治运作。

对清洁饮用水的追求是人的正常行为。在传统时期,出现饮水困难主要是由于河流的自然淤塞引起,面对饮用水质的恶化,上海居民通过浚河、远汲、明矾澄清等来改善饮水条件。随着上海的开埠,有着不同的生活习惯和卫生标准的西方人对饮用水提出了更高的要求,新式的饮水改良方法、自流井、自来水等逐渐传入。虽说国人对新事物的接受一般需要时间,但并不是所有华人都反对排斥自来水,更加洁净、更加方便的自来水受到一些"看世界"士绅的追捧,他们通过《申报》《字林沪报》《字林西报》等新兴媒体进行宣传。至19世纪80年代,自来水相关知识在上海得到了较为广泛的传播,并得到越来越多居民的认可。

当然,在自来水推广过程中,上海确实有一部分华人一开始对自来水充满抵制,如《申报》所述陈太守、法租界老妪③。但1883年上海县城引入自来水或兴办自来水的主要阻力主要来源于"挑水夫"。"挑水夫"是处于社会底

---

① 《沪南设立自来水章程》,《申报》1897年7月29日,(56)1077。
② 《议复设自来水》,《申报》1896年9月13日,(54)78。
③ 《倾水留桶》,《申报》1883年9月26日,(23)526。

层的"无业穷氓"，又是一个相当"蛮横"的社会群体。因为担心遍用自来水后生计受到影响，向用水华人编造和传播了自来水"有毒"的谣言。是故，1897年，上海内地自来水公司创立后，上海知县黄承暄特出示晓谕，自来水公司要优先雇用上海县原来挑水夫。①

英商上海自来水公司和承销商，为了提高自来水销量，实现自身的经济利益，通过尺度的转化，将行政引入，要求上海地方政府出面禁谣，利用这一政治手段来达到经济目的。

随着水夫生计得到保障，1884年自来水有毒的谣言很快消释，上海城厢当局又有接自来水入城的实践，但遭到上海地方绅董的反对而夭折。华界主权在列强眼中又不是不可侵犯的，上海地方绅董借口"利权外溢"，实际上是看到了兴办自来水可以名利双收，不仅有利于地方公益，而且在经济上也可以获利丰厚，从而导致了中国人自办的第一家自来水公司——内地自来水公司在上海的诞生。这是民族主义和爱国主义在自来水事业中的一次巧妙利用。张仲民认为就晚清而论，当时中国社会已进入一个"消费文化的民族主义化"（nationalize consumer culture）时代，消费成为塑造民族认同的方式，它甚至可以淡化或忽略商品的使用价值，通过赋予或强调其"国籍""民族主义"的性质，来获得合法性，并借此激发消费者的消费需求与消费认同。②

综上所述，19世纪80年代，上海华人对英商上海自来水公司的抵制，表面上是反对"自来水"推广，实际上是相关利益团体为了维护自身的经济利益而进行的政治运作。

唐振常曾指出，上海的市政建设和管理，在构筑近代城市物质形态的同时，也造就和培养了近代的市民意识。这种市民意识，就是为了适应近代城市生活而发展出来的一套关于公共领域、公共事务的权力与义务③。张鹏则

---

① 《县示照登》，《申报》1897年10月21日，(57)309。
② 张仲民：《出版与文化政治：晚清的"卫生"书籍研究》，上海书店出版社2009年版，第288页。
③ 唐振常：《市民意识与上海社会》，《上海社会科学院学术季刊》1993年第1期，收入唐振常：《近代上海探索录》，上海书店出版社1994年版，第58—103页。

在研究中进一步指出,租界自来水的建设不仅满足了租界外侨的生活用水需要,其供给面也拓展到包括华人甚至界外区域在内的广大群体。在不同的市民群体与城市区域、建筑类型中,供水呈现出不同的特征。这些不同改变着人们的生活习惯、思想观念甚至城市空间。在城市供水系统的建设与运营过程中,可以清晰地看到自来水公司、市政机构、市民以及各种利益团体的互动过程,可以看到日益复杂的城市社会中各种力量的冲突与妥协。[①]

透过晚清上海地方士绅对自来水的认知和态度,可以发现,虽说他们大都知晓清洁饮用水的重要性,但当时是把自来水作为一种纯商品来看待,而不是一种带有公共性的商品。也许是出于日常生活、地方卫生防疫和消防的需要,官方开始介入自来水问题,并发挥越来越重要的作用。不过,自来水专营供给制度带来了巨额的经济利益,由此引起了地方政府、士绅、居民的不断的冲突,从而产生了城市政治空间的生产,饮用水(自来水)问题越来越成了一个带有政治内涵的议题。在这一转变过程中,报纸杂志作为新式工具,在公共舆论领域中发挥了无可比拟的作用。正如张仲民所论述的,晚清时期报刊力量的增强与地位的提高,正意味着资讯的发达、民众对政治事务的关心程度在加强,表明"开民智"(包括时人常说的"开官智")运动影响的扩大,这正是当时新政治文化形成的一个重要表征。[②]

陈文妍博士指出,关于供水的历史,在中国近代历史中呈现出许多有趣的面向。近代供水技术的兴起和发展,首先是技术和观念的问题,其次是商业的问题,而最终在城市中如何创立和运营,则体现了城市的权力格局问题[③]。权力格局问题,背后显然还是不同群体的经济利益问题。

---

① 张鹏:《城市形态的历史根基——上海公共租界市政发展与都市变迁研究》,同济大学出版社 2008 年版,第 195 页。

② 张仲民:《出版与文化政治:晚清的"卫生"书籍研究》,上海书店出版社 2009 年版,第 299—300 页。

③ 陈文妍:《水的双城记:上海与苏州自来水之供应(1860—1937)》,香港中文大学博士学位论文,2016 年。

第四章

救国与救民：民国时期
工业废水污染与社会应对
——基于嘉兴禾（民）丰造纸厂"废水风潮"的研究

江南生态环境的核心是水环境。作为中国最早进入工业化和城市化的地区,直到今天,江南仍然是中国经济最为发达的地区之一。换一种表达,也就是中国最早被污染的地区之一,因为全面的污水处理等环保系统至今还没有完整而系统地建立起来。中国工业化带来的水污染问题,国内外学者在相关研究中都有阐述,如马立博[①]、张根福[②]等,只是主要视域放在新中国成立后,特别是改革开放后。这是有原因的,此时工业污染显而易见。但是工业污染并不是新中国成立后才出现的新事物,民国时期,在一些地区、一些行业的污染已经比较严重。如机器造纸业是民国时期发展较为迅速的行业,全面抗战爆发前夕,全国(东北除外)共有机器造纸厂 32 个,年生产能力约为 65 447 吨[③]。

对于民国时期的工业污染问题,在城市史、疾病史、环境史、工业史相关研究中往往会有所涉及,但因为当时中国工业整体发展水平有限,鲜有人细致深入研究民国时期工业污染与社会的应对。就笔者管见,相关研究并不多见,主要有胡孔发在其博士学位论文《民国时期苏南工业发展与生态环境变迁研究》[④],对民国时期工业污染问题有概论性的论述;裴广强对近代上海煤烟与空气污染的关系有比较深入的研究[⑤]。本文选择民国时期嘉兴禾(民)丰造纸厂持续数十年的"废水风潮"进行个案分析,以期反映民国时期的工业废水污染与社会应对。

---

① [美]马立博:《中国环境史:从史前到现代》,关永强、高丽洁译,中国人民大学出版社 2015 年版。
② 张根福、冯贤亮、岳钦韬:《太湖流域人口与生态环境的变迁及社会影响研究(1851—2005)》,复旦大学出版社 2014 年版。
③ 上海社会科学院经济所、轻工业发展战略研究中心编:《中国近代造纸工业史》,上海社会科学院出版社 1989 年版,第 53 页。
④ 胡孔发:《民国时期苏南工业发展与生态环境变迁研究》,南京农业大学博士学位论文,2010 年。
⑤ 裴广强:《近代上海空气污染的影响探析——以煤烟为中心的考察》,《中国社会经济史研究》2019 年第 1 期;裴广强:《近代上海公共租界煤烟污染治理的实践与困境(1863—1943)》,《清华大学学报(哲学社会科学版)》2023 年第 3 期。

一、反反复复:禾(民)丰造纸厂"废水风潮"

禾丰造纸厂是嘉兴第一个现代机器工业,1923 年由褚辅成筹建,1925 年 7 月建成投产,产品以黄版纸为主。1927 年底,禾丰厂亏损负债甚巨,宣告停业。1928 年初,褚辅成将禾丰造纸厂产权出租给上海竟成造纸公司,改名为竟成第四造纸厂。1929 年 1 月 16 日,竺梅先、金润庠筹组民丰造纸股份有限公司,以 28 万元购买嘉兴禾丰造纸厂。1937 年 11 月 19 日,嘉兴沦陷,日军占领民丰造纸厂。1945 年 12 月 8 日,民丰造纸厂 2 号纸机恢复生产卷烟纸[①]。

禾丰造纸厂沿嘉兴东门外甪里河而建,对当地水环境产生了极大的影响,特别是下游的东栅镇,自 1925 年建成之后"废水风潮"不断,下游民众"常与工厂发生纠纷"[②]。一个"常"字,说明废水问题的严重性与持续性。也许"废水风潮"被视为禾(民)丰厂发展过程中的污点,人们选择性遗忘。在厂志《民丰志》中讲得甚为简略,而有关禾(民)丰厂的文史资料中基本避而不谈,杨鑫海虽有简要概述,但认为废水污染得到了解决[③]。其实废水问题一直没有解决,"废水风潮"在民国时期数次反复。

1. 禾丰造纸厂在反对中兴建

1923 年,禾丰造纸厂董事会成立,褚辅成准备建厂于远离城区的石湖荡(今属上海松江区),然而遭到当地乡绅和农民极力反对。杨鑫海称当地民众认为办纸厂会把稻草收光,造成无薪为炊,影响当地人民的生活[④]。这只是当地民众反对的部分理由,还有一个很重要的原因是担心纸厂排放的废水影响日常生活和农业生产,即王信成所言"因废水排泄不能适应,改觅嘉

---

① 《民丰志》编纂委员会编:《民丰志(1923—1996)》,中华书局 1999 年版,第 4—8 页。
② 同上书,第 265 页。
③ 杨鑫海:《褚辅成创办禾丰造纸厂》,《嘉兴市文史资料》第 3 辑《褚辅成专辑》,浙江人民出版社 1991 年版,第 62—63 页。
④ 同上书,第 62 页。

兴东门外甪里街"①。

选址甪里街的关键,是"股东盛亮周家在火车站附近的甪里街有田地数十亩"。不过,杨鑫海认为"甪里街一带居民也未提出异议"②,这并不符合历史事实。东栅民众同样担心饮用水源污染,激烈反对,还惊动了省政府,最后由省政府派人查勘,确认对民众饮用水源"毫无关碍",才批准兴建③。

东栅民众的反对是道理的,褚辅成可能并没有考虑到嘉兴的水环境特点。东栅地处纸厂下游,再加嘉兴东部地势平缓,水流缓慢。平湖塘受黄浦江潮汐的影响,枯水期感潮区界可达嘉兴市郊④,污染物会在河流中随水流回荡。选址甪里街,的确不会影响嘉兴城区居民饮用水源,却给东栅民众的生产生活带来了持续数十年的危害。1952 年,民丰造纸厂厂长陈晓岚承认选址甪里街缺少全面考虑:

> 我厂开设嘉兴已历二十年,因设厂地点选择上失于考虑,未在造纸厂废水泄放问题作详细研究,造成废水泄放去路的严重问题,厂愈扩大,问题愈严重。⑤

2. 禾丰造纸厂时期的"废水风潮"

1925 年 7 月,禾丰造纸厂开工生产,排放的废水造成东栅附近河道严重污染。当年 11 月 22 日,《申报》首次刊登了禾丰造纸厂"废水风潮"的报道,

---

① 王信成:《民丰、华丰造纸厂的发展与银行的关系》,嘉兴市政协学习和文史资料委员会编:《嘉兴文史汇编》(第 1 册),当代中国出版社 2011 年版,第 365 页。按:原文"嘉兴近郊石湖荡"改为"远离嘉兴的石湖荡"更为合适。

② 杨鑫海:《褚辅成创办禾丰造纸厂》,《嘉兴市文史资料》第 3 辑《褚辅成专辑》,浙江人民出版社 1991 年版,第 62 页。

③ 《禾丰纸厂已准备案》,《申报》1924 年 1 月 21 日,(199)433。

④ 《嘉兴市水利志》编纂委员会编:《嘉兴市水利志》,中华书局 2008 年版,第 116 页;太湖流域感潮区范围可参孙景超:《技术、环境与社会:宋以降太湖流域水利史的新探索》,复旦大学博士学位论文,2009 年。

⑤ 《关于民丰造纸厂废水放入河内影响民众饮水及农田生产拟提出解决方案的报告》(1952 年4 月 21 日),嘉兴市档案馆,档案号:073 - 001 - 043 - 059。

东栅民众认为纸厂"排泄毒水""有碍卫生",呈控官厅,"请求取缔"①。虽然东栅民众要求取缔民丰造纸厂的愿望没有实现,但官方还是采取了相应的对策。首先,德心医院院长蒋志新当场化验造纸厂废水,得出如下结论:"虽多有石灰质,然一入河流即为河水所稀,故亦能为饮料。"②据此结论,嘉兴县政府对禾丰造纸厂进行了警告:"谕令该厂多设蓄水池,俾毒液不再流出。"在东栅民众、嘉兴县政府的双重压力下,禾丰造纸厂对排放的废水采取一定的措施,在之后的近5个月时间里,不见民众与禾丰造纸厂"废水风潮"相关报道。

然而,这种平静在1926年4月9日被东栅镇一带河流的严重污染所打破:"距东栅镇一带河流,于九日竟现黑色,顿时鱼虾浮氽水面,状如僵死。"③东栅民众"阖镇哗然",当日下午3点左右,"蒋士荣鸣响大锣,全镇罢市"④,并聚集700余人,至县政府请愿。4月28日,官方派出的赵燏黄,禾丰造纸厂聘请的钱树霖,与东栅民众聘请的周冠三、张省吾、于线定一起来到东栅镇调查化验水质,得出初步结论:"水极混浊,多有机质。"⑤

5月12日,东栅民众、禾丰造纸厂、嘉兴县政府三方代表在县政府集议调解方法。经过两天讨论,东栅代表与禾丰造纸厂代表达成建造4座滤水塔、建塔期内由厂供给镇民饮料等协议⑥。不过,由于时间过去半个月,滤水塔"仍未兴工",同时禾丰造纸厂"连日泻泄废水,致水流污浊,不能充作饮料"。5月28日中午,东栅镇商号再次"一律罢市",同时在"双溪桥钉桩筑坝,以阻水流"⑦。嘉兴县政府得知这一消息后,马上派实业科长方于裕至东栅镇劝导安抚,命令"纸厂停工"。最后经过调解,令禾丰造纸厂为东栅民众

---

① 《王检察调查纸厂控案》,《申报》1925年11月22日,(218)434。

② 《会验嘉兴禾丰纸厂泄水官河案(附表)》,《医药学》1926年第3卷第9期。

③ 《东栅镇商号罢市原因》,《申报》1926年4月11日,(222)244。

④ 薛家煜:《一河清水起风波》,收入薛家煜:《寻找东栅》,上海辞书出版社2009年版,第49页。

⑤ 《化验纸厂泄水情形》,《申报》1926年4月30日,(222)670。

⑥ 《纸厂泄水风潮之调解方法》,《申报》1926年5月14日,(223)324。

⑦ 《东栅镇罢市与塘汇区人民请愿》,《申报》1926年5月29日,(223)700。

提供清洁饮用水，罢市问题才得以暂时平息。

在为东栅民众提供清洁饮用水的同时，禾丰造纸厂寻找到处理造纸废水的新方法——"渗透法"：即购地 200 余亩，倾泻废水。为宣扬"渗透法"是一种有效的处理造纸废水方法，禾丰造纸厂以董事长盛亮周的名义，自 1926 年 7 月 2 日起，连续 3 天在《申报》刊发公告称："此次处置方法系参照美国纸厂先例"，"俾受日光蒸化及土中吸收，庶废水不致入河"①。

可是，东栅民众并不认可这种处理方法："租赁邻近田地，四围略堆泥块为安顿毒水之用，恶臭难闻。试问平地放水，吸收能有几何？"7 月 29 日，东栅民众在《申报》发布"泣告"，将禾丰造纸厂开业以来排放毒水，危害民众的种种罪端公之于众：禾丰造纸厂"枭獍性成，毫不怜恤"，东栅民众不得已采取"筑坝自保"的断水措施，官厅"知民情愤激""令厂停工"。厂方急于开工，用船将毒水运至远处倾泻，对此该镇民众颇表怀疑，派人监视。最重要的是东栅民众认为，解决"废水风潮"的关键是"纸厂污水不入河"，以"澄清公众饮料"，将废水倾泻在租赁的平地上并不能根本解决废水问题，建造滤水塔，从源头上处理污水，才能有效解决②。1926 年 8 月上旬，禾丰造纸厂滤水塔完工，"废水风潮"基本停息。只是滤水塔仅能过滤掉废水中部分纤维杂质等，完全处理废水还需要一系列的生化工艺。不过，此时因销路不畅，禾丰造纸厂逐步走向停产，排污大减，不见该厂"废水风潮"相关报道。

3. 竟成造纸厂租赁时期的"废水风潮"

1928 年，上海竟成造纸厂租赁禾丰造纸厂后，也不得不考虑造纸废水问题。1928 年 6 月，纸厂开工生产，在生产前，厂方请嘉兴县商会出面，解释将生产"灰版纸"而非"黄版纸"，发誓造纸原料是用废纸，不再排放有毒废水③。东栅民众曾深受禾丰造纸厂排放废水的毒害，对于竟成厂"毫无毒素"的声明，仍"怀疑不释"，并"向该厂警告，请其未雨绸缪，改营他业"④。7 月 19

---

① 《嘉兴禾丰纸厂股东公鉴》，《申报》1926 年 7 月 2 日，(225)25。
② 《浙江嘉兴东栅人民对于禾丰纸厂泻放废水泣告》，《申报》1926 年 7 月 29 日，(225)703。
③ 《东栅民众对于造纸厂之不满》，《申报》1928 年 6 月 13 日，(247)353。
④ 同上。

日,一场大雨过后,竟成厂污水流出,打破了厂方之前"毫无毒素"的誓言。东栅民众200多人赴嘉兴县指委会及县政府请愿[1]。嘉兴县政府马上派人前往调查真相,"令饬该厂切实改良,以图补救,而洁饮料"[2]。

可是,嘉兴县政府的命令并未取得实际效果,"时经月余,仍未改善"。9月初,废水连日泻入河中,附近乡民群起向东栅镇政府"严词诘质",要求解决废水污染饮用水问题。9月5日,东栅民众召开会议,商议彻底解决办法。最后提出两方面对策:一方面,推选代表赴县政府、省政府请愿,希望官方对竟成厂施压,让厂方切实改良;另一方面,成立事务所,组织开展相关抵制活动。这两个方面内容同时分头进行,"以示抵制之决心"[3]。至1929年1月中旬,东栅民众发现,竟成造纸厂原料仍然是"稻草",以致东栅民众"又起烦言"。4月14日,为调查竟成厂生产的真实情况。东栅镇常丰、东原两里委会王止柔、苏莘生、朱浚卢等,会同嘉兴县党部朱振凡、县政府代表陈云卿,到竟成造纸厂查勘生产原料和排放的废水。目睹一切,之前东栅民众呈控得到了证实:"至查察原料室,毫无废纸存在,后面空地,稻草堆积如山,泄水管流出黑水,臭不可闻。"[4]

这与竟成厂生产前宣称的"以废纸及循环水造纸显有不符"。嘉兴县政府代表陈云卿要求竟成厂"切实设法改善",同时"电省请示"[5]。6月26日,嘉兴县政府终于等到了省民政厅的指令:"责成该厂克日改良。"[6]上级的指令也许对解决竟成厂废水排放起到了一定作用,之后不见该厂"废水风潮"相关报道。不过,还一种可能是禾丰造纸厂被收回,生产停止。早在1929年1月16日,民丰造纸股份有限公司就与禾丰造纸厂正式签订买卖契约,禾丰造纸厂全部财产作价28万元,转让给民丰造纸股份有限公司[7]。

---

[1]《纸厂泄水又起纠纷》,《申报》1928年7月21日,(248)610。

[2]《纸厂泄水又起纠纷》,《申报》1928年9月6日,(250)163。

[3] 同上。

[4]《查勘纸厂泻水》,《申报》1929年4月15日,(257)403。

[5] 同上。

[6]《厅令纸厂改善泄水》,《申报》1929年6月27日,(259)753。

[7]《民丰志》编纂委员会编:《民丰志(1923—1996)》,中华书局1999年版,第4—5页。

4. 民丰造纸厂时期的"废水风潮"

民丰造纸厂接办禾丰造纸厂后，经过整顿和检修，于 1930 年 3 月恢复生产黄版纸①。当时民丰厂非常注重公共卫生，将造纸废水贮存于厂外蓄水池，"勿令入于河道，以妨民饮"②。在民丰厂恢复生产黄版纸四年来，笔者没有找到"废水风潮"相关报道。一直到 1934 年 6 月 5 日，《申报》首次出现报道：因纸厂"连日因泄放污水"，致东栅镇民众"不能取汲饮料"，"相继罢市"③。

嘉兴县政府处理此次"废水风潮"的态度与之前处理禾丰造纸厂、竟成造纸厂时期的大不相同，当天就拘留了蒋士荣、高根远、汪寿官 3 人。官方给出的原因是东栅镇出现了"反动标语多种"，要求蒋士荣等保证以后"不再聚众滋扰"。然而，蒋士荣等否认反动标语是他们所为，罢市只是因为"饮料污浊，有关生命"。"反动标语"到底是何内容，笔者暂未找到相关史料，只是根据东栅民众的诉求，的确没有张贴反动标语必要。所谓"反动标语"有可能是官方打压东栅民众的一种策略，抑或东栅民众罢市被其他政治力量利用。

因蒋士荣、高根远、汪寿官 3 人被嘉兴县政府拘留，6 月 3 日、4 日嘉兴县政府派人劝导开市，东栅镇商户拒不开市。6 月 5 日，蒋士荣等 3 人"具结保出"，但废水问题仍未解决，故 6 月 6 日仅有一部分商户开市，直至 6 月 8 日才完全开市，整个"罢市"活动持续 6 天之久。虽然已经开市，东栅镇商户为揭露"废水风潮"的真相，"联名向各报刊登泣告各界启事"④。面对东栅民众罢市、登报等抗议活动，厂方被迫主动与东栅民众沟通，通过开凿"自流井三口"，平息此次了"废水风潮"。⑤ 从此，东栅民众破天荒地用上

---

① 《民丰志》编纂委员会编：《民丰志(1923—1996)》，中华书局 1999 年版，第 5 页。
② 浙江省政府设计会编辑：《浙江之纸业》，浙江省政府设计会，1930 年，第 670 页；亦见《民丰志》编纂委员会编：《民丰志(1923—1996)》，中华书局 1999 年版，第 535 页。
③ 《东栅镇商号罢市》，《申报》1934 年 6 月 5 日，(317)144。
④ 《东栅镇商号已开市》，《申报》1934 年 6 月 9 日，(317)264。
⑤ 《关于民丰造纸厂废水放入河内影响民众饮水及农田生产拟提出解决方案的报告》(1952 年 4 月 21 日)，嘉兴市档案馆，档案号：073—001—043—059。

了"免费"自流井水①。正因如此,至抗战全面爆发,不见"废水风潮"相关报道。

全面抗战期间,民丰造纸厂被日军占领,破坏严重,生产长期停止。抗战胜利后,2号纸机恢复生产,民丰造纸厂在保障东栅民众饮用水问题上是积极的,投入1亿6千万元增设水龙头、增高水塔,改用水泵打水等,但随着1号纸机也恢复生产,废水大增,再加上天旱,最终还是在1947年发生了"废水风潮"。1947年4月,"废水风潮"发生,东栅民众要求"增加改善供水设备"。民丰造纸厂虽认为东栅民众的要求有些过分,但为了让东栅民众"满意",民丰造纸厂"不惜再斥重资改建"②。然而,在民丰造纸厂完成"重资改建"东栅镇供水设施后,7月份,东栅民众还是推派代表向嘉兴县政府请愿,要求解决民丰造纸厂排放废水问题③。

在东栅民众请愿后,通过嘉兴县参议会和县党部的调解,民丰造纸厂同意增设蓄水池、加高水台、增设公共龙头、增开自流井等④。不过,在7月请愿后两个多月时间里,民丰造纸厂只进行了"加高水台"和"水管整理"等简单工作,"简直可谓都未履行"⑤。9月24日,东栅民众代表24人,联名向嘉兴县政府上书,要求合理解决,再次进行大规模请愿。⑥

9月26日上午,在嘉兴县县长潘震球的主持下,"民丰纸厂泄水纠纷调处座谈会"在嘉兴县政会议室举行,最终定下排放污水改为5天1次、蓄放污水至三水湾灌溉农田、东栅镇上饮水量每日增为十桶、下塘由厂方增设水

---

① 薛家煜认为东栅自流井是"嘉兴城乡首创"(薛家煜:《寻找东栅》,上海辞书出版社2009年版,第49页),非也,1928年,嘉兴城区工务所奎星阁第一公井系自流井,参民国《嘉兴新志》,成文出版社1970年影印本,第8页。
② 《关于民丰纸厂泄水纠纷调处办理经过等情况》(1947年10月10日),嘉兴市档案馆,档案号:L304—005—204—006。
③ 《民丰纸厂复工后放泄污水流入本集市河及附近乡村河道影响饮料农作危害群众生命》(1947年9月24日),嘉兴市档案馆,档案号:L304—002—166—093。
④ 同上。
⑤ 《面临重要的问题,特提出数点如下》(1947年),嘉兴市档案馆,档案号:L304—002—166—100。
⑥ 《民丰纸厂复工后放泄污水流入本集市河及附近乡村河道影响饮料农作危害群众生命》(1947年9月24日),嘉兴市档案馆,档案号:L304—002—166—093。

管、东栅第十二及第七两保范围内由厂方开凿水井五点决议[1]。由于之前厂方一再"一再违约，经未履行"，东栅民众代表对于达成的五项决议能否得到执行还是心存疑虑[2]。10 月 10 日，民丰造纸厂长陈晓岚向嘉兴县政府详细汇报了"民丰纸厂泄水纠纷调处座谈会"决议的执行情况，同时反驳了下塘由厂方增设水管及东栅第十二及七两保范围内由厂方开凿水井的要求，指出应当将"废水灌田"作为解决废水污染的根本方法[3]。此后，"废水风潮"主要的主要议题是如何实现"废水灌田"。

二、"废水风潮"持续的背后："工业废水"不被视为"环境"问题

"工业废水"问题在民国是新鲜事物。对于"工业废水"对自然环境的危害，无论厂方、官方，还是民众都缺少科学的认知。"废水"问题在当时并不被视为"环境"问题，整个社会并没有意识到废水对自然生态环境的危害，只是因为造成了饮用水污染，而被视为"卫生"问题、"民生"问题。也就是说，如果禾（民）丰造纸厂废水没有污染周边民众的饮用水源，肯定不会出现持续不断的"废水风潮"。在数十年的"废水风潮"中，无论是东栅民众还是官方，以及禾（民）丰造纸厂都没有从"自然环境"或"环境保护"的角度来谈"废水"问题。东栅民众的主要要求是"饮料清洁"，官方也没有从"环境"角度处罚造纸厂，禾（民）丰造纸厂关注的是废水出路问题，也并非是从源头上治理污染。

因此，在"废水风潮"中，一旦厂方能够解决民众的饮用水问题，风波自然停息。如 1934 年和 1947 年的"废水风潮"表现得尤为明显，东栅民众是在利用"天旱"进一步向厂方要挟，要求更广范围、更大限度地改善东栅镇供

---

[1] 《民丰纸厂泄水纠纷调处座谈会》(1947 年 9 月 26 日)，嘉兴市档案馆，档案号：L304—002—166—094。

[2] 《面临重要的问题，特提出数点如下》(1947 年)，嘉兴市档案馆，档案号：L304—002—166—100。

[3] 《关于民丰纸厂泄水纠纷调处办理经过等情况》(1947 年 10 月 10 日)，嘉兴市档案馆，档案号：L304—005—204—006。

水问题。因为他们尝到了甜头，正如东栅下塘民众所言："老早白吃水，还有得领揿水费。"[1]

民众的诉求，厂方是十分清楚的。对于东栅民众要求的开凿自流井供水问题，民丰造纸厂"力求改善"。虽然认为东栅民众的要求有些过头，但为"息事起见"，民丰造纸厂还是"不惜曲从投其好"[2]。通过解决民众饮用水问题，并给予受影响的渔民、农民一定的经济补偿，便可合理地排放废水。这也是新中国成立后，民丰造纸厂解决废水纠纷的主要手段[3]。在这种情况下，厂方、官方、民众对工业废水治理的态度是一致的：只要不影响饮用水源，或者，解决受影响民众饮用水问题，任由污水排放到自然河流。

而在国家法律层面上，民国时期对企业治理污染没有明确的法律规定，还没有上升到法律层面的高度，更多的是对重污染企业提出建议[4]。民国时期官方对工业污染源的治理，或令迁出城外，或令不准污染饮用水源[5]。这说明国民政府对工业污染的治理缺少顶层设计。由于缺少有效的治理，废水直排入河。长期这样做的后果，造成了水环境系统彻底崩溃。

同时，由于"工业废水"在民国时期还是新鲜事物，科学界对它也缺乏科学的认识。胡孔发认为民国时期人们已经认识到治理污水要分析污染源中的有害物质，但苦于技术落后，没有科技手段对污染源进行科学上的分析[6]。不排除部分科研、卫生人员明白其中的道理，但对大部分科研人员和群众来说，还是缺少科学认识，这在造纸业"废水灌田"中表现得非常明显。科研人员看到了造纸废水含有和化肥相同的化学物质，却对其中的有害成分缺乏

---

① 薛家煜：《一河清水起风波》，收入薛家煜：《寻找东栅》，上海辞书出版社 2009 年版，第 50 页。

② 《关于民丰纸厂泄水纠纷调处办理经过等情况》（1947 年 10 月 10 日），嘉兴市档案馆，档案号：L304 - 005 - 204 - 006。

③ 《民丰志》编纂委员会编：《民丰志（1923—1996）》，中华书局 1999 年版，第 267 页。

④ 胡孔发：《民国时期苏南工业发展与生态环境变迁研究》，南京农业大学博士学位论文，2010 年。

⑤ 梁志平：《水乡之渴：江南水质环境变迁与饮水改良（1840—1980）》，上海交通大学出版社 2014 年版，第 143—148 页。

⑥ 胡孔发：《民国时期苏南工业发展与生态环境变迁研究》，南京农业大学博士学位论文，2010 年。

认识，便想物尽其用，提出了"废水灌田"，并进行了相关试验与实践，企图在解决废水出路问题的同时又变废为宝，一举两得，两全其美。

对此，造纸业当然是大力支持。因而，民丰造纸厂在造纸废水的治理上，除了加装简单过滤设备之外，一直在为废水找出路，大力提倡"废水灌田"，缺少在源头上治理废水的动力。然而，这是对西方"灌溉法"的错误利用。西方的废水处理"灌溉法"，是将污水"分布于特建沟渠之广田中"，其目的"不在收获而重在消化污水"，所种植物以易于繁殖、能吸收多量氮肥者为主。德国、法国、美国在施行"灌溉法"前，"皆需施以相当初步清理"①。没经处理的废水直接入田，其危害更大。新中国成立后，20世纪50—70年代"废水灌田"曾大行其道，其后果是"污灌污染是当时农业污染的主要表现形式之一"②。

三、实业救国：对待工业废水的社会背景

民国时期，在嘉兴禾（民）丰造纸厂"废水风潮"发展过程中，新闻媒体，特别是《申报》发挥了强大的舆论引导作用。自禾丰造纸厂准备筹设的消息传开，《申报》就进行了持续报道，只不过从中国实业发展的角度。当"废水风潮"发生后，《申报》一直追踪事件的进展。除了《申报》，《大浙江报》也比较关注；同时，一些杂志，如《科学》《浙江实业季刊》《医药学》等也刊登了相关内容。这使得"废水风潮"的消息得以广泛传播，便于民众了解事件真相。从这个意义上讲，当时《申报》等新闻媒体客观上支持了东栅民众的抗议运动。

然而，自1930年后，新闻媒体对"废水风潮"的关注度急剧下降。1934年，《申报》有关民丰造纸厂"废水风潮"的报道只有2条，而之前有38条；抗战胜利后，《申报》则完全不报道民丰造纸厂的"废水风潮"，只报道民丰造纸

---

① 荣达坊：《近代污水清理之演进》，《科学》1937年第2期。
② 张连辉：《中国污水灌溉与污染防治的早期探索（1949—1972年）》，《中国经济史研究》2014年第2期。

厂在"国货""实业"中的贡献。其他新闻媒体也基本一样。笔者查阅上海图书馆开发的《全国报刊索引》数据库和民国时期期刊全文数据库(1911—1949)、国家图书馆民国报刊数据库,以及嘉兴档案馆、湖州市档案馆、浙江省档案馆相关报纸杂志,这个时间段仅发现一篇"废水风潮"相关报道①。为何新闻媒体在1934年前后对禾(民)丰造纸厂"废水风潮"的态度有如此大的变化,这要从近代中国的"实业救国"思潮谈起。

鸦片战争,中国国门被打开,特别是中日甲午战争后,"落后就要挨打"成为一些有识之士的普遍观念,如张謇,他们认为通过发展实业,可以挽救中华民族,因而形成了实业救国的浪潮。辛亥革命结束了清王朝的统治,建立了中华民国,进一步促进了中国"实业救国"思想的高涨②。"实业"被看成"强国""致富"的"关键"。③ 民国时期,因资本和技术的限制,轻工业是兴办实业的主要方向,造纸工业被视为"实业救国"、挽回"漏卮"的"重要工业"④。

故而,在嘉兴禾丰造纸厂的创办过程中,《申报》进行了持续报道。1924年,当禾丰造纸厂从美国运回第一批机器时,《申报》称"未始非实业界之好消息也"⑤。金允中则将开办后的禾丰造纸厂描绘为"嘉兴之声色",称为"实业界之好现象"⑥。不过,禾丰造纸厂最终没能成功实现实业救国,反而在国内同业竞争中倒下。后来接办的民丰造纸厂,通过成立"国产纸版联合营业所",才让民丰造纸厂在纸版业中站稳脚跟;然后,投入巨资,聘请专家,添购设备,于1934年底成功制造出薄白纸版。这受到国内实业界的大加赞扬:

① 榕:《"黑水"化验的结果,不堪作饮料,有益农作物》,《国民日报、嘉兴民国日报、嘉兴人报联合版》1948年9月25日。
② 蔡双全:《近代中国实业救国思潮研究》,中国社会科学出版社2011年版,第190页。
③ 张肖梅:《实业概论》,商务印书馆1947年第2版,第1页。
④ 陈献荣:《改良中国造纸业之刍议》,《科学的中国》第2卷第7期,1933年。
⑤ 《禾丰纸厂建筑近讯》,《申报》1924年7月30日,(204)676。
⑥ 金允中:《嘉兴之声色》,《嘉兴商报》1926年9月20日;虽然金允中没有直接说明是在描写禾丰造纸厂,但据:"造纸厂上下班都拉汽笛,'呜——'的冲天声响,在东栅街上听得一清二楚。"(薛家煜:《一河清水起风波》,薛家煜:《寻找东栅》,上海辞书出版社2009年版,第49页),可知"每日于晨午傍晚,两次放汽笛数次"描写的是禾丰造纸厂。

　　嘉兴东门外甪里街民丰造纸厂,鉴于市上所售各种白纸版、灰纸版等,均系外货,漏卮甚巨,乃不惜巨资,置办精良机械,制造各种白纸版、灰纸版及别样花色等纸版,名目繁多,厚薄均有,专供各种香烟厂、套鞋厂及药房糖果厂制匣之用,以船牌商标风行海内,其质料之纯洁光滑,与舶来品有过之而无不及,但价格实较低廉,如外商英美烟公司,及中国纸版制品公司等,咸来购用,国货商厂,如南洋烟草公司、华成烟草公司及各套鞋厂等均系纷纷向该公司订购,该厂已呈准财政部、实业部国内概免重征,运销外洋一律免税,当此提倡国货时代,该厂有如是之精良出品,良可极予提倡也。[①]

　　从此,民丰造纸厂的船牌白底白面轻量薄纸版风行全国,"供不应求,盈利颇丰"[②]。丰厚的利润进一步增强了民丰造纸厂试制技术要求更高的卷烟纸的信心。1936 年 6 月,国内第一台卷烟纸机建成,国产卷烟纸在民丰造纸厂首创成功。这是旧中国造纸工业从低级技术的版纸工业上升到高级技术的薄纸工业的"历史性突破"[③],标志着"民族造纸工业的一次重大突破"[④],民丰造纸厂由此成为"实业救国"的典型、"国货"的代表。

　　在民丰造纸厂逐渐成为"实业救国"的典型、"国货"的代表的同时,民丰厂也在主动利用媒体来宣传民丰厂的国货形象。最有代表性的事件就是1936 年 6 月 14 日民丰造纸厂的股东大会。这是民丰厂为宣传成功制造卷烟纸而精心设计的媒体发布会。民丰厂包特快列车邀请上海社会各界 500 多人来厂里参观。在安排的发言中,无一例外,每个人都在突出创立实业和国货的重要意义与重重困难。董事长徐梓强调"生产建设实为救国之要

---

①《民丰造纸厂之概况出品》,《嘉区汇览》,嘉兴民国日报社,1935 年,第六章"嘉区工商业"第145 页。

②《嘉区汇览》,嘉兴民国日报社,1935 年,第六章"嘉区工商业"第 1 页。《嘉区一瞥》,嘉兴民国日报社,1936 年元旦特刊,"嘉区工商业"第 1,2 页。

③《民丰志》编纂委员会编:《民丰志(1923—1996)》,中华书局 1999 年版,第 6 页。

④ 竺培农、竺培元、竺培德:《竺梅先与民丰、华丰造纸厂》,《工商经济史料丛刊》第 3 辑,文史资料出版社 1984 年版,第 170 页。

图"，民丰"对于国家、社会之利益，实非浅鲜"；民丰厂总经理竺梅先则强调
民丰有民族大义，主动"减少无谓竞争"，谋求民族纸业的发展，转制卷烟纸；
股东代表褚辅成强调国货的种种艰难，号召"尽力抵制私货"；媒体代表《新
闻报》主笔严独鹤总结了民丰厂成功的原因，并称创制卷烟纸"精神实堪钦
佩"[①]。这次股东大会，民丰厂"招待颇为周到"，之后不断有人前往参观，好
评不断。石英称"它是民族工业，较参观外国任何大工厂还要特别高兴"[②]。
抗战胜利，媒体继续宣传民丰造纸厂为"全国唯一能造卷烟纸的纸厂"[③]。

　　新闻媒体在 1930 年前后对民丰造纸厂"废水风潮"态度的巨大变化，除
了民丰造纸厂自 1932 年起成立"国产纸版联合营业所"，然后创制薄白纸
版、卷烟纸，成为"实业救国"的典型、"国货"的代表，利用媒体进行宣传之
外，还有一个重要原因，与民丰造纸厂投资者和经营者的官方背景有关，董
事长徐桴，经、协理员竺梅先、金润庠，董事褚辅成、杜月笙、陈倬、王文翰、金
廷荪等，"或任中央大员，或为海上闻人"[④]。在此情况下，"废水风潮"这种不
和谐的声音肯定容易被过滤。

四、河道是"废水桶"："救国"压倒"救民"背景下的工业化

　　近代中国饱受列强欺凌，一些有识之士看到了工业化带来的国力的巨
大变化，"实业救国"逐渐成为中国近现代社会主要思潮之一，特别是民国
时期达到一个高潮。为了使中国更快地强大起来，在"救国"与"救民"的选
择上，"救国"往往是第一位的。在民国时期，整个社会并不认为"工业废水"
会带来"环境"问题，废水几乎没有治理，只有排放。民国时期，中国科学界
知道污水处理有 6 类主要方法：稀释法、灌溉法、化学沉淀法、过滤法、消化

① 《民丰纸厂招待各界赴禾参观》，《申报》1936 年 6 月 15 日，(341)388。
② 石英：《南巡佳话》，《申报》1936 年 7 月 5 日，(342)123；亦见《中国建设》1936 年第 14 卷第
　2 期。
③ 《民丰纸厂参观记：卷烟用纸大量增产》，《新闻报》1947 年 8 月 22 日。
④ 《为请求给示保护而安工作由》(1945 年 9 月 9 日)，档案号：L304 - 002 - 166 - 101。

法、活泥积清理法①。问题是缺少机制,没有有效地运用这些方法来治理工业废水。民众反对排放废水,也只是出于对清洁饮用水的需求,而非环境保护。在这种发展思路下,工业企业只要能解决民众的饮用水问题,就可以合理地、任意地向河道或田地排放废水,这给中国近现代水环境带来了巨大破坏。

当然,民国时期的工业废水污染问题并不是中国特有,而是当时世界工业发展过程的普遍状况,没有认识到或者无视自然的生态价值,工业废水缺乏有效处理就排到自然环境。其实,环境保护在近代以来很长一段时间里并不是一个存在于社会意识和科学讨论中的概念。发达国家也曾发生了一系列环境公害事件,一直到 1962 年,美国海洋生物学家蕾切尔·卡逊(Rachel Carson)推出《寂静的春天》一书②,现代环境保护观念才逐渐在发达国家建立起来。从对工业废水的治理与自然环境保护的角度来讲,中国近代的工业化在很大程度上,重走了西方工业化的老路。

---

① 荣达坊:《近代污水清理之演进》,《科学》1937 年第 2 期。
② [美]R. 卡逊:《寂静的春天》,吕瑞兰译,科学出版社 1979 年版,第 9 页。

第五章

水利主导权之争：近代浙西水利议事会的成立与改组

　　以太湖流域为中心的江南地区一直是学界研究的重点，对于近代江南地区水利机构的研究已有不少成果，但多数研究集中于苏浙太湖水利工程局。如周勇军《北京政府时期苏浙太湖水利工程局探究(1919—1927)》[①]、陈岭《民国前期江南水利纷争与地方政治运作——以苏浙太湖水利工程局为中心》[②]，都以苏浙太湖水利工程局为研究对象，前者关注机构本身，后者则重视机构运行中国家、地方与个人利益之间的冲突。胡勇军《"与水争地"抑或"与民争利"：民国初期太湖水域浚垦纠纷及其背后利益诉求研究》[③]，虽然主要关注太湖局密谋放垦湖田背后的国家与地方之争，但其实仍是以督办苏浙太湖水利工程局为研究对象。在其他地区水利机构的研究方面，冯贤亮、林涓《民国前期苏南水利的组织规划与实践》[④]，以民国前期苏南的水利进程为研究对象，从江南水利局、督办苏浙太湖水利工程局组织的调查、规划以及由此引发的冲突着手，研究其中地方政府与民间社会的关系。常嵩涛《水利、主权与市政视野下的上海浚浦局(1905—1938)》[⑤]，以南京国民政府时期的上海浚浦局为研究对象，但他不是简单地关注浚浦局对水利变迁的影响，而是注意到浚浦局背后涉及的主权以及与市政的关系。

　　与上述研究相比，对近代浙西[⑥]水利建设的重要机构——浙西水利议事会的研究则比较薄弱，目前学界尚无专文进行论述，但在个别论著中有所涉及，如冯贤亮《近世浙西的环境、水利与社会》中有一节提及浙西水利议事会

---

① 周勇军：《北京政府时期苏浙太湖水利工程局探究(1919—1927)》，《宁夏大学学报(人文社会科学版)》2017年第3期。
② 陈岭：《民国前期江南水利纷争与地方政治运作——以苏浙太湖水利工程局为中心》，《中国农史》2017年第6期。
③ 胡勇军：《"与水争地"抑或"与民争利"：民国初期太湖水域浚垦纠纷及其背后利益诉求研究》，《中国农史》2018年第6期。
④ 冯贤亮、林涓：《民国前期苏南水利的组织规划与实践》，《江苏社会科学》2009年第1期。
⑤ 常嵩涛：《水利、主权与市政视野下的上海浚浦局(1905—1938)》，华东师范大学硕士学位论文，2019年。
⑥ 本章所指的浙西主要是指太湖的上游地区，具体而言，包括浙江旧杭、嘉、湖三府；参见冯贤亮：《近世浙西的环境、水利与社会》，中国社会科学出版社2010年版，第1—11页。

的设立,胡吉伟的博士学位论文《民国时期太湖流域水系治理研究》①对浙西水利议事会亦有所涉及,但都没有进行系统性的论述,更没有关注浙西水利议事会在1927年前后的变化。为此本章即以浙西水利议事会为研究对象,试图通过对浙西水利议事会的筹设、成立、运作和改组过程的分析,以探析晚清民国以来浙西地区水利机构的变迁及其动因,揭示地方自治组织与政府机构围绕水利主导权展开的争论及近代政局动荡下社会精英参与政府管理、分享政治权力的意图和无奈。

一、水利经费与治权之争:浙西水利议事会的筹设

"浙西为禹贡扬州之域,厥田惟下下,而财赋甲于天下者,以兴水利故。"②水利对浙西地区的重要性不言而喻。相比苏南地区,浙西的地形更为复杂,自然环境极易成灾。加之近代以来,受水旱、兵燹破坏以及客民垦殖的影响,浙西水利遭到严重破坏,水患灾害时有发生。如光绪十五年(1889年),浙江大雨,各地均发生水灾,但杭嘉湖地区最为严重③,灾民"荡析离居,饿殍载道"④,给当时的社会造成极大冲击。晚清以来,地方政府财政枯竭,水利设施修复无力。20世纪初,浙西水利情况已十分严峻,"浙西之水悉归太湖。今则江流久噎,湖水亦壅,若不及时疏治,恐数百年后,西浙居民不仅流为饿殍,将有鱼鳖之患矣"⑤。在此背景下,地方乃有成立浙西水利议事会之提议。

清末新政给浙西水利议事会的成立提供了契机。光绪三十三年(1907年),清政府发文提倡自治,鼓励各省成立谘议局,号召地方士绅加入,希望以此扩充政治参与的对象,增加清政府统治的合法性,延续清王朝的统治。

① 胡吉伟:《民国时期太湖流域水系治理研究》,南京大学博士学位论文,2014年。
② (清)王凤生纂修,梁恭辰重校:《浙西水利备考》,道光四年修、光绪四年重刊本,第1页。
③ 浙江省水利志编纂委员会编:《浙江省水利志》,中华书局1998年版,第202页。
④ 潘澄鑑:《序一》,《浙西水利议事会年刊》1918年第1期。
⑤ 同上。

　　宣统元年(1909 年)，浙江省成立谘议局并召开第一届谘议局会议。会上，有嘉兴议员提出《兴复浙西水利草案》，请求疏浚杭嘉河道。在湖州议员的建议下，后来的议决案将湖州也纳入其中[①]。会后，浙江省巡抚批准公布17 件议案，包括农田水利会规则案和修浚浙西水利案，[②]并颁布了《农田水利会规则》与《修浚浙西水利办法》[③]。《农田水利会规则》规定，"关于农田间水利之土功事业，相度水道形势或筹疏浚或议兴修，其组织之公共团体以本会规则定之"，"凡关于农田水利之应筹疏浚及兴修者，各乡庄董图及与水利之关系人，得就地自筹，组织团体，即命曰农田水利会"[④]。《修浚浙西水利办法》则规定，"由杭、嘉、湖三府绅商领袖就省城组织浙西水利议事总会，由杭嘉湖道监督之"，在本府范围内，可以"组织水利分会执行其事务，如有关于协议者，得由总会联络之"[⑤]。

　　尽管《修浚浙西水利办法》明确规定杭、嘉、湖三府绅商领袖可以组织浙西水利议事总会及其水利分会，但在操作过程中却碰到了许多实际困难，尤其是修浚浙西水利的经费来源问题，故浙西水利议事会一时未能宣告成立。按宣统元年(1909 年)公布的《修浚浙西水利办法》，浙西水利经费有三类来源，分别是善后丝捐、船捐以及罚金。善后丝捐从浙西三府项下各自提充，船捐为"凡小火轮及公司船进出口者各捐洋一元"，"其有轮船拖带之民船进出口者各捐洋五角"，罚金则为因受罚则处分所收[⑥]。罚金虽无人反对，但将善后丝捐作为浙西水利议事会经费浙西三府态度并不积极，各府均称善后丝捐"已挪移一空"[⑦]，所剩不多，需由其他筹款补充或从全省善后丝捐中提取。如杭州称，"杭属丝捐为数无多，以之兴修水利，不敷甚巨，应请厘饷局

① 汪茂林主编：《浙江辛亥革命史料集》第四卷《浙江谘议局(下)》，浙江古籍出版社 2014 年版，第 135—141 页。
② 故宫博物院明清档案部编：《清末筹备立宪档案史料》，中华书局 1979 年版，第 704—705 页。
③ 浙江省辛亥革命史研究会、浙江省图书馆编：《辛亥革命浙江史料选辑》，浙江人民出版社 1981 年版，第 178 页。
④ 《农田水利会规则》，《浙江官报》1909 年第 22 期。
⑤ 《修浚浙西水利办法》，《浙江官报》1909 年第 22 期。
⑥ 同上。
⑦ 《抚部院增批答谘议局质问浙西水利经费由》，《浙江官报》1910 年第 48 期。

尽数先行提拨外,再筹的款补充";湖州则称,"除本府善后丝捐外,应请于通省善后丝捐内提拨三万元济用"①。至于船捐,因主要是针对日商,对地方利益损害不大,故地方政府不予反对,但作为被征收对象的日商,却持有不同意见。浙省政府与日本领事进行了交涉,希望日本领事同意对过往日船征收相关费用,但遭到日本领事的拒绝。日本领事以船捐的征收并非日本一国之事,需要各国的领事一致通过为由,拒绝了浙省政府的要求②。由于经费来源问题没有解决,最终拖慢了浙西水利议事会成立的步伐。之后,清政府灭亡,中华民国成立。1913 年,第一届浙江省议会召开,会上再次通过了浙西水利修浚案,并于 1914 年公布。

　　1913 年通过的浙西水利修浚案,有意将抵补金附捐作为治水经费,因抵补金附捐涉及各地公共事业,消息一经公布,反对声浪迭起。如崇德县以"该县抵补金附捐向征每石五角,以二角充积谷及公益之用,以三角充初等小学经常之费"为由,请求另行筹办治水经费。但浙江公署态度强硬,批文"事关浙西各县,本公署自能通盘筹画,尤非该县少数人民所能越渎"③,并呈请咨议局议决。海宁县士绅"以是项抵补金支配教育、积谷、警察、地方公益习艺所之用,电请免提,另筹治水专款",被政府以"疏浚水利亦属地方要政,频年水旱,田禾歉收,未始非河道失修之所致。与其议赈于既荒之后,孰若筹浚于未荒之先"④为由反对。浙江省政府发布公告:"无论原案规定,在抵补金附捐内提拨或兼在地丁项下带征,均应一律办理。"⑤1915 年,浙江省咨议会和水利委员会联合对修浚浙西水利案进行核议⑥,经专案指定,抵补金

① 《修浚浙西水利办法》,《浙江官报》1909 年第 22 期。
② 《抚部院增批答咨议局呈催修浚浙西水利请饬速办由》,《浙江官报》1910 年第 30 期;《杭嘉湖道启详复修浚浙西水利议案未办理由开具清折请察核文》,《浙江官报》1910 年第 35 期。
③ 《崇德曹元朗等据禀为报载浙西水利经费以各县抵补金附税拨充请饬另行计划由》,《浙江公报》1915 年第 1294 期。
④ 《浙西水利经费问题》,《农商公报》1916 年第 7 期。
⑤ 《饬浙西各县知事除富阳新登於潜昌化四县饬催照案征解浙西水利经费并具报由》,《浙江公报》1916 年第 1565 期。
⑥ 《孝丰沈元财等禀疏浚苕溪利害攸关绘图遴委详勘由》,《浙江公报》1915 年第 1294 期。

附捐成为浙西水利经费来源①。"自四年份起，于抵补金附捐内每石提银三角，并以前留存之抵补金附捐一律拨充水利经费。"②

1916 年，浙江省议会召开第二届常年会议，时任浙江省省长吕公望提出《修浚浙西水利修正案》，其中略去了浙西水利议事会，意图由政府主持对浙西水利的修浚，其目的就是希望政府能够掌控浙西水利经费。此举得到德清籍议员许炳堃与浙西水利议事会两位会员的坚决反对，并以"修浚浙西水利，筹地方之款，办地方之事，性质纯属自治，当由地方组织机关董其事务，不可与水利委员会之为官治者相混"为由③，仍主张由浙西水利议事会负责浙西水利的修浚工作。此举得到议员们的支持，并最终获得通过。1916 年11 月 11 日，《修浚浙西水利修正案》公布，成为浙西水利议事会的"根本法"。

但在第二届浙江省议会上，浙西水利经费来源问题再次引起激烈争论，经讨论，抵补金附捐被删除，最终确定浙西水利经费来源有四个：地丁附捐、货物附加捐、丝捐以及茧捐。除地丁附捐由地丁银代征外，其余均由统捐局或茧捐委员代收，并由财政厅按月拨解至议事会经费存贮的银行。其中地丁附捐为每地丁银 1 两，带征浙西水利经费银元 5 分。货物附加捐为浙西各统捐局所征货物，每正捐银元 1 元，带征浙西水利经费银元 6 分，随正捐带收。丝捐为运丝经丝每包加抽大洋 1 元，由统捐局带收。茧捐则规定干茧每百斤加抽大洋 5 角，由茧捐委员带收④。最终浙西水利议事会的经费得以确立。

1917 年秋，时任浙江省长齐耀珊令浙西十五县选举各县水利议事会会员，由浙江省署加委充任，并委任杭县知事姚应泰、水利委员会技正林大同、杭县会员祝震三人筹备浙西水利议事会。1917 年 9 月 21 日，浙西水利议事会正式成立⑤。

---

① 《饬浙西各县知事除富阳新登於潜昌化四县饬催照案征解浙西水利经费并具报由》，《浙江公报》1916 年第 1565 期。
② 《浙西水利经费问题》，《农商公报》1916 年第 7 期。
③ 陆启：《浙西水利议事会之历史》，《浙西水利议事会年刊》1918 年第 1 期。
④ 《修浚浙西水利修正案（省议会原案）》，《浙西水利议事会年刊》1919 年第 2 期。
⑤ 冯贤亮：《近世浙西的环境、水利与社会》，中国社会科学出版社 2010 年版，第 274 页。

二、统筹地方水利工程：民国前期浙西水利议事会的运作

（一）组织框架

浙西水利议事会经费由浙西 15 县人民负担,会员人数按照每县 1 人的原则,定为 15 人。各县会员由县议会推选,"被选者不限于县议员,但县议会议员当选时不得兼充"①。在 15 名会员中选举产生正副会长,任期一年,可以连选连任②。依据此原则,选举出了议事会的初始会员:"杭祝君震,海宁张君竞勇,余杭张君立,嘉兴盛君邦采,嘉善徐君士焘,崇德曹君元朗,海盐李君开福,平湖朱君景章,桐乡沈君濬昌,吴兴潘君澄鑑,德清徐君允一,长兴蒋君玉麟,武康陈君其禾,孝丰叶君向阳,安吉张君昀。"③其中,潘澄鑑为第一任会长,李开福为副会长。议事会开会期间,由全体会员进行工程议决,非开会期间,则由正副会长驻会,以处理相关事务。其余十三名会员则按四四五组合,抽签分成三组,按月轮流驻扎办事处,"有协助正副会长处理会务之责"④。

浙西水利议事会办事处设在杭州新市场惠兴路⑤。办事处设有三个科室,分别是文牍科、技术科和会计兼庶务科。其中文牍科 4 人,包括文牍员 1人,书记 2 人,速记 1 人。文牍员负责处理五类事项:文件起草及各种记录、编制议事日程及应议事件分配、保管档案、保管图书记录、收发文件;书记负责辅助文牍员工作,并专司缮写事宜;速记专司会场记录。技术科设技术员 1 人,负责调查测勘、工程复估以及工程制图等事项,必须熟谙水利工程,专备"会员考究工程之用"⑥。会计兼庶务科设会计兼庶务员 1 人,主要负责办

① 《修浚浙西水利修正案(省议会原案)》,《浙西水利议事会年刊》1919 年第 2 期。
② 《浙西水利议事会互选细则》,《浙西水利议事会年刊》1918 年第 1 期。
③ 陆启:《浙西水利议事会之历史》,《浙西水利议事会年刊》1918 年第 1 期。
④ 《浙西水利议事会常驻会员办事规则》,《浙西水利议事会年刊》1918 年第 1 期。
⑤ 《浙西水利机关之改组》,《中外经济周刊》1927 年第 217 期。
⑥ 《浙西水利议事会暂行细则》,《浙西水利议事会年刊》1918 年第 1 期。

理五类事项：议事会经费收支、编造常年预算决算及每月收支表册、保管议事会各种器具、印刷文件及投票纸分配、工役雇用进退①。

（二）工程议决与实施

浙西水利议事会实施的工程一般需在议事会会议上进行决议后方能进行。议事会会议分常会与临时会两种。常会每年春秋季各开一次，临时会则在遇到紧急水利情况时召开。

议事会所审议的水利议案分为三类：官厅交议、会员建议及人民或团体请愿。对这三类水利议案，议事会需要决定工程的先后缓急，并对相关工程的预算与决算进行决议。同时，涉及维护和发展十五县水利的一切规章制度，都需由议事会决议。由此可见，议事会对浙西水利工程具有相当大的议决权限。但议事会并非完全的自治组织，因为所有的决议事项，都须由省长"核定批准，方能有效"，如省长认为有不当之处，可以发回复议，甚至"派员复查"②。议事会作为一个自治组织，其存在是基于当时政府权力所限与财政的缺乏，它是填补政府权力缺失的非政府机构，而非站在政府的对立面。在兴修地方水利的公共目标上，两者有基本一致的价值与目标取向，这也是议事会得以存在的基础。

浙西水利议事会议决的工程项目分为两类：一类是议事会负责的工程修浚，如第一届常会通过的工程项目，基本上为跨县境的重要工程；另一类是县境之内的小型农田水利工程，采取经费补助的形式，由地方自主兴办。

1918 年，浙西水利议事会颁布《浙江水利特别经费补助规则》，对各县范围内的水利紧要工程进行经费补助，规定各县工程补助"须备具建议书及工程计划，交由本会核议，或由县呈请省长交议"；议事会议决通过、省长核准之后，由该县县知事于工程开始时"按数向本会备文领取"；如果特别经费属于该县征存未解之款，则由县政府照数拨给，报议事会查核；补助经费到县

---

① 《浙西水利议事会办事处暂行细则》，《浙西水利议事会年刊》1918 年第 1 期。
② 《浙西水利议事会暂行细则》，《浙西水利议事会年刊》1918 年第 1 期。

或照拨后,须呈报省长备查;该县工程开办时,"除呈县转报省长查核外,应先将开办日期及预算书交由本会查核";工程进行中,议事会可以"随时派员到工查察",工程结束时,该县"应造具结算书二份,报告县知事验收,转报省长并分报本会查核"①。可见,此时浙西水利议事会基本掌握工程议决的主动权。

浙西水利议事会积极发挥组织职能,举办"工程亦颇不少"②,如先后议决疏浚杭县乔司乡上塘河支港工程,吴兴頔塘工程,孝丰乌墙弄辟河工程,安吉梅溪工程,桐乡金牛塘河道工程,平湖黄姑塘河道工程,长兴夹浦等娄港工程,嘉善华亭塘河工程,吴兴北塘河、溇港、碧浪湖、菜花泾工程以及苕河上游汪德口工程,南苕溪沙嘴等工程。同时拨款补助武康险塘工程,德清险塘以及县城河道工程,桐乡县乌青镇市河工程,海盐县圩堤工程等③。可以说对浙西范围内的苕溪、南北湖、运河、溇港、苕河等重要水利工程均有涉及。民国时期,浙西水利事业在议事会的努力下取得了较大成就。

当然在具体的议决过程中,议事会不仅要考虑浙西水利的紧要工程,还需顾及杭、嘉、湖三府的各自需求。正如《浙西水利工程设施经费分配方法案》所言,浙西之水"经流错出,支港纷歧,有以蓄为利者,有以泄为利者,有兼蓄泄为利者,上下游地势不同,东西路情形亦异,各有所急,即各有当先,且工段有短长,需费有多寡,期限有迟速,若偏重一方,他处紧要工程不免向隅,潦旱为灾,猝难防救"④,因此水利事业不能只偏重某一地工程,而要考虑各地之需要。故议事会在进行工程议决时,通常分为甲、乙、丙三组,并在每组中议定工程的先后顺序。如议事会第一届常会分甲、乙、丙三组讨论后呈报议决开浚工程共五处:"一、开浚南苕溪工程;二、开浚上塘河工程;三、开浚苕河上游汪德口至俞振塘及华亭塘茜泾工程;四、开浚崇、桐、嘉三县运河工程;五、开浚溇港上游北塘河北横塘河工程。"其中第一、二为杭属工程,

①《浙西水利特别经费补助规则》,《浙西水利议事会年刊》1918年第1期。
②《浙西水利机关之改组》,《中外经济周刊》1927年第217期。
③ 可参见《浙西水利议事会年刊》1918年第1期,1919年第2期,1929年第4—6期。
④《浙西水利工程设施经费分配方法案》,《浙西水利议事会年刊》1918年第1期。

三、四为嘉属工程，第五则为湖属工程。可知所谓甲、乙、丙三组，实际上就是以杭州、嘉兴、湖州各自代表组成的地方利益团体。议事会在第一届常会之后给省政府的呈文中也明确指出："夫凡事可与乐成而难与图始，第一期施工计划必使不倚不偏，庶地方之欲望既周，而办事之进行自易。"[1]从中可知，议事会也承担着统筹协调杭嘉湖水利事业及其各府属利益的职责。

议事会在统筹浙西水利建设过程中，虽不排斥新式机器的运用，但所采用的方法仍是旧式的治标方法，对于兴办流域内的大型水利工程存在较大的局限性，易导致河道的再次淤塞，也多有经费虚糜之事发生。

三、水利行政统一：浙西水利议事会的改组

晚清以来，士绅阶层在地方公共事务中占据优势地位，地方政府虽有意重建政府权威，收回水利治权，但因其时政局动乱，政府力量有限，并未取得实际成效，直至南京国民政府成立，地方政府才逐渐收回水利治权。

（一）合并危机

浙西与江苏南部同属太湖流域，1917年前后，江苏省先后设立江南水利局和江苏水利协会，为更好地进行太湖流域的水利工程建设，两省设立江浙水利协会。1919年，经两省提议，总统准许，在江苏吴县设立督办苏浙太湖水利工程局，并在浙江杭州设立分局，由钱能训任总理，王清穆、陶葆廉为会办。督办苏浙太湖水利工程局成立后，进行了一系列的调查和测量工作，兴办了系列工程，但多局限于江苏境内[2]。

1927年5月，督办苏浙太湖水利工程局撤销，太湖流域水利工程处成

---

① 《本会呈送议决疏浚南苕溪等五案工程原案文》，《浙西水利议事会年刊》1918年第1期。
② 《督办苏浙太湖水利工程局组织规程》，《河海月刊》1921年第1期；周勇军：《北京政府时期苏浙太湖水利工程局探究(1919—1927)》，《宁夏大学学报(人文社会科学版)》2017年第3期。

立,直隶国民政府。在太湖流域水利工程处成立前后,社会上便有将江南水利局、浙西水利议事会撤销合并至太湖流域水利工程处之提议,政府也有此意,并致函浙西水利议事会,称由太湖流域水利工程处处长沈百先负责太湖上下游一切水利工程,不日将赴浙西水利议事会接收仪器、图表、文件等①。5月31日,议事会将其保管的存有浙西水利经费的浙江地方银行存折移交给沈百先,共有经费 52 613.31 元。沈百先称此项经费将继续用于浙西水利的治标工程。不久,沈百先先后两次在此笔经费下动支 9 212 元,称其中 3 212 元用于水文测量,6 000 元为杭、湖两属的工程经费。但据两地工程事务所主任回复,他们并未收到相应经费。事后,经议事会向国民政府财政部查证,证明沈百先"显系捏词冒领,诈欺取财"②,议事会将此事上报浙江省政府。

10月,浙江省政府向太湖流域水利工程处致函质问,请求归还所挪用经费。同时,省政府通知议事会,"在治本工程未开始以前,治标工程及其经费"由省政府主持③。不久,太湖流域水利工程处回函称,目前无力全额归还所挪借款项,必须等到中央拨款到达之后,方能如数归还,但可以先行偿还 3 212 元④。如此,议事会已不可能合并至太湖流域水利工程处,浙江省建设厅也认识到加快本省水利工程建设的重要性,称"浙西水利经费本系地方附加税,所有浙西水利工程自应由本省政府主持办理"⑤。

(二) 政府水利权力的强化:水利局的成立

1927 年,国民政府定都南京,开始重建政府对地方事务的主导权,统一

---

① 《浙西水利机关之改组》,《中外经济周刊》1927 年第 217 期;国民政府秘书处:《通知苏浙太湖水利局江南水利局浙西水利议事会一并交由太湖流域水利工程处接收函》,《国民政府公报》1927 年宁字第 3 期。

② 《中华民国国民政府浙江省政府公函(中华民国十六年十月)》,《浙江建设厅月刊》1927 年第 6 期。

③ 《令浙西水利议事会:呈一件呈请追缴太湖流域水利工程处沈处长冒领经费由》,《浙江建设厅月刊》1927 年第 6 期。

④ 《令浙西水利议事会》,《浙江建设厅月刊》1928 年第 7—8 期。

⑤ 《令浙西水利议事会》,《浙西水利议事会年刊》1929 年第 4—6 期。

水利行政治权也成为必然。同年南京政府重新划定了机构职权，规定水灾防御属内政部，水利建设属建设委员会，农田水利属实业部，河道疏浚则属交通部。在地方则实行"省制改订"，规定各省水利行政由建设厅负责，受命于省政府。20 世纪 30 年代，以水利行政职权不专、系统紊乱为由，国民政府又先后颁布《统一水利行政及事业办法纲要》和《统一水利行政事业进行办法》，加快了全国水利行政统一的步伐。

1927 年 8 月，浙江水利委员会裁撤，水利事业由建设厅管理。"水利工作为建设事业之一，而又最关重要，其利其害，直接及于人民。浙江有鉴于此，自上年起，特设局专管其事。"①1928 年 8 月，以钱塘江工程局为基础，浙江省水利局改组成立，隶属于浙江省建设厅，负责办理"全省水利工程及关于水利兴革事务"②。

水利局设局长一人，处理全局事务；总工程师一人，辅助局长指挥技术人员办理测勘及工程事务；两人均由建设厅荐请省政府任命。水利局下设总务、工程两处：总务处设处长一人，处员、助理员若干，其职责主要是办理预决算、收付款以及各种稽核事务。工程处设处长一人，工程师、助理工程师、工程员若干，其职责为查勘及编制报告、测量及编制图表、工程设计及预算、工程实施及考核、工程统计、仪器图表及工用器具保管等③。1929 年，浙江省水利局组织规程进行修订，由两处变为四科。其中第一科负责查勘及编制报告、测量及编制图表、水文观察记载及统计和仪器保管等事项；第二科负责工程设计、工程预算、调制设计图表及工程统计事项；第三科负责工程实施、工程考核、材料购置检查和材料保管收发事项；第四科负责规章拟定编纂、文件收发保管、预决算编制、款项收支稽核、收支簿册统计、器具消耗物品购置检查及收发保管事项。人员设置变为局长一人，总工程师一人，秘书一人，科长四人，工程师、佐理工程师、工程员、佐理工程员、科员、事务

① 《浙江省水利局之工程计画》，《浙江建设厅月刊》1929 年第 29 期。
② 《浙江省水利局组织规程》，《浙江省建设月刊》1928 年第 14 期。
③ 同上。

员、书记各若干人①。

浙江省水利局成立后,为了兴革水利,拟定了许多工程计划,大致可分为八类:一、防御水灾;二、整理江岸;三、沟通钱江运河;四、飞机测量;五、开辟航路;六、筑港;七、灌溉与填垦;八、利用水力等②。

从浙江省水利局的人员设置、组织规程修订、水利工程规划的拟定可以看出该局业务的逐渐细化及对工程管理的日益重视。前总务处成为第四科,并且前三科基本涵盖水利测量、工程设计以及工程实施的全过程。水利业务不仅仅是水灾的防御和河道的整治,而且还涉及其他方方面面;其着眼点不仅关注地方水利,更关注浙江水利全局。以往"由地方推选人员,组织水利议事会,遇有工程,另设事务所办理,数年以来,颇有成效。惟各事务所漠不相关,各自办理,既无统一之测量,亦无统盘之计划。至民国十七年秋季,变更组织后,将工程划归本局办理"③,可见水利局强化政府水利权力的勃勃雄心。

(三) 浙西水利议事会权力的削弱:章程修订

浙江省水利局成立后,政府部门通过修改议事会章程、补助经费制度等,逐步剥夺了浙西水利议事会权力,使水利治权收归政府。

水利局成立前,浙西水利工程的经费收支、预决算由浙西水利议事会核议之后再转呈省政府批准或备案。1928年,在统一计政的名义下,浙江省建设厅下令,嗣后各工程事务所"关于经费收支预算计算决算等案件,即由各该所直接呈厅,毋庸仍用该会转呈之手续,其有应由该会审查核议者,亦由本厅发交该会审查核议"④,即各工程事务所所需经费不必经过浙西水利议事会核准,由政府部门直接决定。为更好达成此目的,政府部门决定对浙西

---

① 《修正浙江省水利局规程》,《浙江建设厅月刊》1929 年第 28 期。

② 《浙江省水利局之工程计划》,《浙江建设厅月刊》1929 年第 29 期。

③ 水利局:《二十一年之浙西水利工程》,《浙江省建设月刊》1933 年第 11 期。

④ 《案查浙西水利各工程事务所关于呈报经费收支预算计算决算等案件》,《浙江建设厅月刊》1928 年第 13 期。

水利议事会章程进行修订,进而改变议事会的经费补助制度。

浙西水利议事会以 1916 年《修浚浙西水利修正案》为根本法,此案长期未予修订。1928 年,浙江省政府通过《修正浙西水利议事会章程》,对《修浚浙西水利修正案》进行补充和修订,因修订幅度不大,没有引起议事会成员太多关注。在此基础上,1930 年,省政府又先后两次修订通过了新的议事会章程。与之前章程相较,1930 年章程在内容上有重大改变,激起议事会成员的严重不满,向建设厅提出抗议,抗议内容主要集中于以下三点。

第一是议事会的审议权限。1930 年新章程将 1928 年章程中“讨论省政府交议水利工程规划及预决算书”一条改为“审查省政府建设厅交议水利工程决算书”,并删除“省政府制定之水利工程计划及预算决算案,于开会时由省政府派员到会说明之”①,即新修章程将原先归属议事会的讨论水利工程计划及预算书的权力撤销,使得议事会空有议事其名,而无议事之实。

第二是议事会的经费来源。南京国民政府裁厘后,议事会“经费竭蹶”②,虽向政府呈请筹款拨补,但新章程并未予以关注。

第三是会员的选举。1928 年章程规定,议事会会员“由浙西与水利有关之杭州市长及十五县县长会同市县党部每市县推举一人”③,呈请省政府委任。此条尚可为议事会成员接受。但 1930 年章程将此条修订为,“每市县推举二人,呈请建设厅核定一人”④,危及议事会会员切身利益,使得会员十分不满。

浙西水利议事会的抗议并未引起建设厅重视。建设厅声称:“各区水利议事会章程,经省政府委员会议决通过,各区均应遵守,碍难分歧。”⑤对于议事会抗议各点,建设厅均予以强硬拒绝。“凡该区水利工程,经本厅核定,认为应行修治,饬水利机关测勘计划者,该会应即会同估计工程预算,并各具

---

① 《修正浙西水利议事会章程》,《浙江建设厅月刊》1928 年第 12 期;《修正浙西水利议事会章程》,《浙江省建设月刊》1930 年第 36 期。
② 《解释浙西水会章程》,《浙江省建设月刊》1931 年第 2 期。
③ 《修正浙西水利议事会章程》,《浙江建设厅月刊》1928 年第 12 期。
④ 《浙西水利议事会章程》,《浙江省政府公报》1931 年第 1152 期。
⑤ 《解释浙西水会章程》,《浙江省建设月刊》1931 年第 2 期。

名签章呈报核饬修治。"①既然已经邀请议事会会同估计,就应视为议事会已经参与讨论,意即省建设厅认为应该修浚的工程,就必须予以通过。关于议事会经费,建设厅回应"将来应尽先抵补省库因裁厘而受之损失,如尚有余,再行酌核办理"②,并未引起重视。至于会员人选问题,建设厅认为"各市县会员,由各市县政府会同市县党部推举二人,呈请本厅核定一人转呈委任者,原所以慎选人才,以期会务之进展,与议事机关之精神,实无抵触"③,因此,没有讨论之余地。

除章程修订外,为节约经费,建设厅修订了经费补助制度与征工方式。议事会原有相当经费用于各地补助兴修工程,水利局成立后,认为"本省水利经费,以省库竭蹶,历年俱有减缩,除海塘岁修月修,能免维现状外,其他防洪治河灌溉等工程,非就受益田亩,征收工费,无以观厥成"④,决定由受益田亩进行出资。同时,建设厅认为,浙西之所以从膏腴之地转为贫瘠,根源在于:"主要之苕溪运河,各水道,未能根本整理。"⑤为了修浚苕溪运河各河道,水利局已着手进行测量工作,但"将来疏浚筑坝,及建蓄水库各项工程经费,为数必不在少。浙西水利经费,自应特别蓄养,以应要需"。为了积攒资金,建设厅规定:"关于一县之普通水利工程,应由该委员会筹款办理。至支流小河,池沼圩堤等局部水利工程,更应遵照前颁《征工规则》,分别进行。"⑥如果不是全县或者两个县以上的紧要水利工程,不得于浙西水利经费项下拨款。据浙江省水利局造送 1930 年度浙西水利经常费岁出预算书,"浙西测量队经常费银三万一千八百三十六圆,浙西工程队经常费银二万五千一百六十四圆"⑦,可知水利局着眼于水利测量,有全盘统筹浙江水利的

---

① 《解释浙西水利会章程》,《浙江省建设月刊》1931 年第 2 期。
② 同上。
③ 同上。
④ 浙江省水利局编:《浙江省水利局总报告》,《民国浙江史料辑刊》第一辑第 10 册,国家图书馆出版社 2008 年版,第 113 页。
⑤ 《浙西水利费补助办法》,《浙江省建设月刊》1930 年第 5 期。
⑥ 同上。
⑦ 《饬审议浙西水利经费》,《浙江省建设月刊》1930 年第 3 期。

意图。

四、结语

浙西水利议事会是在浙西水利设施遭到严重破坏而政府能力有限,无法有效进行地方水利公益事业的特殊环境下产生的。在水利议事会成立的最初十年间,它为浙西水利设施的修复作出很大贡献。议事会不只兴修了诸多地方水利工程,更重要的,通过议事会的经费补助政策,鼓励了地方小型农田水利工程的兴建。限于自身经费,囿于地方愿望,议事会很难举办大型水利工程,只能是治标而非治本之策。浙西水利议事会的运行模式无疑为政府减轻财政压力提供了一种新的思路。1930 年,浙江省水利局开始试推浙西模式,按流域将全省划分为五个大区。其中临安并入原浙西水利议事会,改称第一区水利议事会;钱塘江流域的 24 个县称为第二区水利议事会;曹娥江、甬江流域的 11 县称为第三区水利议事会;灵江流域的 9 个县称为第四区水利议事会;瓯江流域的 15 个县称为第五区水利议事会。但因"经费既无着落,事业即无从进行"[1],除第一区水利议事会有稳定的经费来源得以存续外,其余各区水利议事会均于 1932 年 4 月宣告结束。第一区水利议事会的名号则一直沿袭,直至 1949 年被杭州军管会实业部接收[2]。

浙西水利议事会的成立与改组,从独立自主到沦为附庸,客观来讲,都可以归结于政府权力的伸缩。当政府的权力有限时,以士绅为代表的地方势力趁势而起,通过参与地方公益事业来参与政治。一旦政府权力增长,开始有意识地与地方势力争夺公共事业领导权,国家力量通常会取得胜利。通过合法手段,只需修订章程,便可以重新将权力集中于政府。值得注意的是,无论是在清朝末年还是民国初期,即便地方政府实力有限,但在制度安排中,浙西水利组织都给予了政府监督的权力,这是因为,无论以何种形式

---

① 赵震有:《浙江省办理水利事业之经过》,《浙江省建设月刊》1933 年第 11 期。
② 金延锋、李金美主编:《城市的接管与社会改造:杭州卷》,当代中国出版社 1996 年版,第 54 页。

存在,在民众心中,政府都代表着公共利益以及社会秩序,拥有超脱于私利之上的超然性。

浙西水利议事会的改组,不只是由于政府统一水利行政的决心,也有浙江的特殊性。南京国民政府时期,浙江始终在全国处于特殊地位,国民政府十分注重浙江的发展,对于关系地方发展的水利也十分重视。政府在重构自身权威的同时,掌握地方水利事业主导权也成为应有之义。浙西水利议事会的成立与改组,显示了近代地方政权从混乱走向有序过程中发生的社会与国家之间的权益之争,折射出水利与政治的特殊关系。

第六章

1927—1937 年上海华界地区
卫生改良活动探析
——以上海市卫生局为中心

近年来,有关上海卫生史的研究学术界已发表不少有价值的成果,但这些成果主要聚焦于租界,对华界地区的研究刚刚起步①。为此,本章以上海市卫生局为中心,对1927—1937年上海华界地区卫生改良活动作进一步的探析,通过分析这一活动的缘起、过程及成效,揭示上海华界地区卫生事业发展进步的轨迹。

一、卫生改良活动的缘起

在近代卫生观念传入中国之前,中国的市政并没有公共卫生的相关概念。晚清时期,西方的医学知识在与传统医学的不断摩擦中艰难传播。辛亥革命后,近代化国家构建开始起步,但由于国内争端不断,国外环境不定,许多近代化建设并未如期进行。1927年4月,南京国民政府宣告成立,各地的军阀混战告一段落。南京政府在展开轰轰烈烈的"革命外交"的同时,也开始着手内政事业的建设。卫生事业作为内政事业的重要基础,被迅速提上发展日程。1927年7月,上海特别市政府成立,在南京国民政府的大力支持下,上海特别市卫生局(后改为上海市卫生局)在此后的10年间开展了一场规模较大的卫生改良活动,采取一系列措施整合华界地区的卫生资源,并在积极有效的监管中逐渐改善华界地区的卫生条件,提高华界地区居民的卫生意识。这场卫生改良活动之所以得以开展,其背景有以下几个方面。

① 华界地区卫生事业研究代表性成果:[法]安克强:《1927—1937年的上海:市政权、地方性和现代化》,张培德、辛文峰、肖庆璋译,上海古籍出版社2004年版;秦韶华:《上海市华界中小学学校卫生研究(1929—1937)》,华东师范大学硕士学位论文,2007年;刘雪芹:《近代上海的瘟疫和社会——以1926—1937年上海华界的瘟疫为例》,上海师范大学硕士学位论文,2005年;吴布林:《民国时期上海华界食品卫生监管初探(1927—1937)》,《临沂大学学报》2015年第2期;甘慧:《民国时期上海卫生运动大会研究》(1928—1937),温州大学硕士学位论文,2015年。

首先,华界地区卫生环境面临的困境。上海开埠后,租界的近代卫生事业开始起步,新型医疗服务体系、公共卫生事业逐步建立与发展起来。但在华界地区,因时局变迁频繁,行政复杂,医疗卫生事业发展缓慢,与租界的差距不断拉大。就卫生环境而言,华界地区普遍比较恶劣,居住条件简陋,卫生设施落后,传染病盛行。以霍乱为例,民国以来上海多次霍乱大流行,造成大量人员死亡,其主因就是恶劣的水环境,"今上海之时疫,最先发生且患病之处,莫不知在闸北一带。而闸北自来水之污秽浑浊,水中含有病菌之多,亦为全世界之冠"①。1926年,"闸北水厂水源受污染引起霍乱流行,发病3140例,死亡366人"②。因此,南京国民政府成立后,在民族复兴口号的感召之下,力主推进上海华界地区的建设,水环境改造与卫生改良活动也自然提上了日程。

其次,大上海计划的推动。南京国民政府成立后,上海作为当时中国政治与经济发展的重心,有着十分重要的战略地位。在上海特别市成立大会上,蒋介石就表示:"盖上海特别市,非普通都市可比,上海特别市乃东亚第一特别市,无论中国军事经济交通等问题,无不以上海特别市为根据,若上海特别市不能整理,则中国军事经济交通等即不能有头绪。"③并力主推进上海的城市建设,希望将华界地区建设成为国民政府要求取消租界的基础。首任市长黄郛在就职演说中也表示:"上海为中外通商巨埠,轮轨辐辏,商贾云集。近且密迩首都,实为屏蔽,于军事、政治、外交、金融各端,莫不居全国中心而为之枢纽。中外观瞻所系,关系实至重要。特别市计划,一般学者与多数市民早有提议,论著具存,可以覆按,匪始今日。"④他呼吁社会各界人士尤其是社会精英献计献策,共筑上海发展蓝图。在政府、专业人士以及民众的努力下,新的"大上海计划"出炉,它是近代上海第一份统一的城市发展规划,对其后十年上海的各项建设产生了重要影响。在"大上海计

---

① 程瀚章:《论防疫之先决问题》,《新医与社会汇刊》1928年第1期。

② 胡勇:《民国时期上海霍乱频发的原因探略》,《气象与减灾研究》2007年第2期。

③ 《上海市政府昨日成立盛况》,《申报》1927年7月8日,第13版。

④ 沈亦云:《亦云回忆》(下),传记文学出版社1971年版,第327页。

划"中,保卫民生、疾病预防和医治、卫生宣传、健康教育、免疫接种、清洁城市等卫生计划被格外重视,并直接促成了华界地区近代公共卫生体系的构建。

　　最后,社会精英的呼吁。针对华界地区卫生环境脏乱差的局面,不少社会有识之士纷纷呼吁加以改变。如 1909 年,面对霍乱造成的高死亡率,不少学者就开始呼吁改善卫生环境,加强卫生行政,并从民族与国家的角度阐述卫生行政的重要性,"人类生活之进步,也由强种族之观念进而强国家,由强国家进而强个人之身体,个人之身体为组织国家之成分,此组成国家分子之人民愈健康,则人民之总体即国家其势亦日以强盛。故行政作用以发展国家之势力为目的,更以保持公共之健康为责任"[1]。至 20 世纪 20 年代初,关于卫生改良的呼吁愈益频繁,不断在报刊出现。他们认为一些流行性疾病的暴发,并不在于其他方面,而在于国人的卫生意识淡薄,日常生活中不注重清洁卫生,不懂得如何预防,患病后不但不积极寻求医学救治,反而寄希望于巫术、占卜。因此,有学者呼吁开展卫生常识、医学知识的教育,认为"无论何处,报纸宜专辟通俗卫生栏或卫生常识栏,聘医学专家主任之,以随时提倡灌普通卫生智识于一般阅者"[2]。在社会精英的强烈呼吁下,1928年,上海特别市卫生局长胡鸿基向市政府递交了《卫生与内外交关系》和《大上海卫生设计意见书》两份报告,在报告中阐述了公共卫生建设的必要性及建设的具体步骤。在胡鸿基看来,卫生事业基于民生,更基于民族的复兴,他认为在民生方面"办理卫生各政,可收减少疾病、减少死亡等甚大之无形利益"[3]。在国家层面上,"如卫生各政办理得宜、至少当可免死半数,若不努力整顿、实为我民族前途之最大危险、此卫生攸关我民族前途之盛衰者也"[4]。基于这样的认识,胡鸿基设计了分五个阶段的卫生事业发展蓝图。该蓝图涵盖疾病预防、治疗和卫生教育三个方面的主要内容,每个阶段皆有

---

[1]《论我国卫生机关之缺乏》,《申报》1909 年 4 月 5 日,第 12 版。
[2]《普及卫生思想之必要》,《申报》1921 年 3 月 23 日,第 16 版。
[3]《大上海卫生设计意见书》,《卫生月刊》1928 年第 3 期。
[4]《胡鸿基条陈卫生与内外交关系》,《申报》1929 年 9 月 2 日,第 16 版。

不同的任务和工作重点。1927—1937 年华界地区的卫生改良就是遵循这一方案进行的。当然,由于当时客观条件的制约和上海市政府实际财力的限制,计划的实施也不得不打折扣。

二、卫生行政职能的优化

1. 强化卫生局建置

国民革命军抵达上海后,于 1927 年 4 月接收了淞沪督办商埠卫生局并改名为淞沪卫生局。1927 年 7 月,上海特别市政府成立后又将淞沪卫生局进一步改组,改称上海特别市卫生局。1930 年 7 月,取消特别市建置,上海特别市卫生局改称上海市卫生局。卫生局(以下上海特别市卫生局、上海市卫生局通称为卫生局)成立后,积极开展和监督全市卫生事宜,在原先的建置(秘书处、第一科、第二科、第三科)基础上增设第四科,并对每科的管辖范围作了调整。第一科下设文牍、会计、庶务、生命统计、医药管理 5 股;第二科设清道、清洁、卫生宣传、一般卫生 4 股;第三科设牧畜检验、禽类检验、禽畜营业管理 3 股;第四科设医务、防疫、乡村卫生、学校卫生 4 股[①]。可见,此时卫生局开始注重各部门之间分工,其职责权限也逐渐明晰。

随着卫生事业的不断发展,卫生局管辖范围逐渐扩展,职能不断扩充,职员人数也逐年增长。卫生局相继建立了市立卫生试验所、市立医院等医疗机构,在各区设立卫生事务所,开展乡村卫生建设等。至 1937 年,卫生局裁撤秘书处与第四科后,建置涵盖第一、第二、第三科,吴淞、高桥、江湾、沪南、沪北五个区卫生事务所及市立医院、传染病医院、卫生试验所等 13 个附属机构,其组织结构见图 6 - 1。

---

① 上海特别市政府编:《上海特别市市政法规汇编二集》,上海特别市政府印行,1929 年,第 333—335 页。

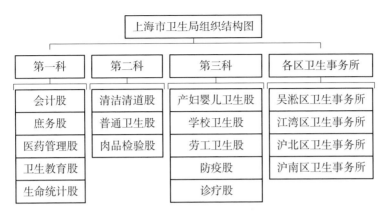

（另下辖市立医院、卫生试验所、传染病医院、沪南医院、沪南戒烟医院、沪北
戒烟医院、人犯戒烟医院、临时戒烟医院、陆行诊疗所、高级护士职业学校、市
立第一公墓管理处、市立万国公墓管理处、病死牲畜熬油厂 13 个附属机构。
资料来源：《上海市卫生局组织系统表》，载上海市卫生局编：《上海市卫生局
十年来之公共卫生设施：1927—1937 年》，1937 年，上海图书馆藏。）

图 6-1　上海市卫生局组织结构图

2. 制定卫生法规和工作规则

为了更好地行使卫生行政权，卫生局于 1928—1929 年前后陆续草拟了
与卫生事业相关的各项规章与细则，在经市政会议通过并呈交国民政府核
准后，以市政法规的形式颁行，使卫生局各项工作有章可依。这些法规涉及
卫生事业各个方面，如在行政管理方面，《上海特别市卫生局组织细则》明确
了卫生局的组织运作、办公程序；《上海特别市卫生局办事细则》则规定了各
部门的职责权限及职员设定。在医务方面，《上海特别市卫生局办理药师注
册规则》《上海特别市卫生局办理医师注册规则》《上海特别市卫生局办理助
产士注册规则》《上海特别市卫生局办理医师请领部证章程》《上海特别市卫
生局办理药师请领部证章程》《上海特别市牙医及镶牙登记暂行章程》等一
系列法规，对医师、医护人员、牙医、药师等进行甄别、注册、审核以及管理；
《上海特别市医院注册规则》对医疗市场进行规范[1]。在公共卫生监管方面，

---

[1]　上海特别市政府编：《上海特别市市政法规汇编二集》，上海特别市政府印行，1929 年。

市政府与卫生局颁布《上海特别市卫生局牛奶棚管理规则》《上海特别市卫生局宰牲检验规则》《上海特别市卫生局管理发售鲜肉规则》，对市内所有饮食店铺、牛奶棚以及鲜肉铺等食品经营机构进行监管和不定期抽检。为最大限度杜绝不法商家将病畜肉品混销于市场，以免危害市民健康，卫生局颁行《上海特别市卫生局呆猪熬油厂暂行办事细则》和《上海特别市卫生局呆猪熬油厂章程》。在清道方面，颁布《上海特别市卫生局清道管理员服务细则》《上海特别市卫生局清道办法》《上海特别市卫生公安局会订整理清道办法》《上海特别市卫生局招商承运沪南沪北两区垃圾投标章程》等法规，对清道夫役的招募、管理、工作时间、清道地域、垃圾运输等各项工作均作了说明。卫生法规和制度的制定对明晰各职能部门的职责，规范卫生行政流程，优化卫生服务起到了积极的作用。

3. 加强相关部门的协同

卫生局在工作中也非常注重与其他部门的协同，如与教育局配合，共同推进学校卫生教育及市民卫生教育，并通过合办儿童健康教育营及卫生展览会等活动加强对市民的卫生宣传；与警察局合作，细化与完善生死统计，并在执法过程中携手取缔、整改危害公共卫生的行为；与社会局合作，详细调查工厂卫生条件，有问题的责令整改；与农工商局合作，办理乡村卫生、工业卫生相关事宜；与公用局、工务局合作，修建下水道、自来水等基础设施，并共同考察公共卫生，管理菜市场、解决城市垃圾运输，积极进行城市公共卫生规划等，均取得了较好的效果。

三、医疗机构的整合与新设

1. 对原有医疗资源的整合

位于沪南地区的公立上海医院成立于光绪三十二年(1906 年)，是华界地区第一所公立西医院，它最初由沪上名绅李平书资助。1916 年，公立上海医院正式归上海县政府管辖，医院经费一部分由上海市公所补助，但大部分仍需董事会成员募集。医院的运营带有某种慈善性质，"凡西医所用打针注射等药,亦皆完全置备,如治疗梅毒肺病等药针,取费从廉,只取药本,诚不背慈善本旨,惠及贫寒者"①。因此,医院时常陷入经费短绌的境地,尽管县公署和慈善团曾出资扶持,但进一步的扩充计划仍然无法实现。上海特别市政府成立后,卫生局对公立上海医院进行了多次调整,但由于医院董事成员复杂,事权所属不一,在经费不稳定的情况下,医务废弛现象未得到明显改善。为此,市政府决定将公立上海医院划归市办,并派卫生局负责具体的接收工作②。1934年11月,收归市办的公立上海医院改名为"市立上海医院",卫生局最初委派吴利国出任院长,1935年4月,因吴氏身兼数职,复委派朱润深专任院长③。医院步入正轨后,开始不断扩充医疗力量,逐步新建了妇产科医院,扩充了儿科,开办高级护士职业学校,使医院的业务水平不断提升。市中心区医院落成后,市立上海医院成为中心区医院的分院。

中国公立医院成立于1909年,由乡绅沈仲礼、苏葆笙、陈炳谦促成商界合作创办,专治天花、白喉、猩红热、脑膜炎等传染病。其运营经费由绅商筹集,因时局动荡,医院运转极为困难。"一•二八"淞沪战事发生后,中国公立医院各种医疗设施毁于一旦:"焚毁房屋二十余幢,所有生财药料与及账簿文卷图记暨各职员衣物行李等物,只因祸起仓促,均未及携带,尽付一炬,所幸新建之病房一所,尚未竣工,未遭波及,然门窗材料等件,亦失去不少,总计损失数十万金以上。"④面对战后疫病继发,中国公立医院在重建一部分病房后开始接诊,但经费难以为继。卫生局考虑到防治传染病应属卫生局负责事项,因此呈文市政府希望接办中国公立医院。在市政府、卫生局的倡议下,中国公立医院召开董事会,认为防疫之事同属地方公益,且常年经费短缺导致中国公立医院无力扩大规模,继续办理不仅财政困难且不利于医院未来发展,决定将中国公立医院租予卫生局,并接受卫生局的改组计划⑤。

---

① 《上海医院疗病近况》,《申报》1920年10月19日,第11版。
② 《公立上海医院改归市办》,《卫生月刊》1934年第4卷第12期。
③ 李廷安:《上海市政府指令第一四二五二号:令卫生局:为据呈报委派朱润深为市立上海医院院长并检具交接清册指令准予备案由》,《上海市政府公报》1935年第157期。
④ 《中国公立医院呈报沪变损失请备案并恳救济》,《同仁医学》1932年第7期。
⑤ 吴利国:《上海市立传染病医院成立经过》,《卫生月刊》1935年第3期。

1933 年 12 月,卫生局接收中国公立医院,并改名为市立传染病医院,并在原有院舍基础上进行扩建,其医疗工作一直持续至"八一三"淞沪抗战爆发。

2. 新建医疗机构

一是建立各区卫生事务所。长期以来,吴淞、高桥、江湾等地因地处乡村,卫生基础设施落后,医疗水平差,当地居民以中医,甚至巫医为主要医疗力量,部分居民对近代卫生观念存在抵触情绪。因此,在卫生资源整合过程中,卫生局计划在各区逐步建立卫生事务所,就近负责周边地区的卫生行政、医疗救治、疫病防治等工作并办理辖区内学校、工厂等相关卫生事宜。建立于 1929 年 1 月的吴淞卫生模范区设立了最早的卫生事务所,此后其他各区卫生事务所相继成立。高桥卫生事务所成立于 1932 年 6 月,沪南卫生事务所成立于 1934 年 2 月,沪北卫生事务所、江湾卫生事务所成立于 1937 年 7 月。各卫生事务所均配备专业的医学人才,并结合当地实际情况,采取多样的工作方式改善当地卫生状况,使华界地区卫生资源分布有所改善,医疗水平有所提高。

二是设立劳工医院。1929 年,卫生局为保障工人健康,拨付经费 20 万元,在小沙渡路修建劳工医院。劳工医院设有内科、外科(附皮肤花柳科)、产科、眼科,含门诊室 4 间,手术室、化验室各 1 间,病床 90 余架,可进行电疗、光疗、化验、消毒等工作。卫生局规定凡持有施诊券或工厂证明书的劳工就诊,除花柳科酌情收取药费外,其余概不收费;住院劳工除膳食费、接生费、六零六注射外,其余费用一切全免[①]。此外,卫生局在规模较大的工厂,如申新第一纱厂、怡和丝厂、中华第一针织厂等均设有小型医药室,或指定特约医院承办劳工卫生事宜。

三是设立闸北诊疗所。闸北地区人口密集,为解决当地居民的疾病诊疗问题,上海卫生局于 1931 年 4 月创设了闸北诊疗所,为居民免费诊疗。至"一·二八事变"爆发前,累计诊疗患者 7 891 人。1932 年"一·二八事变"后,闸北受战事严重影响,为了救治市民,卫生局添设 3 辆巡回诊疗车,

---

① 上海市通志馆年鉴委员会编:《中华民国廿五年上海市年鉴》,中华书局 1936 年版,第 44 页。

巡回于吴淞、闸北各个战争灾区，为市民提供免费的诊疗。

四、卫生宣传与疫病防治

1. 卫生宣传

为了提升民众的卫生意识，上海市政府自 1928 年起开始举办卫生运动大会，至 1937 年 7 月共举办 13 次[①]（见表 6 - 1）。"一·二八事变"之前，卫生运动大会的主题多与家庭清洁、街道卫生、改善市民卫生习惯有关；1932 年"一·二八淞沪事变"爆发，为防止突发疫情，市政府在卫生运动大会中除号召民众清理战区废墟外，也加强了对防疫工作的宣传；1934 年，蒋介石在南昌行营发起新生活运动后，政府对民众日常生活中的卫生习惯更为关注，卫生宣传、清洁活动再次成为卫生运动的主要内容。一般而言，卫生运动大会由开幕、演讲、游行、游园四个部分组成。在开幕式结束后，先由市长带领民众进行街道清扫，随后开始卫生游行，游行队伍一般由市政府、卫生局、公安局、市立学校、医药团体等人员组成，市民参与踊跃。除游行外，大型商场还放映卫生电影，用直观易懂的方式进行卫生宣传。从政府的角度来看，选择卫生运动大会的方式，号召民众参与，"惟仍侧重于大扫除普及之宣传，以增进人民卫生之知识及改良旧有之恶习，期以最少之经费，而得最大之完成"[②]。

表 6 - 1　1928—1937 年上海市政府举办的卫生运动一览表

时间	名称	主要内容
1928 年 4 月 28—29 日	上海特别市卫生运动大会	卫生宣传、卫生商品展览、检查身体
1928 年 12 月 15—25 日	上海特别市第二届卫生运动大会	卫生宣传、全市大扫除、清道考成、拒毒宣传

① 其中，第八届、第十届、第十一届因受"一·二八事变"的影响未能如期举行。
② 《第十二届卫生运动报告》，《卫生月刊》1934 年第 2 期。

续表

时间	名称	主要内容
1929 年 5 月 15 日	上海特别市第三届卫生运动大会	清道夫分段大扫除比赛、儿童卫生、口腔卫生
1929 年 12 月 25 日	上海特别市第四届卫生运动	清道游行扫除、通告市民大扫除
1930 年 5 月 15 日	上海市第五届卫生运动	清道夫清道比赛、卫生宣传
1930 年 12 月 15 日	上海市第六届卫生运动	年前大扫除、卫生宣传
1931 年 5 月 15—21 日	上海市第七届卫生运动周	卫生宣传、注射霍乱预防针
	上海市第八届卫生运动	(未举行)
1932 年 5 月	上海市第九届卫生运动	闸北等战区大扫除、闸北免费注射防疫
	上海市第十届卫生运动	(未举行)
	上海市第十一届卫生运动	(未举行)
1933 年 12 月 25 日	上海市第十二届卫生运动	清道、扫除
1934 年 6 月 19—25 日	上海市第十三届卫生运动大会	卫生宣传(重点防痨)
1935 年 6 月 15—23 日	上海市第十四届卫生运动大会	卫生宣传、禁毒禁烟、防止疯狗病
1936 年 6 月 15 日	上海市第十五届卫生运动	卫生宣传、预防注射、清洁扫除、儿童健康比赛
1937 年 7 月 6 日	上海市第十六届卫生运动	卫生宣传、提灯大会、汽车游行

资料来源:张明岛、邵浩奇主编:《上海卫生志》,上海社会科学院出版社,1998 年版,第 216 页。

为了让市民更直观地感受"卫生",卫生局每年还举办卫生展览,加强对民众的卫生宣传。卫生展览一般与卫生运动大会同时举行,由卫生大会筹办委员会选择市区内交通便捷、人口密集之地布置会场,向民众展示卫生书籍、卫生宣传图画,介绍日常卫生清洁用品及医药器械。展示材料一般由卫生局、中华卫生教育会、中华民国拒毒会、东南医科大学、闸北水电公司、商务印书馆、中华护士会、家庭工业社、化学工业社、冠生园食品厂、固本肥皂厂等组织机构提供①。在展览举办期间,会场同时设有食品部,向居民宣传饮食卫生,防止因饮食问题感染痢疾、霍乱等疾病;设生理、病理模型部,向市民展示细菌及微生物图片、模型等,并介绍简单的防疫知识;设检验体格部,对观展市民进行齿部、眼部等基础检查。

此外,卫生局还采用无线电广播的方式向市民宣传卫生知识,并开展卫生演讲活动。广播作为新型大众传媒方式,它的出现使卫生知识有机会向更多的民众普及,而广播的内容简单易懂,均涉及市民的日常生活,且不受文字、时间、地点的制约,更容易被市民接受。据统计,上海市卫生局通过无线电广播进行卫生演讲,1935 年为 521 次,1936 年达 623 次②。

在卫生行政尚未建立时,报刊便发挥了舆论喉舌作用,不断地呼吁当局建立独立、专业的卫生行政体系。上海特别市政府成立后,独立的卫生行政系统开始运行,此时报刊进一步发挥宣传功能,协助市政府、卫生局更好地进行卫生事业建设。1927 年 7 月 29 日,《申报》开辟卫生教育合辑专项增刊,宣传公共卫生知识,开启了《申报》与民众进行卫生互动的大门③。同年8 月 13 日的卫生教育合辑,从空气、阳光、饮用水、睡眠与饮食等日常生活的细节介绍卫生常识,这种宣传虽少了微生物、细菌等相关生物、医学知识的介绍,但对于民众卫生普及工作而言,影响更为广泛、深刻。为了对儿童进行健康教育,《小朋友》杂志开辟了卫生故事专栏,将卫生局进行的卫生演讲内容改编为儿童易于理解的故事,用以规范儿童的卫生行为;《儿童世界》利用图文并茂的形式,将儿童置于轻松有趣的环境中,向儿童阐述传染病预防、食品卫生、个人卫生等方面的卫生知识④;《儿童教育》杂志则专辟版面,

---

① 《十四届卫生运动明晨举行开幕》,《申报》1935 年 6 月 14 日,第 11 版。
② 上海市卫生局编:《上海市卫生局十年来之公共卫生设施(1927—1937)》,1937 年,上海图书馆藏。
③ 上海特别市卫生局、中华卫生教育会合辑:《上海市之卫生》,《申报》1927 年 7 月 29 日,本埠增刊第 1 版。
④ 《个人卫生和公共卫生》,《儿童卫生》1932 年第 1 期,上海图书馆藏,全文缩微胶卷编号:J-4282 帧-0067。

为儿童健康教育提供讨论交流的平台①。此外,《良友》《时事新报》《苏报》等畅销报刊也对卫生常识进行了多角度宣传。一些医学专业期刊,如《中华医学杂志》等除刊登专业研究性文章外,还有大量涉及居民日常卫生改进的内容。

政府和媒体的宣传,对以西方医学为主体的卫生知识传播体系的形成,尤其对民众卫生知识的普及和公共卫生建设的推进都起到了积极的作用。

2. 疫病防治

明清时期,霍乱、伤寒、鼠疫、天花、猩红热等时疫在上海旧城厢一带时有暴发,且来势凶猛,死亡人数众多。民国时期的城厢地区依旧棚户连片、简屋成群,卫生设施落后,天花、霍乱、伤寒、白喉、猩红热、麻疹、肺结核、流行性脑膜炎等传染病等频频侵袭,周期流行②。在行政力量缺失的情况下,民间虽设有一些临时防疫委员会,采取种痘、打预防针、消毒隔离等防疫措施遏制疫情,但受客观因素制约,收效甚微。卫生局成立后,针对上海的疫病情况,采取强制、免费免疫的措施,扩大疫苗接种面,减少疫病带来的死亡率。

1926年,闸北水厂水源污染引起霍乱流行,发病3140例,死亡366人。卫生局成立后,开始推行免费注射霍乱疫苗。1927年10月又将原慈善团体办理的布种牛痘工作纳入防疫范围。为方便市民接种,卫生局规定:"凡有三十人以上之处,均可请求由局派医前往为之免费布种。"③但在推行免疫初期,市民因对防疫并无概念,对注射疫苗非常抵触。卫生局通过开展各类卫生宣传,张贴简易卫生海报,开展卫生谈话等,向民众普及免疫知识,逐步使民众接受。

学校作为人员密集场所,自然是卫生局免疫工作的重点。1929年3月,吴淞卫生模范区向吴淞区中小学生布种牛痘,预防天花④。次月,卫生局着

---

① 《教育卫生》,《儿童教育》1932年第10期,上海图书馆藏,全文缩微胶卷编号:J-0828 帧-0319。
② 上海通志馆编:《上海防疫史鉴》,上海科学普及出版社2003年版,第6页。
③ 上海市卫生局编:《二十年来上海卫生行政进展之概况》,1931年,国家图书馆藏。
④ 《吴淞卫生模范区学校卫生科开会纪》,《申报》1929年3月14日,第16版。

手整顿学校卫生工作,并提出:"各生接种牛痘每三年一次,至于白喉伤寒霍
乱等病之预防注射,亦可随时施行。"①但此时,实施学校免疫的范围,仅限于
和安小学、务本女中等14所学校,服务学生总数约1万人。其后施行免疫
的学校不断增加,不仅覆盖公立学校,私立学校也纳入其中。除学生外,劳
工的防疫工作卫生局也较为重视。为防止霍乱流行,保证工厂的正常生产,
卫生局定期派医护人员赴厂为工人免费注射疫苗,并致函工厂做好疫苗注
射前的宣传工作。②

在疫病研究方面,卫生局附设卫生试验所,开展医学检验、疫苗研制的
相关工作。1929年2月,上海市卫生试验所与卫生部中央卫生试验所开展
合作,由上海市卫生试验所负责细菌部分,中央卫生试验所负责化学部分。
1930年起,上海卫生试验所工作步入正轨,并开始制造各类疫苗出售,业务
上出现盈余,经费逐渐增长,并逐渐添置器械。据统计,1928年后,每年均有
数十万人次注射霍乱疫苗和接种牛痘(见表6-2)。

表6-2　1927—1936年上海市卫生试验所工作统计表(单位:人次)

年份	霍乱预防注射疫苗	接种牛痘	化学药品物化实验	细菌病理检验
1927—1928	48 906	67 131	304	1 364
1928—1929	125 364	110 073	212	1 875
1929—1930	280 947	133 462	332	6 318
1930—1931	177 584	185 781	328	10 227
1931—1932	562 479	182 344	171	15 610
1932—1933	710 692	222 819	429	11 870
1933—1934	588 841	246 013	935	16 763
1934—1935	461 354	224 946	2 011	24 213
1935—1936	—	20 276	3 351	23 641

资料来源:上海市卫生局编:《上海市卫生局十年来之公告卫生设施(1927—1937)》,1937年,
上海图书馆藏。

---

① 《卫生局整理学校卫生》,《申报》1929年4月13日,第21版。
② 《卫生局将为工人注射霍乱预防针》,《申报》1930年5月20日,第14版。

五、结论

1937 年 7 月 7 日,上海市政府举行上海特别市政府成立十周年纪念仪式,并对十年间各项工作进行展示。但遗憾的是,随着"八一三"淞沪抗战的爆发,这场声势浩大的纪念活动,成为南京国民政府治理上海华界地区各项工作的黄金句号。在 1927—1937 的 10 年间,无论是南京国民政府还是上海市政府,在对待卫生改良的态度上是积极的,行动上也是尽责的。因此,在上海市卫生局的努力下,华界地区的卫生事业得到了长足的发展。

首先,打破了租界垄断卫生资源的格局。10 年间上海华界地区的卫生资源不断扩展,在卫生局的努力下,沪南、沪北地区的医疗机构得到有效整合;公立上海医院、中国公立医院两所大型医疗机构经过卫生局整改后获得进一步的发展;相对落后的城郊、乡村地区卫生事务所相继设立,不仅扩大了卫生服务的覆盖面,解决了当地村民的看病问题,同时也将防疫、卫生教育与宣传工作进一步推进,促进了居民卫生观念的进步;在卫生局的监管下,华界地区私立医院规模也不断扩大。从城市整体上看,卫生资源不再仅仅沿租界分布,开始在华界地区布局并逐步向均衡化发展。

其次,提升了医疗卫生的水平。10 年间,上海华界地区卫生行政从分散、兼办的状态向统一、规范、专业的方向发展。出台的一系列卫生制度与规章为医疗卫生事业提供了有力保障。至 1937 年 7 月,上海卫生局下设三科十四股,同时拥有 10 余个附属机构,包括吴淞、高桥、江湾、沪南、沪北 5 个卫生事务所,2 所市立医院,4 所戒烟医院,还有与公共卫生密切相关的熬油厂等,卫生行政覆盖范围不断扩大。医疗设施也逐渐完善,诊疗人数逐步增加,治愈能力逐渐增强。据统计,1935—1936 年上海市卫生局附属各诊疗院所门诊次数达 313 174 人次①。卫生局还积极开展公共卫生环境的治理,

---

① 上海市卫生局编:《上海市卫生局十年来之公共卫生设施(1927—1937)》,1937 年,上海图书馆藏。

相继开展饮用水检测、消毒工作，有效地遏制了霍乱疫情的暴发。此外，从对饮食卫生的监管、厕所的改造到浮厝的取缔，卫生改良工作越来越接近民众的日常生活；而一年两次的卫生运动大会、卫生展览会的举办，使各种卫生宣传与卫生教育逐渐深入，并向更专业、更长远的方面扩展，华界地区的医疗卫生水平上了一个台阶。

最后，初步实现了卫生改良与"卫民兴族"的有机结合。纵观近代西医东渐的过程，在"排斥—迟疑—接纳—改变"的过程中，南京国民政府无疑扮演着主动的角色。在这 10 年中，由于卫生知识普及的需要以及民族复兴要求的感召，"卫生"被赋予更多的政治含义。在胡鸿基的《大上海卫生设计意见书》中多次提及"民族复兴"一词；在卫生改良过程中，"卫生"并不是单单的医疗行为，它的背后隐藏着民族复兴的愿望，无论政府还是精英都希望通过卫生的改造，改变国民羸弱的身躯，摆脱"东亚病夫"的帽子。这些由政府主导的卫生改良活动，无疑将自强的责任细化到了个人，体现的不仅仅是精英阶层对于民族复兴的参与，更体现出近代化建设过程中政府对民众的有意引导。

但不可否认的是，"限于财力，格于环境"[1]。在卫生改良的过程中，依然存在一些不可忽视的问题。如"一·二八"淞沪战事的发生，对华界地区卫生改良事业带来重大打击，许多成果被付之一炬，而战后大量的修缮工作，使原先并不充裕的市政经费更加拮据，多项发展计划被迫停滞。又如在对待中西医的关系问题上，卫生局也未能科学处理，在卫生改良活动初期，以中医是"旧医"、无法推进卫生事业前进为由对中医予以取缔，后在中医界的抗争下，才得以恢复。

---

[1] 吴铁城：《廿六年元旦告市民书》，《时代报》1937 年 1 月 1 日。

第七章

近现代太湖流域的自然肥料生态失衡与化肥使用

由化肥农药过度使用所导致的水土污染以及生态变化,已成为全球共同关注的现代环境问题之一。2019 年 1 月 3 日,《中共中央　国务院关于坚持农业农村优先发展做好"三农"工作的若干意见》指出,要建设良好的农村人居环境,就必须"加大农业面源污染治理力度,开展农业节肥节药行动,实现化肥农药使用量负增长"①。从历史进程的角度,对工业化以来化肥替代传统有机肥的过程及相关生态变化进行梳理和复原,并对其中的人地关系矛盾及社会应对机制进行剖析,是具有现实意义的学术命题。

本章主要对近现代时期太湖流域的化肥使用过程及自然有机肥料生态系统的相应变化进行个案研究。太湖流域是唐宋以来农业经济最发达的地区,近代以后在上海口岸开放和城市发展的辐射下,又较早受到西方科技和工业品的渗透和影响,是西风东渐的先锋地区,因此对该区化肥使用和人地关系问题进行研究具有典型的个案意义。化肥于清末传入太湖流域,在 20世纪后半期逐渐替代传统有机肥,成为农业主要肥料,到 21 世纪初,化肥的过度使用成为太湖流域水土污染的主要影响因素之一。本章侧重从生态系统角度对化肥替代自然肥料的历史过程和生态机制进行复原,在讨论中也涉及民众生计领域及社会应对策略的相应变化,以期对今天的绿色农业建设有所镜鉴。

一、20 世纪前半期:自然肥料为主及地力的维持

虽然 20 世纪初化肥已经传入江南,但在其后的半个世纪并未得到广泛使用。1933 年,江苏省农村经济调查报告指出,江苏省各县对化肥的采用甚少,仍主要以豆饼、河泥等传统肥料为主②。1937 年,农学家刘瑞生在著名

① 《中共中央　国务院关于坚持农业农村优先发展做好"三农"工作的若干意见》(2019 年 1 月 3日),《人民日报》2019 年 2 月 20 日。
② 《江苏省各县农村经济概况调查》,《苏声月刊》1933 年第 2 期。

的稻作区嘉兴进行农业经营调查,他发现,"进步的农业机械及化学肥料等全部未被利用"①。学者过慈明、惠富平对民国时期江南地区化肥使用状况也做过研究,文章指出,到 20 世纪中期为止,江南地区的农业用肥仍以天然肥料为主,化肥只是起到辅助作用②。不同时期的调查研究或者学术观点均指向同一事实,即民国时期化肥在江南地区并未得到推广。

化肥在江南区域使用的整体情况已如上所述,那么在江南内部,是否由于经济结构和社会观念等方面的不同而存在地方差异?即经济发达或者农业基础好的县份是否更倾向于使用化肥来提高农业产量?以下通过一些地方个案来进一步论证。

先以民国时期江南名县无锡为例进行分析。无锡南滨太湖,大运河贯穿其中,灌溉便利,田地肥沃。因近代以来工农商业发达,素有"小上海"之称。根据 20 世纪 30 年代初的统计,全县有农田 125 万亩,稻田占 60%,桑地占 30%,其余为园艺业,是名副其实的丝米桑蚕之区③。1936 年和 1948年分别有学者对无锡县东吴塘等 11 村的化肥施用情况进行过调查,调查结果显示:1936 年这些村庄的农田施肥全部为饼肥、河泥、畜粪、绿肥等自然肥料,化肥用量为零。1948 年时已有少量农户开始使用化肥,但每亩却只有10 市斤的用量,几可忽略不计,自然肥料的用量则维持过去的水平④。无锡作为江南稻米重要产区,商品经济亦称发达,但其化肥用量在 20 世纪 40 年代末也仅处于起步阶段。该案至少说明,民国时期江南地区的化肥用量与稻米种植面积大小和农产商品化程度高低没有直接关系。

江苏省其他县份使用自然肥料和化肥的情况类似于无锡县。1933 年,江苏省政府对部分县份的农业经济和施肥结构进行过一次摸底调查,结果发现:以产米为主的松江县,农田所用之追肥,以豆饼和猪粪两种为主,"肥

---

① 刘端生:《嘉兴四三一二户农业经营的研究》,《中山文化教育馆季刊》1937 年第 2 期。

② 过慈明、惠富平:《20 世纪前中期江南地区化肥使用状况之考察》,《安徽史学》2014 年第 1 期。

③ 《去年无锡农村概况》,《中行月刊》1934 年第 3 期。

④ 陈翰笙、薛暮桥、冯和法编:《解放前的中国农村》第三辑,中国展望出版社 1985 年版,第 313 页。

田粉因成效少著，乡间已无用者"①。昆山也是产米大县，但这次调查中列出的肥料种类仅有油粕、厩肥、河泥、绿肥、人粪等传统肥料，并未提及化肥②。另一产米县江阴的调查结果显示，农民所用肥料为豆饼、绿肥、猪粪等，虽有提及"肥田粉"一项，但在后面专门备注"采用甚少"③。由此进一步说明，在需肥量较大的稻田区，化肥处于农田用肥链条的边缘位置，农民或有使用，但在时间和空间上均未出现稳定迹象。

目前，并没有直接资料来证明江南任何地方在 20 世纪前半期使用化肥的比例能够与自然肥料相匹敌。过慈明文中用来证明化肥用量较高的地方个案，主要是松江县华阳桥，但文中将该地农田肥料费用笼统地表述为"肥料购入费"，并不专指购买化肥的费用，所用资料也系间接引自曹幸穗《旧中国苏南农家经济研究》一书的相关内容。很显然，当地农民购入的商品肥料不可能全是化肥，而极有可能主要是豆饼、油饼等有机肥，因为在江南地区，饼肥一直是依赖市场供应的大宗肥料。王建革曾经根据 1940 年天野原之助对松江华阳桥四个自然村庄调查的一手资料，对该区的水—土—肥农业生态进行过研究，他并未提及华阳桥有使用化肥的情况，而是指出其仍然保持绿肥、饼肥、河泥等相结合的有机肥状态，文中对冬作绿肥的大量种植和农民对绿肥的偏重也做了特别描述④。

从时间进程来看，20 世纪前半期，化肥在江南的使用从未出现过较长时间的稳定增长，而是经常浮动，甚至出现较大的下降。例如，1925—1934 年曾经出现过化肥进口量激增的情况⑤，上海一批有实力的化肥经销行如民丰行、新利公司等均创办于该时期⑥，江南各地对化肥的需求有所上升。但这种势头却难以持续。国民政府在 20 世纪 30 年代初出台了严格管理化肥流

①《江苏省各县农村经济概况调查：松江县农村经济调查》，《苏声月刊》1933 年第 2 期。
②《江苏省各县农村经济概况调查：昆山县农村经济调查》，《苏声月刊》1933 年第 2 期。
③《江苏省各县农村经济概况调查：江阴县农村经济调查》，《苏声月刊》1933 年第 2 期。
④ 王建革：《华阳桥乡：水、肥、土与江南乡村生态（1800—1960）》，《近代史研究》2009 年第 1 期。
⑤《外国肥料逐年进口统计表》，《中华农学会报》第 128 期，1934 年。
⑥《人造肥料调查报告》，《农工商周刊》第 23 期，1928 年。

通和使用的政策,以应对使用化肥过程中出现的土壤生态、伪劣肥料等问题。之后因战争因素,农业经济环境和肥料供应市场均受到影响。在抗战胜利后的经济恢复时期,由于进口渠道减少以及农村经济困难等原因,化肥在乡村仍然使用甚少。

1947 年,国民政府组织的江苏农村经济调查显示:在商品经济水平较高的苏州浒墅关,农民以河泥与水草混合物作为主要肥料,甚至使用豆饼者都很少。原因是豆饼需要从市场上购买,农民因经济困难无力负担。唯亭的农民也大多用河泥与水草混合作为基肥之用,条件好的农民使用一些猪粪。陈墓的情况与唯亭、浒墅关并无二致①。对于农业基础良好的苏南地区,这次调查报告中基本未提化肥的使用。

1949 年,中国农民银行在江苏省分配美援化肥,但形式大于内容,具体分到各地农民手中的数量对于农田需肥量只是杯水车薪。首批分配的结果是:吴江 580 吨,金山 300 吨,昆山 261 吨,太仓 50 吨。按照分配文件上说的每斤化肥的肥效约合豆饼 5 斤、首批化肥可惠益农田 20 余万亩的标准推算,受益土地每亩仅可得化肥 11 斤,折合肥效相当于豆饼 55 斤②。这样的化肥施用量对于土地需求来说能够达到怎样的水平? 根据 1936 年松江县的农田施肥资料,每亩稻田作为催肥施用的豆饼需用量为 500 斤,其他绿肥、河泥等基肥的数量还要大得多③,由此不难推测,20 世纪 40 年代末江南一些地方的农民通过政府资助渠道获得的化肥(这可能是当时局势下农民获得化肥的主要来源),对于农田所需来说确实是微乎其微。这一案例从反面说明了,自然肥料的主体地位在 20 世纪 40 年代末的江南地区仍然保持稳固,化肥在整体肥料结构中的地位,即使用"补充"和"辅助"来形容也难免牵强。

那么,何以化肥自晚清传入中国后,并未在经济发达的江南地区得到很

---

① 《江苏农村经济调查记录:吴县浒墅关唯亭陈墓三区农业概况》,《苏农通讯》1947 年第 4 期。
② 《经合化肥抵沪　中农办理贷换》,《现代农民》1949 年第 4 期。
③ 羊冀成:《松江米市调查:米之生产成本及各类农户收益之比较》,《粮食调查丛刊》1936 年第 7 期。

快推广？除了以上所提到的政局、战争、农村经济萧条等显性的外部原因，农民等社会群体对土地生态的认知和维护这一观念性因素也发挥着重要作用。

早在20世纪20年代中期，化肥与自然肥料对土地生态的不同效应已受到社会舆论充分关注，其中代表性的观点认为：天然肥料富于各种有机质，有改良土地、增进地力之效，虽催长慢，但不会改变土性；人造肥料缺乏有机质，连续使用，还会消耗土壤中的有机质，使地力递减，虽然催长快，但易引起土壤养分之流失[①]。言下之意，是化肥有拔苗助长、竭泽而渔之患，长期使用下去，土地产出必不能相继，因此对化肥使用必须加以科学管理和限制。20世纪30年代初，社会上对化肥和天然肥料的对比性讨论更多，抵制化肥滥用的呼声日高，这说明化肥对农田生态造成的改变已更为明显。一些文章对化肥持断然否定之态度，提倡重新回到自然肥料时代："（自然肥料）对于植物土地，都无害处，并无人造肥料的危险，因为自然肥料中没有富于刺激性的毒质，所以溶解很慢，植物吸收也是很慢，在发育上没有妨碍。那人造肥料就不同了，溶解太快，植物吸收也会太快，很受刺激，有时不免枯死。并且人造肥料有时在土地中留下酸根太多，植物很受害处。还有许多无用的矿物质，能把土地变坏。所以我们希望农民多用自己所有的自然肥料，少用外国人所卖的人造肥料，不吃利权外溢的亏，农民的生计也就可以稍觉宽裕了。"[②]

政府方面基于农村土壤变化这样的实际问题以及社会舆论的压力，相应出台了化肥管控措施。1931年，国民政府实业部通令各省农矿厅，要求各地根据土质和农作物种类合理使用人造肥料，农事试验场要加强研究，指导农民使用，因为化肥使用不当，"足以为害农作，变坏土壤"[③]。1933年、1934年，浙江省和江苏省建设厅相继设立了化学肥料管理处，其目的是从科学上引导农民根据土壤中矿物质含量选择化肥的种类和施用量，不要盲目滥施，

[①] 陈方济：《对于人造肥料推广之管见》，《中华农学会报》第48期，1926年。
[②] 《劝告农民多用自然肥料拒绝人造肥料》，《农话》第33期，1930年。
[③] 《实业部注重农民使用人造肥料》，《江苏农矿》1931年第3期。

同时要竭力提倡农民使用"本省出产之天然肥料如豆饼、菜饼、棉籽饼等"①。1934年江苏省颁布了详细的肥料管理办法,该办法开宗明义地指出政府应以优先推销国产自然肥料为原则,要杜绝人造肥料弊害,因此必须从源头上对肥料经销商店实行严格的登记证管理②。

社会舆论和政府部门的措施,从根本上还是基于农村因使用化肥而发生的土壤生态问题以及农民对此的反映。根据当时报刊所载,化肥使用的不良效应归纳起来有以下几种情况,均来自基层农村使用化肥后出现的土壤生态效应:氮、磷、钾素搭配不科学产生的土壤变质,地力衰减;连年使用,沃土变为石田;土壤酸性增大,土质变硬;农作物枝叶徒茂,果实不丰;农产物品质下降,口感乏味,易于腐败等③。农民作为肥料的直接使用者,虽然可能一时为追求速效增产而购买化肥(否则化肥何以一直有市场),但当地力衰减出现时,便可能很快放弃化肥而回归到自然肥料。维持土壤地力是农民的生计大事,自然肥料与维持地力的关系,正如民国时期农学家周拾禄所总结,"吾国农业已有数千年之历史,中南温暖之区,皆种植二季,间有年种三季者,消耗地力若是其剧,经过历史若是其久,竟能持续至今而不匮,推厥缘由,咸认为利用天然肥料之结果"④。

施用自然肥料保持地力,是农民种田的常识和习惯,地力好了,豆饼、畜粪等催长庄稼的追肥才能发挥作用。在江南农村,河泥与绿肥是最重要的两项基肥,对维持地力极为关键。其来源广泛,从随处可见的河道湖荡中罱取或者在自家田地种植,方便易得,不需要从市场上购买。在1933年昆山县农业调查中,农家肥料被分为需要购买的种类和农家自产的种类,其中油粕(豆饼)、厩肥、人粪都要全部或部分从市场上购买,而绿肥与河泥则明确

---

① 志耕:《江苏省应设立化学肥料管理所之我见:救济农村经济崩溃有效之法惟有急切实行肥料管理》,《农村经济》1934年第5期。
② 《江苏省统制管理肥料办法》,《无锡县政公报》第108期,1934年。
③ 龙焕文:《人造肥料问题》,《导农》1933年第1期;章祖纯:《浙江省农民施用肥料问题:人造肥料用不得当为害匪浅 提倡利用自然肥料有司之责》,《时事新报建设特刊》(新浙江号),1933年;郭魁士:《江苏省肥料之自给问题》,《国民经济建设》1936年第4期。
④ 周拾禄:《化学肥料与天然肥料经济比较试验法》,《江苏省农矿厅农矿公报》1928年第6期。

说明是不计价值的[①]。在同年度的青浦县调查中,所有肥料项目都被标示了价格,以豆饼为最贵,但在绿肥一项却直接说明"没有价格"[②]。江南稻作区农田的冬作物中,绿肥种植一般占有很大比例。根据1938年满铁对苏南农村的调查,松江县华阳桥镇4个村子水稻面积占耕地94%,为名副其实的稻作区,其冬作物以种植紫云英绿肥为主,占耕地总面积的91%,其余方为少量的冬麦种植[③]。直到20世纪50年代初,稻作区的基肥结构和种植习惯少有变化。例如,1952年冬季,青浦县为保障稻田肥料,种植了63万亩的紫云英绿肥,几乎达到耕地总面积的100%[④]。

至于河塘泥与湖泥,在江南水乡地区更是随处皆有,且肥力甚高,富含鱼类排泄物、鱼饵残渣、水生植物残枝败叶等有机物质。农闲时罱取河泥作为培田之肥,或与水草、绿肥等拌和成草塘泥使用,是江南农民的一项常规性积肥活动。例如,介于昆山、常熟、吴县、青浦四县之间的淀山湖,为湖区农田提供了取之不竭的肥源。1935年,京沪、沪杭甬铁路局对淀山湖区做了一次经济与生态调查,其报告特别强调了湖泥的肥料价值:"滨湖渔民,恃此湖为生者,不可胜数。湖底水草淤泥,可为农田肥料,湖畔农户,咸取给于是。每当春夏之交,四乡农民放船来湖夹取草泥者,络绎不绝,诚天然一富源也。"[⑤]

二、20世纪五六十年代:自然肥料生态失衡

20世纪50年代中期以后,化肥在太湖流域的使用开始出现上升趋势,与之相伴发生的则是自然肥料生态的失衡。当时在工农副渔各业均追求增产的驱动下,水土和肥料资源开发利用的强度空前增大,两种最主要的自然

---

① 《江苏省各县农村经济概况调查:昆山县农村经济调查》,《苏声月刊》1933年第2期。
② 《江苏省各县农村经济概况调查:青浦县农村经济调查》,《苏声月刊》1933年第2期。
③ 曹幸穗:《旧中国苏南农家经济研究》,中央编译出版社1996年版,第15—17页。
④ 《青浦县第一届第七次各届人民代表会议的各界提案》(1952年),上海市青浦区档案馆,档案号:2-1-15。
⑤ 许英:《本路沿线之著名湖泊(一)》,《京沪沪杭甬铁路日刊》第1450期,1935年。

肥料——绿肥与河泥的出产环境与供应链条发生显著变化，客观上造成对化学肥料的需求增加。

（一）河泥、水草生态的变化

20 世纪五六十年代河泥生态循环的变化表现在两个方面。其一，在中小型水面利用方面，受农副业增产的压力，农民不仅占有更多水面养鱼种菱，同时对河泥与水草的需求量也大幅增加；过量捞取，甚至占用水面专门积肥（包括高密度种植水花生、水葫芦等），排斥渔民捕鱼。河泥、水草减少不能维持鱼虾产卵环境，造成鱼虾产量下降，反过来又使河泥肥力下降。其二，在河、荡、湖大水面利用方面，国营渔场进行垄断性养鱼，不许农民种菱等水生作物，结果是菱草等植物腐殖质减少而造成河泥肥力降低。渔场为追求经济效益多养青鱼、草鱼，过分消耗了水草、螺蛳等动植物饵料，造成水底沉积物成分失衡，也导致河湖泥肥力降低。这两种生态变化均驱动农民向自然肥料以外寻求新的肥源，而化肥生产技术的成熟则迎合了这种需求。

水面较小的河浜、水荡与塘洼，在太湖平原地区所在皆有。由于渔民要在水中捕捞鱼虾，农民又要种菱，捞取河泥水草用于积肥，双方竞相扩大生产，产生了严重的渔农矛盾。1955 年浙江省农业厅水产局的报告，指出了这种矛盾的普遍性及其社会和生态背景：

> 近年来由于养鱼种菱生产的发展，捕捞范围缩小，同时农民在合作化运动中积极发展副业捕鱼，并大量捻河泥、捞水草作为农田肥料，附着于泥草中的鱼卵亦被大量损害，鱼虾繁殖量大大减少，以捕鱼为唯一生活来源的渔民，生产日趋下降，生活未能改善。①

小河流较多的上海地区，农民同渔民之间的鱼-肥相争在 20 世纪 50 年

---

① 《关于淡水区捕捞渔民问题的报告》(1955 年)，浙江省档案馆，档案号：J116 - 009 - 061 - 058。

代中期也趋于激化。1955年,上海市委郊区工作委员会对此类事件做的专题分析说:

> 渔民在捕鱼地区往往与当地农民引起纠纷,据目前情况来看,比往年更为严重。农民生产合作社为了贯彻多种生产方针而养鱼,把渔民几十年下的鱼窠捞起,做养牛羊的饲料,也有把渔民安于河中的鱼窠草捞起作为肥料的,这样就破坏了渔业生产,渔农纠纷迭起,一时无法解决。渔民安于松江县泗泾区、新民、民乐、清政、联农等乡的鱼窠,有60%至70%因农民捞草而遭受到了损失。①

1958年之后,许多中小型水面被用来专门积肥,服务于农业生产,自然河泥的出产量进一步减小,并且河泥中的多样化营养成分趋于单一。例如,常熟县有很多乡在积肥中把养鱼的河浜和内塘改为肥料仓库,同时还有些乡把鱼捉起来剁碎作为肥料,乐余乡甚至规定每人要捉3斤鱼作肥料的任务。江阴县在积肥运动中,每个乡都划出200—800亩水面做积肥池,尺把长或有三四斤重的成鱼被搞死在池内成为肥料②。昆山县在1959年留出了4 000多亩水面作为"肥料仓库"③。苏州许多地方在堆制肥料时不顾养鱼生产,将已经养鱼的水面堆制肥料,切断了水产鱼类的饵料来源和繁殖环境④。这种情况下,无论是积肥塘捞出的河泥还是养鱼塘出的河泥,逐渐失去原来"鱼-菱-肥"模式下产出河泥的综合营养成分,导致肥效降低,进而成为农民转向其他肥源的驱动力。

大型湖泊泖荡主要分布在太湖东南部平原上,以前一直是周边农民的

---

① 《中共上海市委郊区工作委员会关于渔民纠纷、社会主义改造等问题的情况报告》(1955年),上海市档案馆,档案号:A71-2-441。
② 《苏州专区各县水产资源勘察调查报告》(1958年),江苏省档案馆,档案号:4072-010-0021。
③ 《昆山扩大养鱼　明年可产百余万担》,《新民晚报》1958年11月2日,第4版。
④ 《江苏省苏州专员公署:关于用池塘堆肥应注意防止影响养鱼生产的通知》(1958年),苏州市档案馆,档案号:H24-002-0045-033。

肥料宝库,其出产的河泥、水草品质优良,惠及范围很广。对于东部最大湖泊淀山湖的肥料价值,1959 年苏州地委的报告如此赞誉:"湖泥肥,水草繁盛,是周围农田的主要肥源,一年四季均可捞取,春夏秋捞水草,冬季罱河泥。由于水草肥效高有机质多,易于腐烂分解,捞取运输亦较便利,早就成为群众所喜欢的一种精肥,其用肥之面积,遍及青浦、昆山、吴江、吴县、常熟等县及浙江地区,受益面积达 15 万亩左右。"①

但湖荡地区自然肥料的供应链条在 20 世纪 60 年代初发生了变化。国营渔场普遍利用大水面养鱼,不许农民入湖捞草罱泥,在养殖品种的选择上,渔场也不顾水中饵料的均衡供给,过量养殖青鱼和草鱼,使河泥、水草、螺蛳的供应出现断档。以地处水网核心的嘉兴县南汇地区为例来具体说明这一变化,该区本来水荡资源极为丰富,历年来人们从水荡中获得肥沃的肥料,以及品种繁多的野生鱼虾和菱、芦、蒿、草等多种水生植物。1956 年以前,这里的农民根本不用化肥,也不种草籽。农民说:"每亩水草、菱秧的肥效,超过 1 亩草籽;1 船河泥抵得上 5 斤化肥;1 担螺蛳抵得上 2 斤化肥。"但国营渔场养鱼后,草鱼吃掉水草,咬断菱秧,青鱼吃掉螺蛳。水草、螺蛳少了,物腐质大为减少,因此河泥既薄且硬,不如以前肥沃。从 1956 年开始,这里的农民不但买起化肥来,而且大量种植草籽。1961 年,南汇公社草籽播种面积达耕地面积的 50%,春粮和油菜籽的种植面积相应地减少了 50%。②

由嘉兴南汇的案例来看,自然河泥的品质降低和数量减少,驱动农民购买化肥,而化肥用量增加,反过来又进一步降低水生物产的质量,二者形成不良循环。苏州地区也出现类似情况。1963 年,苏州地区淡水鱼捕捞大幅度减产,对于其中原因,苏州专署农林水利处总结认为,除了最近几年过分发展养鱼,使菱秧、水草减少,使成鱼的繁殖及幼鱼的生长场所遭到破坏,同时六六六粉、二二三等农药以及化肥的使用也增加了,特别是"刚刚施过农

---

① 《苏州地委农工部关于淀山湖情况调查报告》(1959 年),苏州市档案馆,档案号:H05 - 002 - 0066 - 134。

② 《嘉兴县委办公室:关于嘉兴县南汇地区外荡养鱼问题的调查材料》(1961 年),嘉兴市档案馆,档案号:001 - 002 - 031 - 161。

药就降大雨,对幼鱼杀伤很大,造成鱼源减少、捕捞量下降"①。1965 年,嘉兴县农业局进一步认识到:"近几年农田、菱荡大量施用二二三乳剂、六六六粉等农药和氨水等新化肥,以及民丰等厂有毒废水的大量流放,等等,都直接或间接地杀伤了各类水生动物。"②对于这种被污染的水草与河泥,农民采集的少了,转而求助于化肥。

(二)绿肥生态的变化

江南冬作种植的绿肥主要有紫云英、金花头、蚕豆、草头等品种。关于绿肥的肥效,1955 年上海市委郊区工作委员会根据实际调查做出的估算是,"一亩绿肥根可折合饼肥一百斤"。此外,绿肥茎叶还可用作猪羊饲料,猪羊粪又是肥效很高的农田肥料。草头、蚕豆等品种还可上市作为食用蔬菜出售,综合经济价值也较高③。南汇县的经验是:"种好一亩绿肥可解决 2—3亩水稻基肥,能减少商品肥用量,大大降低了农业成本。"④轮种和施用绿肥均有助于滋养和保持土壤肥力,对此江南民间流传着各种说法。在浙江鄞县,农民说:"人要补桂圆枣子,地要补河泥草籽""早稻好,看花草绿肥"⑤。南汇县农民中流传着:"绿肥是田猪油""猪粪黄菱草,农家二个宝""草头种二年,孬田变好田"⑥。田地种植绿肥一般采取轮作的方式,对改良土壤和恢复地力都有好处,"2—3 年内轮作一次绿肥,泥头疏松耕性好,改善结构地力高,各种庄稼适宜种。特别是东部沿海地区,土壤黏性重,盐分含量高,连年

---

① 《苏州专署农林水利处:关于当前水产生产情况》(1963 年),苏州市档案馆,档案号:H34 -
002 - 0016 - 038。
② 《嘉兴县农业局关于捕捞渔民问题的报告》(1965 年),嘉兴市档案馆,档案号:031 - 001 -
139 - 035。
③ 《周志凯在中共上海市郊区工作委员会农村工作会议上的发言稿——大力发动群众积肥,充分
挖掘各种肥源,及时保证商品肥料的供应》(1955 年),上海市档案馆,档案号:A71 - 2 - 404 - 1。
④ 《上海市南汇县农林局关于绿肥座谈会的情况报告》(1961 年),上海市档案馆,档案号:A72 -
2 - 850 - 136。
⑤ 《鄞县农业局:关于绿肥生产意见(一)》(1980 年),浙江省档案馆,档案号:J116 - 031 - 027 -
113。
⑥ 《上海市南汇县农林局关于绿肥座谈会的情况报告》(1961 年),上海市档案馆,档案号:A72 -
2 - 850 - 136。

旱作,种植绿肥对改良土壤效果更为显著"①。

在 20 世纪 50 年代,江南地区绿肥种植和施用还保持着传统习惯。1952 年,全国农业工作会议要求云贵川及江南各地发扬传统优势,推广种植绿肥,给江南地区定的指标是将绿肥种植面积扩大到 5 000 万亩,约等于在解放前的基础上增加 20%②。江南各地农业管理部门也注意加强对绿肥科学施用方法的研究,指导农民不断拓展绿肥的适用范围,发挥绿肥改良土壤的效力。1956 年,上海市农科院一份报告指出,绿肥对于水乡低洼积水的荡田具有显著作用,比施用化肥的效果要好:"荡田种麦,只要施用有机质肥料是能种好的。如果不施有机质肥料,即使施很多田粉,麦子还是长不好。"③在上海市农科院的指导下,地势低洼的青浦县通过施用绿肥等有机肥改良了一大批低荡田,并且在 50 年代末达到一年种两熟的程度。

但是进入 60 年代,绿肥种植面积出现明显下滑,与之相伴的是化肥使用量节节攀升。以上海市郊区为例,化肥用量呈直线增长的态势。马桥地区是上海市西南郊的稻棉产区,1964 年,上海市农科院对该区肥料结构的调查显示,解放前化肥的用量很少,解放以后,化肥的应用才逐年发展起来,尤其以 60 年代增幅很大。1951 年,该区每亩耕地平均施用 0.73 斤化肥,1953 年,每亩耕地的化肥用量即达 5.3 斤,较 1951 年增长 7 倍。1956 年达 13.9 斤,较 1951 年增长 19 倍。1959 年后增速明显加快,每亩耕地施用化肥 34.2 斤,较 1951 年增长了 47 倍。到 1963 年,化肥用量较之 1959 年又几乎翻了一番,达每亩 56.9 斤,约为 1951 年的 78 倍④。

就整个上海郊区的农业土地面积和施用化肥量而言,1959 年,上海市农

---

① 《上海市南汇县农林局关于绿肥座谈会的情况报告》(1961 年),上海市档案馆,档案号:A72 - 2 - 850 - 136。

② 《中央人民政府农业部:函知做好绿肥推广留种及供应工作仍希你省将现有绿肥面积统计报部由》(1953 年),浙江省档案馆,档案号:J116 - 007 - 017 - 078。

③ 《上海市农业科学院关于转发"上海市青浦区低洼荡田三麦生长不良调查报告"的通知》(1956 年),上海市档案馆,档案号:B45 - 5 - 508 - 42。

④ 《马桥地区现阶段化肥应用问题的调查研究——上海市农业科学院马桥调查队土肥组奚振邦在上海市农业科学技术工作会议上的发言稿(16)》(1964 年),上海市档案馆,档案号:B10 - 2 - 26 - 43。

委对郊区统计的农作物耕种面积是 560 万亩土地,计划供应化肥 65 842 吨,
每亩平均分配的标准是 11.75 公斤(氮、磷、钾类化肥均含在内)[①]。到了
1978 年,上海市农业局再次对郊区化肥施用水平进行调查,结果是,当年共
有耕地面积 540 万亩,仅施用氮肥一项就达到 529 600 吨,每亩平均用氮肥
105.8 公斤[②]。经过 20 年时间,上海郊区的亩均化肥施用量至少增长了
10 倍。

　　事实上,从 20 世纪 60 年代初期开始,绿肥种植面积下降的幅度也十分
显著。其主要原因是,各地追求提高复种指数、扩大耕地面积和增加粮食产
量,挤占了绿肥种植的空间,即重粮轻肥。复种指数越是提高,越是没有空
余的土地种植绿肥。以稻米产区青浦县为例,在 50 年代以前,青浦县除低
荡田一年种一熟外,种植制度一般为一年种两熟,即夏熟种三麦(或油菜)、
绿肥、蚕豆(其中是有大面积绿肥的),秋熟种植水稻或玉米、棉花。到了六
七十年代,低荡田经过改良变成一年两熟,多数田地改成了一年三熟制,80
年代粮食复种指数已经达到 1:1.8[③]。60 年代初,青浦县为了增加耕地面
积,采取了"平整田埂、填平小沟小浜,利用田边地角,田角小荒地并入大田"
等多种办法,将一切可利用的零星分散田土都种上庄稼。赵巷公社里浜大
队地势最为低洼,低荡田面积大,1963 年为提高夏粮复种指数,将 800 多亩
处于正常水位以下的冬闲田,通过建闸控制的办法也种上了夏熟作物。种
植面积虽然扩大了,其中却没有绿肥的位置[④]。

　　在不惜代价扩大粮田面积和增加粮食产量的情况下,留出大片土地种
植绿肥被认为是一种浪费。20 世纪 80 年代以后,城市化发展使更多土地用
来种植经济作物和蔬菜,耕地面积也逐年减少,这种情况下提高复种指数和

①《中共上海市委农村工作委员会关于当前郊区化肥、农药生产上的几个问题和意见》(1959
　年),上海市档案馆,档案号:A72-2-1007-78。
②《上海市农业局革命委员会关于上海市、郊区化肥施用水平的调查报告》(1979 年),上海市
　档案馆,档案号:B1-9-55-56。
③ 陈龙娟等编著:《上海市青浦区耕地地力调查与质量评价》,上海科学技术文献出版社 2008
　年版,第 7—12 页。
④《赵巷公社里浜圩区水利情况调查表》(1981 年),上海市青浦区档案馆,档案号:26-2-
　167-10。

单位面积产量更成为保障粮食生产的唯一出路。根据 1983 年青浦县区划办种植业小组的调查,全县为提高复种指数,实行以下几种作物搭配方式:麦-稻-稻、麦-瓜-稻、麦-棉-菜、麦-饲料-稻、菜-早稻-菜、马铃薯-玉米-菜,从中可见,稻米、经济作物、蔬菜、瓜果成为主打品种,绿肥基本被完全挤出种植空间[①]。

绿肥减少势必引起有机肥源紧张,农业管理部门曾一度采取措施来恢复绿肥的种植,或者提高绿肥的单位产量。1961 年,南汇县农林局针对绿肥连年低产的情况召开专门座谈会,认为原因是管理部门和群众都认为绿肥不是主种作物,普遍存在重粮轻草的思想,影响了绿肥田间管理和产量。会议决定以后应当减少商品肥(如化肥和豆饼)用量,尽量恢复到以前的绿肥种植水平,因为绿肥是庄稼最优质的肥料,最易被田地所吸收[②]。1964 年,上海市农科院对上海郊区马桥公社肥料应用的调查发现,由于复种指数提高,绿肥种植被大面积压缩。鉴于大城市郊区耕地面积有限,提出设法使现有种植的绿肥最大限度在生产中发挥作用,尽量提高现有绿肥的单产,并尽可能安排间作混种绿肥。此外,还应当用其他肥料来弥补被压缩的绿肥数量,例如加强罱挖河泥的次数,提高农村有机废物如杂草、畜粪等的利用率,发展养猪增加厩肥,以及利用城市垃圾等[③]。到 80 年代,虽然青浦县化肥使用量已经成倍增加,但政府仍然鼓励农民多积有机肥、部分恢复有机肥的种植,因为有机肥料不足不仅使农业成本提高,也影响了地力[④]。

但问题是,尽管农业管理部门一直比较重视绿肥的作用,对恢复绿肥种植也有所举措,但绿肥下降的趋势并未停止。至 80 年代初,上海郊区的绿

① 《青浦县区划办种植业小组:提高复种指数是今后粮食生产的必由之路》(1983 年),上海市青浦区档案馆,档案号:23 - 2 - 345 - 38。
② 《上海市南汇县农林局关于绿肥座谈会的情况报告》(1961 年),上海市档案馆,档案号:A72 - 2 - 850 - 136。
③ 《马桥地区现阶段化肥应用问题的调查研究——上海市农业科学院马桥调查队土肥组奚振邦在上海市农业科学技术工作会议上的发言稿(16)》(1964 年),上海市档案馆,档案号:B10 - 2 - 26 - 43。
④ 《关于我县 1981 年调整粮棉油作物结构的初步设想》(1980 年),上海市青浦区档案馆,档案号:23 - 3 - 305 - 260。

肥面积从 20 年前的 100 万亩左右减少到 67 万亩,有些报种绿肥的田地实际上种了别的作物,因此真正种植绿肥的面积可能更小。对此,上海市农委的总结是,"粮食生产任务越来越重,许多社队挤绿肥种粮食"。农委文件指出,这种情况若长期延续下去,将会造成由于缺乏有机肥而使地力减退的严重恶果,对农业生产十分不利①。不仅是绿肥种植面积减少,绿肥生产的一些传统经验也逐渐丢失,影响了绿肥单产。浙江省鄞县农业局 1980 年的总结报告说:全县绿肥面积由 50 年代 40 余万亩减少到 30 万亩以下,而且绿肥生产上一些好的传统经验,如擦种去腊、牛骨粉拌种和稻草灰等,已经被丢弃,过去种每亩绿肥要用 20 斤以上的牛骨粉,现在牛骨粉一度断绝供应,即使有少量供应质量也很差②。这说明绿肥产量的减少不仅仅是粮食作物挤占的结果,其背后实际上是整个农业生态系统和社会经济环境的变化。因此恢复绿肥种植是一个生态和社会的系统性工程。

三、20 世纪 60 年代后:以化肥为主导及其生态效应

20 世纪 60 年代以后,太湖流域肥料结构中自然肥料与化肥的地位发生了倒置,化肥逐渐成为主导性的农业肥料,而与之相关的土壤肥力衰减、水污染等问题,也逐渐凸显出来,成为备受社会各界关注的民生与环境问题。

(一)地力衰减

化肥成为农业主要肥料的现象,首先发生在经济作物比重大、需肥量多的城市郊区。马桥公社位于上海市西南郊,水稻、棉花、油菜、蔬菜、水果等多种作物兼种,一向是上海都市的重要物资供应区。1964 年,上海市农科院对马桥公社的土肥情况进行调查,发现其肥料结构与 60 年代以前相比具有

---

① 《上海市农业委员会关于陈侠提议合理调整耕作制度,郊区绿肥计划面积,要求保证种足种好的议案处理情况报告》(1981 年),上海市档案馆,档案号:B250 - 5 - 148 - 27。

② 《鄞县农业局关于绿肥生产意见(一)》(1980 年),浙江省档案馆,档案号:J116 - 031 - 027 - 113。

明显变化:原来以有机肥料为主,以化学肥料为辅;以基肥为主,以追肥为辅;以自给肥源为主,以商品肥料为辅。现在商品性的化学肥料成了主角。调查组还发现,化肥成为主导肥料引起了该区整体施肥水平的大幅度提高,使得农业成本增加。在化肥大量应用以前,马桥地区主要以农家自制的红花草及草塘泥作基肥,使用猪粪数量不多,作为晚稻追肥之用。按照这种施肥习惯,基肥是主要的,占总施肥量的50%—60%,追肥只是辅助性肥料。而60年代以后,追肥改成了化肥,并且成了主要肥料,追加化肥的次数和数量直线上升。过去晚稻只追肥1—2次,目前一般都追肥4—6次,追肥占总施肥量的80%左右,大大超过基肥的数量。

20世纪50年代末为适应农业对化肥需求的增加,大城市郊区及所属县区兴起建设小型化肥厂的热潮,并且在技术上进行革新,注重提高产量,所产化肥主要是弥补国营化肥厂供应量的不足。小化肥厂的不断增建和密集分布,说明化肥日益成为主导性的农田肥料,这在农业商品化率较高的地区(例如城市郊区)尤其明显。1959年,仅上海市郊区就建成县属化肥厂26个,当年计划生产化肥1.5万吨,占郊区农田所需化肥总量的1/4[①]。此外各县还建成了一批乡镇化肥厂,浦东县3个人民公社就建有8个化肥厂,既有公社办的,也有大队办的,分别是高行化肥厂、二塘化肥厂、钱乔化肥厂、和平化工厂、民生化肥厂、张乔化肥厂、凌乔化肥厂、六里化肥厂。这8个乡镇厂的肥料产量达到年产2 500吨的规模[②]。1961年,上海郊区各化肥厂的总产量达到了2.7万吨,比1959年产量翻一番,也说明各区县农田施用化肥的水平进一步提高[③]。

大城市郊区由化肥大量施用引起的地力衰减效应,早在20世纪60年

---

① 《中共上海市委农村工作委员会关于当前郊区化肥、农药生产上的几个问题和意见》(1959年),上海市档案馆,档案号:A72-2-1007-78。

② 《上海市浦东县工业部关于化肥生产情况报告》(1959年),上海市档案馆,档案号:A70-2-39-8。

③ 《中共上海市委农村工作委员会、中共上海市委工业生产委员会、中共上海市委经济计划委员会关于1962年化肥生产和供应问题的请示报告》(1961年),上海市档案馆,档案号:A72-2-862-51。

代中期就已引起群众的注意。前述上海市郊马桥公社由于化肥大量使用，确实使作物产量在短时间内增幅很快，如晚稻单产由 1952 年的 455 斤提高到 1963 年的 660 斤，但田地也出现了对化肥的依赖性，化肥越施越多。群众担心化肥用下去难以从长远上提高产量，对地力损耗太大，他们说，"化肥用多了会使土壤发板，要拔地力使土质变坏"，因此他们考虑还是要恢复有机肥，至少要与化肥搭配使用①。

笔者在查阅 20 世纪六七十年代长三角地区的农业档案时发现，不顾水土条件而盲目多施化肥，不但没有提高产量反而带来负面生态问题的案例，在各地农村时有发生。这说明由盲目增加化肥施用而引起的"水土不服"现象日益扩大。以下略举几例以说明。

青浦县低洼水田多，又有一部分高亢地，水土条件不均衡，兴修水利、改土治田的任务一向很重。1971 年，洼地区的练塘公社林家草大队 900 多亩早稻出现了将近 200 亩的僵苗，这些僵苗在移栽后不见返青，秧梗细软黑根多，干群想不出解救的好办法，就拼命追施化肥。结果化肥施掉不少，稻苗仍旧不好，苗势不平衡，结果产量还不如前些年。而且由于弃用了有机肥，使得庄稼病虫害加重了②。赵屯、白鹤、徐泾等公社则地势较高，有将近 8 000 亩高亢地，不宜种稻，于是群众改种棉花，也是通过多施化肥的办法提高产量。但是棉花产量仍然很低，在 80 年代初亩产皮棉只有 46.9 斤③。

青浦县几个地方通过多施化肥的办法来增产，并未收到好的效果，而且还引起病虫害及地力衰减等问题。其中道理正如青浦县农业局后来所分析的：在未改善土壤水分条件和土壤吸收性的情况下盲目施用化肥，不仅不能提高产量，反而造成地力早衰。所以农业局给出的建议，仍然是以传统的办

---

① 《马桥地区现阶段化肥应用问题的调查研究——上海市农业科学院马桥调查队土肥组奚振邦在上海市农业科学技术工作会议上的发言稿(16)》(1964 年)，上海市档案馆，档案号：B10 - 2 - 26 - 43。

② 《练塘公社林家草大队早稻高产经验发言》(1980 年)，上海市青浦区档案馆，档案号：23 - 3 - 305 - 138。

③ 《县农业局关于高亢地棉花的改造设想》(1983 年)，上海市青浦区档案馆，档案号：23 - 2 - 345 - 51。

法,即以有机肥滋养和改善水利排灌相结合的办法来治理这些高田与低田[1]。由此可见,所谓化肥能够快速提高产量,其实是在水土条件良好的基础上发生作用,对于治田治土、调整地力,还应以自然有机肥料为根本。

浙江省嘉湖平原治理桑园的例子也具有代表性。嘉湖地区历史上是优良的桑蚕经济区,桑园所用的肥料,以前主要是河塘泥、堆厩泥、人粪尿、油饼等自然有机肥,其中河塘泥肥效最好,持久性长,而且所在皆有、肥源充足。清初张履祥《补农书》将桑园施河泥的重要性比喻为“家不兴,少心齐,桑不兴,少河泥”[2],称桑园中“泥之为益尤巨,盖一岁中雨淋土剥,专借此泥培补,根乃不露”[3],可见河泥对桑园具有长远的滋养地力之效。20世纪80年代以后,为了进一步提高桑叶产量,嘉湖一带桑园偏施酸性化肥,有机肥用量普遍减少,结果使桑园土壤酸化日益严重,不仅桑叶总产量不见提高,还出现大面积桑树衰败或死亡的情况。作为矫正措施,90年代又开始在桑园增施各种有机肥,并添加石灰来中和土壤酸性,土壤养分渐有改善[4]。浙江桑蚕区的案例同样说明,化肥促进作物生长的效用毋庸置疑,但往往以降低土壤本身养分为代价,在供给土壤和作物营养元素的全面性以及吸收的畅通性方面,远不如来自自然界的有机肥。

(二) 水污染

前文在讨论20世纪五六十年代河泥生态的变化时,已略论及化肥和农药的大量使用对水环境造成了污染,使得河泥对土壤的滋养性降低,这也是农民弃河泥而不用的原因之一。事实上,化肥农药过量使用所带来的面源污染,具体到水环境的变化,不仅影响到传统有机肥的产出、农业水利等生

---

[1] 《县农业局关于高亢地棉花的改造设想》(1983年),上海市青浦区档案馆,档案号:23-2-345-51。

[2] (清)张履祥辑补,陈恒力校释:《补农书校释》(增订本)上卷“运田地法”条,农业出版社1983年版,第59页。

[3] (清)沈练:《广蚕桑说辑补》卷上《培养桑树十九条》,载《农书三种》,中国书店出版社2010年版,第266页。

[4] 《浙江省蚕桑志》编纂委员会编:《浙江省蚕桑志》,浙江大学出版社2004年版,第93页。

产领域,而且对民众饮水等生活领域和身体健康也有影响。

20 世纪 60 年代以来,不断增加的化肥、农药使用之后的残留物与大量排放的工业污水一起,成为江南地区河流、湖泊等水体污染的两大污染源。1983 年,华东师范大学环境科学研究所对上海市近郊蔬菜产区进行水质污染调查,报告指出,上海近郊密集分布的工厂与农田大量施用化肥、农药,都对河道造成了严重污染。在外围乡村地区,工厂企业相对较少,化肥农药则成为河流最主要的污染源①。大量化肥农药残留物质通过土壤水分循环进入地表水体,造成水体富营养化,影响民众饮水卫生,在 80 年代以后的江南地区已经成为突出的社会经济和生态环境问题②。

在化肥成为主导性肥料之后,传统有机肥物质归田的路径进一步被阻断,肥—土—水循环出现新的格局。就江南地区的地理环境特点而言,主要是原来有用的肥料物质变成无用,而其中一部分被弃入周边环境,却不像原来一样被消化和吸收。比如,畜禽粪原先是优质的农田作物追肥材料,后来却成了无处投放的废物,养殖户将其倾弃于河道等处,对水体和周边环境造成了污染。养殖场现在成了环境污染源,从某种程度上可以说是肥料生态循环被改变的结果。再比如,由于化肥取代河泥、水草等有机肥,人们不需要再定期地从河道中采挖河泥和割取水草,河道物质循环缓慢甚至停滞,这些都加重了河流淤塞和水体富营养化的进程。而为了治理环境而疏浚河道,挖出的河泥也不像以前一样用之于肥田培土,而是要设法另谋出路。其他如生活垃圾,也不再具有沤肥的用途。总之,化肥作为外源性的无机物质而大量介入农田,使原先较为封闭的农业生态循环以及农业与生活圈的联系重新组合。

四、结语

本章旨在从生态系统的角度,对近现代时期太湖流域农业肥料结构的

---

① 《上海市近郊蔬菜区水质污染调查报告》(1983 年),上海市档案馆,档案号:B323 - 1 - 113 - 155。

② 杨家曼、张士云:《判断我国主要化肥污染区及其对策建议》,《山西农业大学学报(社会科学版)》2014 年第 1 期。

转型及其背后的人地关系机制进行梳理,在复原过程中注意联系目前农业用肥中的现实问题,即,为什么在化肥替代传统有机肥成为主导肥料之后,经历还不到半个世纪的时间,人们又回归到对传统有机肥价值的重新认识和恢复使用?这实际上是工业化时代许多新科技所面临的社会与生态伦理问题。现代科技在给人们带来物质享受和生活便利的同时,也引起了人和自然关系的巨大变化,这一矛盾使国际社会更加理性地判断科学技术与人们生存环境的关系尺度,并不断探索矫正措施[1]。本章所研究的太湖流域化肥使用与生态变化的具体案例,正是一个区域尺度的化肥科技与农业生态甚或人们生存环境关系的反思。通过对这一典型地理环境区域肥料结构转型及其生态效应过程的梳理,获得以下具体启示:

(一)无论是农民还是政府,都十分重视农田地力的维持,因为这是农业可持续发展的根本因素,人们对肥料的选择,取决于其是否有利于维持土壤肥力。虽然在20世纪五六十年代促使化肥成为主导性肥料的因素是多方面的,例如追求快速增产、以粮为纲、重粮轻肥等,使得自然肥料的使用量下降,并被化肥所替代,但从长期历史进程来看,有机肥更适合保持地力,也较少产生污染环境的附加物,所以当化肥引起的地力衰减问题出现时,农民、社会舆论、政府等方面,逐渐重新认识传统有机肥的价值。实际上,在20世纪30年代,社会上对化肥减损地力的问题已有清晰的认识和反思,也及时阻止了化肥用量的增长;但到20世纪50年代后,在一系列社会经济因素的推动下,化肥还是替代有机肥成为主导性肥料;之后却好景不长,相继出现的地力减退、水污染等环境问题,又开始促使社会对化肥使用进行限制。20世纪百年内化肥使用的起伏跌宕过程说明,适合维持人与土地关系和谐发展的肥料才是好肥料,人们需要的不仅是暂时的增产,可持续的生存环境和生产环境也同样重要。在这一点上,有机肥经受住了历史的考验。

(二)传统自然肥料生态可以恢复和重建,但却是一个基于地理环境修复的系统性工程,并不是单纯减少化肥农药使用即可实现的。太湖流域属

---

[1] 程倩春:《论生态文明视域下的科技伦理观》,《自然辩证法研究》2015年第3期。

于典型的大河三角洲水网平原环境,传统以河泥和绿肥为主的肥料结构与
其地理环境相适应,具有源源不断的供应源头和通畅的供应链;但在 20 世
纪五六十年代,因河湖养鱼和围垦占用水面、片面追求粮食增产、消灭血吸
虫病填平河道水体等因素,有机肥的生产环境大幅度改变,才造成化肥需求
的快速上升。现在控制使用化肥,就需要从重建有机肥产出环境做起,例如
恢复河湖水面,沟通河网,提高水流自净能力等。有良好的水土环境作为基
础,不仅将会肥有所出,而且将肥有所归。这也正是本章将太湖流域的肥料
使用问题放在生态系统框架内进行审视的初衷。

第八章

"以农为纲":大跃进时期太湖流域的联圩并圩

一、从小圩体系到联圩并圩

1. 小圩体系的缺陷

太湖流域水网圩田系统的形成,经历了一个长期的开发过程。春秋时期的围田是圩田的雏形,至唐代因经济发达,太湖流域平原洼地围垦逐渐增多,在湖东地区开始出现规格成片的大圩,圩田范围一般在 1—3 万亩。北宋初期,大圩因不适应小农生产体制,塘浦圩田渐见解体,数万亩的大圩大多分割成以泾浜为界的数百亩小圩。此后,小圩体系虽经历代完善,但总体格局未发生大的变化,一直维持到新中国成立初期。

新中国成立初期,太湖流域圩田布局形式主要是民国时期遗留下来的抗灾能力较低的小圩体系(又称"鱼鳞圩"),每处圩区面积多在几十亩至几百亩,万亩以上者甚少。如苏州地区有圩田 300 余万亩,分布在一万多个小圩内,其中吴江县有鱼鳞圩 2948 个[①]。又如常州地区,武进、溧阳、金坛共有圩区 3077 处,圩田 87.18 万亩,圩堤长 4781 公里,平均每处圩区 283 亩,堤长 1.55 公里[②]。这种小圩体系存在着严重的缺陷。

(1)地势低洼,外河水位经常灌入田面。如苏州专区 240 万亩圩田中,田面高度 2.4 至 2.6 米的有 25 万亩;2.6 以上至 3.0 米的 80 多万亩;3.0 以上至 3.4 米的 70 多万亩;3.4 以上至 3.6 米的 50 多万亩;部分在 3.6 米以上。而太湖汛期常水位在 3.0 至 3.2 米,一般高水位为 3.5 至 3.6 米,故大部分田面经常低于外河水位,圩内雨水经常不能向外排泄[③]。

(2)圩子小,工程基础差,容易出现险情。苏州专区四面临河的圩子共

---

① 苏州市水利史志编纂委员会编:《苏州水利志》,上海社会科学院出版社 1997 年版,第 200 页。

② 王同生编著:《太湖流域防洪与水资源管理》,中国水利水电出版社 2006 年版,第 32 页。

③ 江苏省苏州专员公署水利局:《苏州专区圩区水利工作情况介绍》(1956 年 12 月 25 日),苏州市档案馆,档案号:H36-001-0001-34。

有 1 万多个,平均每个圩子面积不到 240 亩,千亩以上的大圩很少,一般圩子只有 150—300 亩左右,百亩以下甚至十多亩的圩子亦不少。根据震泽县统计,全县 174 个圩子,其中 50 亩以下的小圩 86 个,50—100 亩的 42 个,100—150 亩的 13 个,150—300 亩的 11 个,300 亩以上的只有 22 个。这些小圩"普遍堤身矮小,坡度不足,达不到工程标准质量要求,抗洪能力低,渗漏情况严重,加上风浪大,险工多,更容易出险"①。

(3)圩子内部,排水设施陈旧,排涝能力薄弱。一些圩子,由于历年来沿河罱泥以及开河堆土,形成四周高、中部低的锅形田。有些圩子则因田面高低不平,高田之水流放低田,内部又缺少排水沟,"低田之水没有出路,只能先车到内河,再由内河车向外河。一次积水要经两道排水手续"②,加之戽水工具十分简陋,排水力量严重不足,且易引起高低田间群众纠纷。

基于以上原因,"圩区外不能抗洪,内不能排涝,加上通江、通湖主要河道淤塞,出水梗阻;各港口缺少节制水闸,江潮倒灌顶托,暴雨以后,外河水位因宣泄不畅而逐日累涨,内部积水又不能及时排出,故经常遭到水涝灾害,群众所谓'小雨小涝,大雨大涝,有雨必涝'"③。

民国时期太湖流域"水利面貌是满目疮痍"④,洪水灾情屡屡发生。杭嘉湖地区经常出现"一年四季,常年排涝的局面。全区共有易涝面积 300 万亩,解放前每年约需车水人工 2 100 万工"⑤。1931 年大水,太湖地区"水涨塘没,河港一片,田中积水 1—2 米的重灾区达 500 万亩以上"⑥。灾情以苏南为重,浙西次之,宜兴、溧阳、金坛、镇江一带受灾耕地占总面积的 29％—56％,德清、安吉为 22％—37％,江阴、常熟、昆山均在 30％ 左右⑦。1939

---

① 江苏省苏州专员公署水利局:《苏州专区圩区水利工作情况介绍》(1956 年 12 月 25 日),苏州市档案馆,档案号:H36 - 001 - 0001 - 34。
② 同上。
③ 同上。
④ 《十年水利》,吴江市档案馆,档案号:2012 - 1 - 9。
⑤ 嘉兴专署水利局:《嘉兴专区打坝并圩预降内河水位情况介绍(摘要)》(1960 年 4 月 15 日),湖州市档案馆,档案号:79 - 15 - 22 - 29。
⑥ 江苏省地方志编纂委员会编:《江苏省志·水利志》,江苏古籍出版社 2001 年版,第 153 页。
⑦ 王同生编著:《太湖流域防洪与水资源管理》,中国水利水电出版社 2006 年版,第 65 页。

年,在暴雨洪水的袭击下,"吴江、吴县沿东太湖四十万亩农田全部覆没,(苏州)全市因洪致涝 107 万亩,沿湖淹死 500 余人"①。镇江地区受涝成灾面积 15.15 万亩,受灾人口 10.6 万;昆山县 39 万亩农田被淹,其中 8.79 万亩农田绝收;太仓县 12 万亩农田受淹,倒塌房屋 6 000 余间;常熟县禾苗大部被淹②。

新中国成立前,太湖流域圩堤到处决口破堤,损坏严重。据苏南水利局调查,沿大河大荡的圩堤溃决破堤长达 10%—20%,刷去外坡,危及堤身长度达 20%—40%;一般圩堤因高度不足被浸顶漫水长度达 20%—40%;还有不少半高田因无堤挡水而淹没③。譬如,吴江县"圩堤低矮单薄,千疮百孔,河流有网无纲。每到大水期间,太湖之水大量涌入县内乱窜。特别是台风或大风来临时,太湖每个大湖荡风浪大作,无情地冲击着沿岸的险工,造成倒圩淹田的灾害。每当大雨来临,田中积水就无法排除,形成内涝,更苦的是圩心田,终年积水,只能种一季早稻"④。

新中国成立后,经过土地改革,农民分到了土地,生产积极性高涨,迫切要求解除水患。但由于战争刚结束,政府财力有限,水利工作"只能以防洪为主,有重点地举办排涝工程,发动群众培修河湖圩堤、浚沟、撩港"⑤。各县成立了"水利委员会""水利工程处"或"低田复圩工程处"等机构,发动群众开展治水活动,逐步提高防洪能力。据不完全统计,仅苏州地区 1949 年即完成土方 388 万立方米,动员民力十数万人,发放工赈大米 142 万公斤⑥。

1950—1953 年,以复堤修圩为中心的农田水利陆续展开,其基本做法是:对宅基、车口、牛爬滩等历来缺堤地段和半高田无堤小圩,补筑圩堤;对

① 苏州市水利局:《现有水利工程状况和今后水利工作意见(初稿)》,吴中区档案馆,档案号:B9 - 85 - 332。

② 卞光辉主编:《中国气象灾害大典·江苏卷》,气象出版社 2008 年版,第 34 页。说明:原文农田单位为公顷,为体例统一,此处换算为亩。

③ 苏州市水利史志编纂委员会编:《苏州水利志》,上海社会科学院出版社 1997 年版,第 200 页。

④《十年水利》,吴江市档案馆,档案号:2012 - 1 - 9。

⑤ 江苏省水利厅:《十年来江苏的水利建设(草稿)》(1959 年 5 月),江苏省档案馆藏。

⑥ 苏州市水利史志编纂委员会编:《苏州水利志》,上海社会科学院出版社 1997 年版,第 200 页。

临塘滨湖、座湾、抱角等险工堤段,加以填塘固基,修筑戗台及增做块石护坡等;对倒坍损毁的涵闸,陆续整修或重建;对圩内锅底田,用开挖沟渠、加筑子岸等办法,排除积水,恢复耕种①。1953 年,中央水利部召开了全国第一次农田水利会议,强调今后数年内各省水利厅、局,应"着重加强对群众性农田水利的领导,开展各种各样小型农田水利,培养人民的抗灾能力,为农业增产服务,特别注意使小型农田水利与农业生产互助合作运动密切结合起来"②。随后,太湖流域群众性的小型排水、蓄水、引水农田水利工程大规模展开。

1954 年,太湖流域发生了特大洪水,造成严重的洪涝灾害;"大雨遍及全流域,90 天流域平均降雨达 890.5 毫米"③。流域内各地最高水位大多超过或平历史最高水位(见表 8-1)。与 1931 年最高水位相比,1954 年嘉兴、苏州与太湖的平均水位分别高出 52 厘米、40 厘米和 19 厘米。

表 8-1　1954 年太湖流域各地最高水位　　　　单位:米

站名	湖州	崇福	嘉兴	平望	溧阳	洮湖	常州	宜兴	大浦口
最高水位	5.63	4.88	4.38	4.34	5.41	5.63	5.24	5.13	4.63
站名	无锡	苏州	瓜泾口	太湖西山	青浦	松江	米市渡	黄浦公园	太湖平均
最高水位	4.73	4.37	4.61	4.73	3.56	3.8	3.86	4.65	4.65

资料来源:王同生编著:《太湖流域防洪与水资源管理》,中国水利水电出版社 2006 年版,第 67 页。

洪涝发生后,虽经群众全力抢险,但因水利设施落后,圩区约 80% 破圩,没有破圩的,内涝也十分严重。如吴江县大麻公社永秀管理区,"1954 年特大洪水期,一片汪洋,50% 水田被淹没,可以行船"④。又如桐乡县,"1954 年

① 苏州市水利史志编纂委员会编:《苏州水利志》,上海社会科学院出版社 1997 年版,第200 页。

② 江苏省水利厅:《十年来江苏的水利建设(草稿)》(1959 年 5 月),江苏省档案馆藏。

③ 王同生编著:《太湖流域防洪与水资源管理》,中国水利水电出版社 2006 年版,第65 页。

④ 《打坝并圩降低地下水位是治理内涝确保农业大丰收的一项重要措施》(1959 年 9 月 26日),湖州市档案馆,档案号:79-6-3-97。

汛期,全县有 36.4 万亩农田受淹(占水田面积 83％),其中颗粒无收的有 20.2 万亩,减产五成以上的有 16.3 万亩"[1]。据统计,该年度太湖流域受洪 涝影响,"受淹面积 785 万亩,其中主要圩区受淹 606 万亩,成灾面积 315 万 亩,损失粮食 7.8 亿斤"(见表 8-2)。其受灾严重的原因,"从调查资料分 析,归纳起来,主要是圩堤矮,质量差,漫溢决口；'三车'排涝效益低,速度 慢；当时还是农业生产合作社时期,集体力量还不够壮大"[2]。由此,充分"暴 露了小圩体系堤线长、标准低、渗漏大、地下水位高等易灾低产的弱点"[3],联 圩抗洪也随之产生。

表 8-2 太湖流域主要圩区十五县 1954 年特大洪涝灾情统计表

县别	1954 年		
	受淹(万亩)	成灾(万亩)	粮食损失(万斤)
合计	606	315	78 000
金坛	14	7	1 000
溧阳	39	16	2 000
宜兴	41	12	2 000
常熟	42	15	4 500
昆山	21	8	900
吴江	68	21	6 500
吴县	42	9	8 800
嘉兴	64	41	7 200
嘉善	39	16	3 900
桐乡	36	36	5 700
德清	28	27	7 200

[1] 水利电力部上海勘测设计院:《浙江省桐乡县加强农田水利建设战胜特大洪涝灾害的调查 研究报告(修正)》(1966 年 5 月),湖州市档案馆,档案号:79-12-9-76。
[2]《对太湖排水出路的初步看法(初稿)》,湖州市档案馆,档案号:79-12-9-96。
[3] 苏州市水利史志编纂委员会编:《苏州水利志》,上海社会科学院出版社 1997 年版,第 201 页。

续表

县别	1954 年		
	受淹(万亩)	成灾(万亩)	粮食损失(万斤)
吴兴	83	72	14 800
长兴	29	12	2 900
松江	35	8	5 200
青浦	25	15	5 400

资料来源:《对太湖排水出路的初步看法(初稿)》,湖州市档案馆,档案号:79-12-9-96。

2. 联圩并圩的出现

在 20 世纪 50 年代初期农田水利建设过程中,吴江县城厢区南厍乡将
39 个小圩之间的河港筑坝,联并成 8 个较大的圩,缩短了堤线,修圩土方从
原计划的 6 万立方米减少到 7 000 立方米①。这可以说是新中国成立后最早
的联圩雏形。

此后,为抵御类似 1954 年的洪灾,提高防洪能力,各地联圩并圩逐步兴
起。常熟、吴江、吴县、无锡等地,在 1955 年复堤时,"全面推广并圩措施",
"小的三五只合并,大的几十只合并"②。1955 年,吴江县城厢、同里、大庙三
区将 342 个小圩合并成 46 个联圩;1956 年,又结合灌区建设形成湖滨、长
板、团结、城东、安惠、南厍东、南厍西 7 个联圩③。无锡县先后将原横排圩、
泛水圩、团心圩、百家圩、界泾圩、匡家圩、长古弄圩和旺公岸、祠堂岸、安桥
岸、西横岸、旺房湾、洼里、满门浜、上场浜、史家湾、冯家宕 10 多处无堤滩田
联并成解放大联圩;将犁洋岸、上下尖岸、东西河圩、高圩岸、东洛圩、五大
圩、西封岸、成流圩、肖公岸、菱塘圩、黄公岸、浮舟圩、西北圩、新泾滩、姚家
圩、村西圩、村前圩、唐大岸、华家圩、刘太圩、南北华岐圩等 27 只小圩联并
成玉北联圩;将祝家尖、东西北堵圩、南堵圩、新四圩等小圩联并成石幢南联

① 吴江市地方志编纂委员会:《吴江县志》,江苏科学技术出版社 1994 年版,第 229 页。
② 江苏省苏州专员公署水利局:《苏州专区圩区水利工作情况介绍》(1956 年 12 月 25 日),苏
州市档案馆,档案号:H36-001-0001-34。
③ 吴江市地方志编纂委员会:《吴江县志》,江苏科学技术出版社 1994 年版,第 229 页。

圩；将里伶仃岸、外伶仃岸、陈四圩、庄上圩、中圩、上圩 6 小圩联并成石幢北联圩[1]。吴县从 1955 年开始，在渡村、越溪、胜浦、车坊、湘城、洄泾等乡合并小圩，联建大圩，规模一般在千亩以上，最大的唯亭区胜浦、界浦、亭南 3 个乡联建的"保家圩"，面积达 38 411 亩，至 1957 年建成联圩 42 只[2]。杭嘉湖等地的联圩并圩也开始兴起。

同期，各县水利部门也选择部分圩区进行联圩并圩和圩内治涝工程的试点。如 1955 年冬，昆山县水利局对石牌乡进行联圩试点，工程内容有：将原来的 7 只小圩联并成栏杆联圩，面积 2 640 亩；在圩内修筑戗岸田埂、集体车基，开挖排水沟系和改装弹子水车等治涝工程；建立两分开（内外分开、高低分开）、一控制（控制内河水位）的管理制度[3]。这些工程在一定程度上防止了外水倒灌，提高了防洪的能力。常熟的西湾联圩也由县水利局进行试点，并于 1956 年冬至 1957 年春实施完成，"工程建成后，经受了当年 6 月 25 日至 7 月 9 日连续阴雨 353.7 毫米的考验，强度超过 1954 年同期，受淹面积却比 1954 年减少 34.9％"[4]。

当然，在并圩过程中，也曾遇到一些困难，"例如开始时一般好的圩子不愿与坏的圩子合并，田面较高的圩子不愿与低的圩子合并，生活好的圩子不愿与穷的圩子合并"[5]。但经过双方反复的沟通，并圩逐步推广开来。

3. "大跃进"与联圩并圩的全面实施

1957 年 9 月，中共八届三中全会通过了《1956 年到 1967 年全国农业发展纲要（修正草案）》，之后不久，中共中央又发出《关于今冬明春大规模地开展兴修农田水利和积肥运动的决定》，全国范围的农田水利建设运动由此拉开帷幕。1958 年后，随着"大跃进""人民公社"运动的推行，水利战线也出

---

① 无锡县志编纂委员会编：《无锡县志》，上海社会科学院出版社 1994 年版，第 267 页。
② 吴县地方志编纂委员会编：《吴县志》，上海古籍出版社 1994 年出版，第 396—397 页。
③ 苏州市水利史志编纂委员会编：《苏州水利志》，上海社会科学院出版社 1997 年版，第 202 页。
④ 同上。
⑤ 江苏省苏州专员公署水利局：《苏州专区圩区水利工作情况介绍》（1956 年 12 月 25 日），苏州市档案馆，档案号：H36 - 001 - 0001 - 34。

现了"跃进"。1958 年 8 月 18 日,《人民日报》发表了《大干一冬春,基本实现水利化》的社论,10 月 14 日又发表《掀起更大的农田水利高潮》的社论,各省市纷纷响应。1958 年 10 月 1 日,浙江省委、省人民委员会发出关于水利工作的指示:"为了保证今后农业生产不断跃进和适应工业生产以及其他各项建设事业对水利的要求,水利建设必须更大规模、更高速度地发展。因此今冬明春必须开展一个规模更大的水利运动的高潮,大干一冬春,基本实现全省水利化。"①同年 11 月,江苏省也开始实施《江苏省水利规划提纲》,在平原坡地和圩田地区进行梯级河网化建设,其"劲头之足,动员之广,工程规模之大,开工项目之多,舆论声势之强,都是空前的"②。对梯级河网化运动,当时水利电力部冯仲云副部长在六省市河网化规划座谈会上予以充分肯定,认为"河网化工程的实施,在政治上和国民经济的发展上都具有极其重大的意义","河网化工程配合大中型水利措施不仅可以彻底消除平原区水旱灾害,而且对发展交通运输、水产、水力发电、园林化都创造了有利的条件。在全国基本实现人民公社化的今天,农村将要进行全面的改造和建设,河网化的实现也将为它提供了便利条件"③。在大跃进、人民公社化运动及梯级河网化运动的推动下,太湖流域联圩并圩工程全面推开。江苏的阳澄、淀泖地区,是太湖水网圩区最低洼的地区,全区各县都开展了大规模的联圩并圩。如吴江县,1958 年在八圻公社建成友谊联圩;1959 年在太浦河以南地区兴办电力排灌工程,并在平望、黎里、盛泽、坛丘、梅堰、震泽、八都 7 个公社建成 19 个联圩,耕地 23 万亩;1960 年又在铜罗、青云、桃源、七都、平望、黎里、八圻、北库、盛泽、震泽等公社建成 17 个联圩,耕地 16 万亩④。1958—1960 年,吴县在大搞机电排灌过程中建成联圩 22 只,使全县联圩总数达 64 只⑤。昆山、常熟、太仓也纷纷举办联圩并圩工程。至 1962 年,上述 5 县已初步建

---

① 《中共浙江省委、省人民委员会关于水利工作的指示》,《杭嘉湖水利》1958 年 10 月 1 日。
② 陈克天:《梯级河网化建设》,《江苏水利》2000 年第 9 期。
③ 《依靠群众 以蓄为主 全面规划 大搞河网化运动》,《中国水利》1958 年第 14 期。
④ 吴江市地方志编纂委员会:《吴江县志》,江苏科学技术出版社 1994 年版,第 229 页。
⑤ 吴县地方志编纂委员会编:《吴县志》,上海古籍出版社 1994 年出版,第 397 页。

成千亩以上联圩 281 只,圩田面积 176.1 万亩,占全县圩田总面积的 75.5%,联圩内电力灌排面积达到 117 万亩,占联圩耕地的 66%,圩内排水从"三车"为主发展到以机电排水为主①。

在上海市郊区,自 20 世纪 50 年代末至 60 年代中期,采取"大控制小包围"和推广应用管道排水,共联圩并圩 117 个,圩区范围在 2 000 亩至 3 000 亩之间,修建圩区水闸 281 座,排涝泵站 157 座②。

在浙江杭嘉湖地区,20 世纪 50 年代末以来也先后进行了联圩规划与建设。如桐乡县"1958 年以来,发展机电排灌,联圩并圩,培修圩堤,疏浚河道等","仅 1958 年完成土方 800 余立方米"③。据 1964 年调查,吴兴地区龙溪以东、頔塘以南共建成联圩 231 个,嘉兴嘉善沪杭铁路以北地区建成100 个④。

二、联圩的规模与圩区的改造

1. 联圩的规模

1964 年 1—5 月,水利电力部上海勘测设计院对太湖流域东南部的若干圩区,即浙江吴兴县龙溪以东、頔塘以南,嘉兴嘉善两县沪杭铁路以北及江苏吴江县太浦河以南三片圩区(共涉及总面积 1 786 平方公里)进行过典型调查。原先这些圩区的面积一般都较小,以几十亩、几百亩至千余亩不等,1958 年联圩并圩后,共建成大小不等的联圩 398 个,总面积 152.6 万亩。三片联圩中,"以吴江片的联圩面积最大,5 000 亩以下的占 16.6%;5 000—10 000 亩的占 29%;10 000 亩以上的 54.4%。吴兴片次之,5 000 亩以下的

① 江苏省地方志编纂委员会编:《江苏省志·水利志》,江苏古籍出版社 2001 年版,第 225 页。
② 中共上海市委党史研究室编:《上海社会主义建设 50 年》,上海人民出版社 1999 年版,第185 页。
③ 水利电力部上海勘测设计院:《浙江省桐乡县加强农田水利建设战胜特大洪涝灾害的调查研究报告(修正)》(1966 年 5 月),湖州市档案馆,档案号:79-12-9-76。
④ 水利电力部上海勘测设计院:《太湖流域若干主要圩区及河网调查研究报告(初稿)》(1964年 7 月),江苏省档案馆,档案号:4096-003-3370。

占 55.3％;5 000—10 000 亩的占 40.7％;10 000 亩以上的占 4％。嘉兴嘉善
片最小,3 000 亩以下占 61.6％;3 000—5 000 亩的占 31％;5 000—10 000 亩
的只占 7.4％"①。具体见表 8-3。

表 8-3　调查地区联圩面积分类统计表

地区	联圩面积(亩)	小于3 000 亩	3 000—5 000亩	5 000—7 000亩	7 000—10 000 亩	大于10 000 亩	合计
吴兴地区	数量(个)	110	68	34	16	3	231
	圩区总面积(万亩)	19.8	26.0	20.3	13.3	3.3	82.7
	比重(%)	24.0	31.3	24.6	16.1	4.0	100.0
吴江地区	数量(个)	22	10	7	12	16	67
	圩区总面积(万亩)	4.3	3.9	4.1	10.3	27.0	49.6
	比重(%)	8.7	7.9	8.2	20.8	54.4	100.0
嘉兴、嘉善	数量(个)	82	16	1	1	0	100
	圩区总面积(万亩)	12.5	6.3	0.6	0.9	0	20.3
	比重(%)	61.6	31.0	3.0	4.4	0	100.0

资料来源:水利电力部上海勘测设计院:《太湖流域若干主要圩区及河网调查研究报告(初稿)》
(1964 年 7 月),江苏省档案馆,档案号:4096-003-3370。

联圩的分布也不均衡,大圩大部分分布在吴江西部和吴兴东部的江浙
两省边界线两侧。吴江片共有 10 000 亩以上的大圩区 16 个,其中西部占 12
个,最大的面积达 40 400 亩。吴兴南浔一带 38 个圩区中,5 000—10 000 亩
的占 13 个,面积最大的为 9 550 亩。乌镇(属桐乡县)最大的圩区面积为
18 900 亩②。另据《苏州水利志》,1962 年 8 月,昆山、常熟、太仓、吴县、吴江
5 县共建成千亩以上联圩 281 只,圩田面积 176.1 万亩,占圩田总面积的

---

① 水利电力部上海勘测设计院:《太湖流域若干主要圩区及河网调查研究报告(初稿)》(1964
　年 7 月),江苏省档案馆,档案号:4096-003-3370。
② 同上。

75.5％。其中万亩以上联圩 56 只,74.5 万亩;5 000 亩以上至 1 万亩联圩 83 只,58 万亩;千亩以上至 5 000 亩联圩 142 只,43.6 万亩。万亩以上联圩吴江最多,常熟、昆山次之,吴县、太仓较少(见表 8 - 4)。

表 8 - 4　1962 年 8 月昆山等 5 县已建联圩统计表

面积:万亩

县别	圩田面积（当时统计数）	千亩以上联圩合计			其中					
		只	圩田面积	占全县圩田％	万亩以上联圩		五千亩以上至万亩		千亩以上至五千亩	
					只	面积	只	面积	只	面积
合计	233.2	281	176.1	75.5	56	74.5	83	58.0	142	43.6
昆山	63.8	96	60.8	95.0	13	18.7	31	21.7	52	20.4
常熟	48.2	66	45.4	94.0	15	25.4	19	13.3	32	6.7
太仓	5.1	9	5.1	100	1	2.2	2	0.9	6	2.0
吴县	37.6	50	25.3	67.0	4	4.7	18	12.1	28	8.5
吴江	78.5	60	39.5	50.0	23	23.5	13	10.0	24	6.0

资料来源:苏州市水利史志编纂委员会编:《苏州水利志》,上海社会科学出版社 1997 年版,第 204 页。

那么,联圩并圩的规模多大算是比较合适? 对此,从联圩一开始各地便存在不同的看法:一种意见主张联并大圩,其理由是"堤线缩短,土方节省,渗漏减少,建筑物少,圩内水面积增多,蓄涝能力增加,水陆交通比小圩方便";另一种意见主张联并不宜过大,"认为并圩小些,排水方便,灌溉扬程小,建筑物虽多,但标准小,施工容易";还有一种意见认为,"以省县道为大圩界限,大沟为小圩界限,在小圩内开十字形中沟,大水用大圩,小水用小圩"①。虽然对联圩的大小有着不同认识,但在联圩初期各地大多未作系统科学的论证,虽有部分地区考虑了当地的自然特征与具体条件,但有不少地方主要靠经验办事,加上"大跃进"运动的推进,使得"有些圩区联圩并圩的范围考虑欠周密,对上下游之间的排水和圩内外的航运考虑得不够,机电排

①　江苏省水利厅:《苏南圩区河网化调查研究报告(初稿)》(1959 年 9 月),江苏省档案馆,档案号:3224 -短期- 964。

灌缺乏全面规划,机口位置渠系布置以及施工质量、组织管理等方面均存在一些问题,因而影响工程效益的充分发挥"①。如吴江、昆山的部分圩区由于缺乏全面考虑,片面要求缩短防洪堤线、扩充圩内滞蓄容积、扩大包围圈,以致将一些地区性的排水干河、航运要道和大面积的湖荡围入圩内,"因此引起了航运、排涝和排灌费用负担等方面的矛盾,因而发生并后又分的不稳定局面,既造成工程上的浪费,而且也影响了圩区的生产"②。吴江县大新圩的前身北王大圩,1959 年并圩时总面积达 37 000 亩,其中水面积 6 950 亩,占总面积的 18.8%,由于内水面积过大,增加了排涝费用,降低了排灌效益。同时因堵塞了太湖下游东西向的思安桥港、大中港、莲花灯港等,致使浙江杭嘉湖地区排水困难,加之封堵了地区性通航要道使内外交通运输很不便利,圩内排水和灌溉也有矛盾发生,被迫拆圩③。又如嘉善中星圩,面积虽仅 2 000 亩,"但在打坝并圩时,由于将地区性的重要航道——翁江坟港(南北向河道)打坝堵塞,使该地区的航运受到影响,因此亦需拆圩来解决"④。

因此,各地联圩并圩的规模和范围,应根据当地的具体情况因地制宜加以规划,不宜强求统一规定,"一方面要从有利于圩区的巩固提高和适应农业生产的全面规划需要出发;另一方面还必须从流域观点出发,妥善处理上下游、左右邻之间的关系,尽可能做到不影响原有河网水系的排水、蓄水、引水和通航条件"⑤。尤其要考虑以下几方面因素。

一是要考虑流域的河网水系结构。太湖流域河港纵横、湖荡密布,吞吐蓄泄功能齐备。干河与干河之间、干河与主要湖荡之间,都有河港相通,形成了一个完整的河网湖泊系统。如吴兴片、吴江片、嘉兴嘉善片就是一个水系

① 水利电力部上海勘测设计院:《太湖流域低洼圩区典型调查研究报告》(1963 年 6 月),吴江市档案馆,档案号:2012 - 2 - 35。
② 同上。
③ 同上。
④ 同上。
⑤ 水利电力部上海勘测设计院:《太湖流域若干主要圩区及河网调查研究报告(初稿)》(1964 年 7 月),江苏省档案馆,档案号:4096 - 003 - 3370。

整体。吴兴片位居上游,是浙水入吴的咽喉;吴江片位居中游,一方面上承吴兴片东来浙水,另一方面承转太湖来水,是浙水湖水的排水走廊;嘉兴嘉善片位居下游,一方面承受吴江转来浙水,另一方面直接承受杭嘉湖平原南部来水,是浙水入黄浦江的门户。如果河湖系统遭到破坏,必然会引起水情上的变化,给农业生产带来不利影响。大跃进时期,不少地方在联圩并圩过程中,片面追求大圩,"缺乏全面规划,堵塞了不少河道,占了一些河网和湖泊,原有完整的水网遭到了人为的破坏,洪水不能及时宣泄"①,留下了深刻的教训。水利电力部上海勘测设计院在 20 世纪 60 年代调研太湖流域若干圩区的基础上,提出了联圩范围应因地制宜,规模大小不求统一,联并尤其需掌握以下基本原则:不堵东西向干河,少堵或不堵干河以下的东西向河道;不堵连通干河的南北向河道,少堵一般南北向河道;不堵大湖荡的主要进水口和出水口;不侵占湖荡,适当控制圩内水面积的比重;不堵主要通航河道,少堵或不堵沟通农村和集镇间的农船船道等。江苏省水利局在 20 世纪 50 年代末调研时也指出:"如地形复杂,水系混失,水面积较大的地区,并圩面积,可以稍小些;如地低平坦,水系较有规律,水面积较小的地区,并圩面积可以稍大些。"②这些建议,在确定联圩并圩范围和规模时,无疑有一定的指导意义。

　　二是要考虑当地的自然特点。由于并圩地区具有不同的地形地貌,拥有不同大小的河港湖荡,因此,联圩并圩必须考虑当地和各圩及周边的自然特征,进行具体分析。"凡是受圩外河网限制的地区,或者地形复杂的地区,或者圩内地形较高有自流向外排水的地区,或者受到地形限制并圩工程大效益小的地区,都应该并得小一些,或者暂不并圩。"③另外,一般也不宜将省县道、主要排水和交通干河、较大湖泊、较大城镇等并入圩内,"因为如果将这些河、湖、城镇联圩入圩内,不但没有好处,反而增加了许多新的问题:首

---

① 水利电力部上海勘测设计院:《太湖流域若干主要圩区及河网调查研究报告(初稿)》(1964 年 7 月),江苏省档案馆,档案号:4096 - 003 - 3370。
② 江苏省水利厅:《苏南圩区河网化调查研究报告(初稿)》,江苏省档案馆,档案号:3224 -短期- 964。
③ 江苏省水利厅水利史研究小组:《太湖水利史(讨论稿)》(1964 年 3 月),江苏省档案馆,档案号:3224 -长期- 1207。

先是航运交通大大的不便,同时,圩外水面积过多地减少,会使上游来水排泄不畅,抬高水位,影响堤身的安全"[1]。为此,合理的联圩并圩,在圩外必须留足主要的排水河道、主要的通航河道以及主要滞涝的湖荡。

三是考虑联圩内的水面积。联圩时对圩内圩外水面积要作统一考虑,圩内必须留有合理的水面积,涝则可以排泄,旱则可以灌溉。但圩内水面积要大小适宜,因"圈在圩内的水面积过大,影响圩外的滞洪滞涝库容,圩内水面积过小,则势必新开河沟,挖废耕地,亦非所宜"[2]。合理的联圩并圩,要有利于加强防洪除涝,有利于管理养护,有利于灌溉。联圩的大小"应根据实际情况,和机电排灌、预降水位、田间蓄水、分级分片控制以及抢救等问题统一考虑","不能包围过多的水面积,过分地减少圩外的滞涝库容,否则反过来会增加圩堤的防汛负担,甚至会造成不应有的决堤破堤的损失"[3]。据水利电力部上海勘测设计院1964年7月的调查研究,圩区水面积比重一般控制在5%—6%以内为宜,但吴江片区联圩内水面积比重达8.4%,占这一地区总水面积的27.2%。有些圩区还围进了一些大湖荡,如贯北圩区将徐家漾(2 190亩)包围在内,圩内水面积比重达12%,梅塘西圩将长田漾(2 190亩)包围在内,圩内水面积比重达11%,都给该地带来了不利影响[4]。为此,联圩并圩时要根据各地的不同情况,提出圩内圩外水面积的合理比例。此外,联圩并圩的规模还应考虑圩田堤线的长短、灌区的布置、交通影响等各种因素。

2. 圩区河网体系的改造

(1)老河网改造

20世纪五六十年代的联圩,大多由若干鱼鳞小圩合并而成,"包进联圩内的河道是原来小圩系统犬牙交错的老河网,一般都存在不系统、不规则、标准

---

① 江苏省水利厅:《苏南圩区河网化调查研究报告(初稿)》,江苏省档案馆,档案号:3224 -短期- 964。

② 江苏省水利厅水利史研究小组:《太湖水利史(讨论稿)》(1964年3月),江苏省档案馆,档案号:3224 -长期- 1207。

③ 同上。

④ 水利电力部上海勘测设计院:《太湖流域若干主要圩区及河网调查研究报告(初稿)》(1964年7月),江苏省档案馆,档案号:4096 - 003 - 3370。

低、质量差等缺点,不利于引、排、降、航"①。大跃进开始后,圩区老河网改造也成为河网化运动的重要内容,改造后的河网均排灌分开,按大、中、小三级,沟、渠、路(村)相邻或相间布置。以当时作为河网改造试点的昆山县江浦圩和常熟县大荡圩为例。江浦圩原有 13 个小字圩,1955 年联并为东西两大圩,1958 年又并为一个大圩,全圩总面积 12 120 亩。大荡圩原为 8 个小圩,1958 年联并为一个大圩,全圩总面积 10 850 亩。江浦圩根据原有河道和地形,利用原河浚深拓宽十字形大沟 2 条,底宽 10 米、深 4 米、青坎 5 米;改造中沟 7 条,底宽 5 米、深 4 米、青坎 4 米;利用原 10 条小河作为小沟,并新挖小沟 61 条;底宽 1 米、深 3 米、青坎 1—2 米,间距 150—200 米;在南北大沟的北端设机站一座,干渠按工字型布局,支干渠一律采取沟、渠、路布置;沿大中沟渠道房筑有三条公路。大荡圩新开 T 字形中沟 2 条,小沟 25 条,大多利用老河截弯取直,底宽和青坎均为 1 米;在贯穿圩子的中沟北端,设机站 2 座、干支渠按东西方向沿圩布置②。

老河网改造,由于新开河道较多,土方负担重,动员民力广,挖压废面积大,虽提高了除涝能力,但经济实效并不大,群众意见不少。如大荡圩,由于过分要求"方正化",对老河网利用率只有 73%,把原可利用的 5 条老河都弃掉不用,出现了所谓的"沟边开沟,河边开河,开河填河"的情况。该圩挖压废土地计 1 238 亩,占耕地面积的 12.6%,引起群众的一些不满,"如果仍照大荡圩的做法,我们宁愿不做,大荡圩的土地损失已经够大了"。江浦圩老河道利用率虽高些,但挖压废土地也不少,达 1 603 亩,占耕地面积的 15.7%③。

杭嘉湖地区圩区的河网改造同样存在这些问题,如土地损失,嘉兴县"由于渠网布置和渠道断面大小方面,没有考虑节省地,因而土地损失较多"④。塘汇公社的一个灌区 5 600 亩面积,原只要通过 0.5—0.6 立方米/秒的流量

---

① 苏州市水利史志编纂委员会编:《苏州水利志》,上海社会科学院出版社 1997 年版,第 208 页。

② 江苏省水利厅:《苏南圩区河网化调查研究报告(初稿)》(1959 年 9 月),江苏省档案馆,档案号:3224-短期-964。

③ 同上。

④ 嘉兴专署水利局检查组:《嘉兴县打坝并圩渠网化检查报告》(1959 年 11 月 16 日),湖州市档案馆,档案号:79-5-3-37。

就够了,而开挖的渠道过水断面有 3.8 立方米/秒,要比其他地方的渠网化多损失 10% 的土地;魏塘公社开挖的干渠断面也比较大,损失土地也不少[1]。1959 年 10 月下旬至 11 月初,嘉兴专署水利局对桐乡县大麻、崇福、洲泉等公社部分机埠打坝并圩渠网化土地损失情况进行专项调查,崇福公社坝子乔机埠,损失田 84.56 亩,占总水田面积 4.54%;损失地 7.50 亩,占总旱地面积 0.48%。洲泉公社花园头机埠,损失田 72.97 亩,占总水田面积 3.29%;损失地 6.41 亩,占总旱地面积 0.41%。大麻公社永丰机埠,损失田 67.22 亩,占总水田面积 2.09%;损失地 15.54 亩,占总旱地面积 0.84%[2]。

可见,大跃进时期圩区老河网的改造,一方面增加了库容,提高了除涝能力,也有利于降低地下水位;但另一方面由于土方量大,土地损失不少,引起群众的不满,尤其是"方正化的目的,不但达不到,反而使原有田块切割得更加零碎,给耕作带来了不便。由于一律要求沟、渠、路的结合,致使渠道经过低地有灌不上水的缺点"[3]。

因此,到 20 世纪 70 年代中期圩区老河网改造重启时,就吸取了以前的教训,要求从实际出发,从有利于生产、生活和排降调蓄出发,对河网布局、河道间距和河体形状,强调因地制宜,不盲目追求对口、等距、直线等形式主义,取得了较好的效果。

(2) 流域水系的改变

河网体系改造中影响最大的是打坝并圩中对原有河网体系的调整,即堵塞了原有的一些河道,从而影响了整个流域体系。据水利电力部上海勘测设计院对吴兴、吴江、嘉兴嘉善片的调查,这些堵塞的河道,既有东西向的干河和一般河道,也有南北向干河和一般河道,一些大湖荡的主要进水口和出水口及不少通航河道也被堵塞(见表 8-5)。

---

① 嘉兴专署水利局检查组:《嘉兴县打坝并圩渠网化检查报告》(1959 年 11 月 16 日),湖州市档案馆,档案号:79-5-3-37。

② 嘉兴专署水利局:《涝区打坝并圩渠网化土地损失调查报告》,湖州市档案馆,档案号:79-5-3-42。

③ 江苏省水利厅:《苏南圩区河网化调查研究报告(初稿)》(1959 年 9 月),江苏省档案馆,档案号:3224-短期-964。

表8-5 吴兴、吴江、嘉兴嘉善片主要控制河段河道断面堵塞情况表（1964年7月）

河（地）段名称	起迄范围	河段长度（公里）	联圩前原有情况				现在情况				堵塞河道断面占原断面（%）
			河道条数		过水断面		河道条数		过水断面		
			总计（条）	平均每公里	总计（平方米）	平均每公里（米²/公里）	总计（条）	平均每公里	总计（平方米）	平均每公里（米²/公里）	
1. 白米糖（东侧）	颐塘—练市	18.0	21	1.17	1514	84	10	0.56	910	50.6	39.9
2. 薛塘（东侧）	颐塘—顾家塘	17.0	18	1.06	1286	75.6	13	0.77	910	53.5	29.2
3. 吴兴吴江交界	颐塘—桃花港	17.5	15	0.86	994	57.0	7	0.4	492	28.2	51.0
4. 芦墟塘—长生塘	芦塘—沪杭铁路	19.0	24	1.25	3250	170	24	1.25	3250	170	0
5. 浙江上海界河	六庄塘—枫泾	13.5	16	1.18	1900	141	16	1.18	1900	141	0
6. 颐塘（北岸）	邢窑塘—薛塘	10	10	1.0	209	20.9	6	0.6	124	12.4	40.7
7. 颐塘（南岸）	邢窑塘—薛塘	10	14	1.4	1149	115	6	0.6	752	75.2	34.6
8. 双林塘（北岸）	邢窑塘—薛塘	15.5	21	1.35	750	48.3	8	0.52	452	29.2	39.7
9. 颐塘（北岸）	平望—南浔	25.0	19	0.76	595	23.8	7	0.28	315	12.6	47.0

资料来源：水利电力部上海勘测设计院：《太湖流域若干主要圩区及河网调查研究报告（初稿）》(1964年7月)，江苏省档案馆，档案号：4096－003－3370。

从东西向河道看,该片区从西部、南部进水,东部出水,主要流向是向东或东北,东西向(或东北向)河道起主要排水作用,但在打坝并圩中东西向河道不少被堵塞,如吴兴白米糖东侧,原有东西向过水断面1514平方米,堵死604平方米,占原有过水断面的39.9%;薛塘东侧,原有东西向过水断面1286平方米,堵死376平方米,占原有过水断面的29.2%。吴江、苏浙边界线(吴江境内)原有东西向过水断面994平方米,堵死502平方米,占原有水断面的51%。[①]

从南北向河道看,该片区主要起着承转分配水量的作用,打坝并圩中不少被堵。如吴兴:頔塘自旧馆以东邢窑塘口至薛塘间10公里,北岸原有南北向支港的过水断面共209平方米,被堵死85平方米,占原有总过水断面40.7%。南岸原有南北向支港的过水断面共1149平方米,堵死397平方米,占原有总过断面的34.6%。双林塘(邢窑塘至薛塘间)15.5公里内,北岸原有南北向支港的总过水断面750平方米,堵死298平方米,占原有过水断面的39.7%。吴江:頔塘自省界至平望间25公里,北岸原有南北向支港19条,总过水断面595平方米,堵死了12条,堵了过水断面280平方米,占原有总过水断面的47%;南岸原有南北向支港17条,联圩堵死了13条。嘉善:红旗塘北岸原有南北向支港32条,堵死了5条,南岸支港26条,堵死了5条。[②]

打坝并圩还堵死了一些大湖荡,而这些大湖荡多数是地区的汇水中心,有重要的调蓄作用。吴江堵的尤多,如頔塘北岸直接与长漾相通的河道原有4条,仅存1条相通,减少过水断面77%。北麻漾进水河道原有7条,仅保留3条,减少过水断面40%,其中通頔塘的双阳港等4条全部堵断;主要出水河道安桥港、木匠港也均堵断。又如沈庄漾,吴兴在打坝并圩时先在泥坝地区堵断了两个进水口,后又堵断主要进水河道南桥港。沈庄漾的三条出水河道被吴江堵断,后虽经江浙二省协议拆通了长板桥港和青云港,但主

---

① 水利电力部上海勘测设计院:《太湖流域若干主要圩区及河网调查研究报告(初稿)》(1964年7月),江苏省档案馆,档案号:4096-003-3370。

② 同上。

要出口川泾港仍被包围在圩区之内。[1]

打坝并圩堵断了大量的河道,使太湖流域的河网水系发生了重大变化,对流域的自然和人文环境均产生了重要影响。

3. 分级分片控制

所谓分级分片控制,就是根据田面和河网情况,按高低分级划片,分区建内圩、分级筑隔堤、配套"三闸"(圩田套闸、圩口防洪闸、圩内分级闸);实施预降控制,解决圩内外交通,引导高田水外排,低田水先排,以提高排涝能力。联圩以后,随着圩子的增大,圩内情况比小圩体系时更为复杂,高低田间的矛盾也更突出,要灌溉时不能排水,要排水时不能灌溉的情况也比较普遍。如嘉兴新塍公社一联圩,"因打坝并圩,利用原有河港作为排灌两用干渠,结果由于高低相差悬殊而造成高田仍然灌不上,低田且感到水层太深,影响了作物生长,特别是旱后一次暴雨,由于抢排不及造成了雨涝"[2]。因此在联圩以后,各级政府就发动群众对圩内排水系统进行了一定的改造,实施分级控制,以提高排涝效能。

一是加做戗岸(又名隔堤),开排水沟,分级分片排水。通常的做法有两种:一种是在高低田分界处做比田埂较大的隔堤;另一种,在部分低地沿周界筑戗岸,把低地圈在戗岸内,戗岸外侧有截水沟环绕。此外,也有结合渠系布置,在高低田分界处,开沟筑渠,渠道既起灌溉作用,也起到戗岸作用[3]。这些做法都是按高低田分级,按内河划片,分开排水,以达到"高片雨水高蓄高排,多蓄少排,低片雨水低蓄低排,少蓄快排"[4]。由于高片拦蓄大量径流及控制高水陆续低放,这起到了调节低田排水洪峰的作用,从而大大减轻了低田的排涝负担。

---

① 水利电力部上海勘测设计院:《太湖流域若干主要圩区及河网调查研究报告(初稿)》(1964年7月),江苏省档案馆,档案号:4096-003-3370。
② 《涝区渠网化若干问题研究》,湖州市档案馆,档案号:79-5-3-1。
③ 江苏省水利厅:《苏南圩区河网化调查研究报告(初稿)》,江苏省档案馆,档案号:3224-短期-964。
④ 苏州市水利史志编纂委员会编:《苏州水利志》,上海社会科学院出版社1997年版,第212页。

　　二是控制内河水位,分段分级预降水位。预降水位是在汛期中预先降低圩内内河水位,腾空一定的河沟容蓄,增加圩内蓄涝能力。有些联圩在各内河口及各支河口,堵筑永久性或临时性的堰坝,以控制外河高水位;有的则在河道上修建控制建筑物,"通常在不通航的河道做涵洞,平时要通航口做单闸,低片要常年预降控制的做内套闸"①。在联圩的初期,由于旧式水车提水能力低,排水量不大,需要劳动力较多,预降难度较大。"排灌机电化"推开后,预降的能力与水平大大得以提升。到 20 世纪 60 年代初期,大部分圩区已可实行预降。

　　由于实行预降水位,增加了圩内蓄涝能力,所以取得的实际效益也是明显的。如 1958 年 9 月中旬,"一夜降雨 90 多毫米,昆山县新镇排灌站由于未预降,结果稻田淹没,同时积水使田面烂湿,影响了及时秋种;而枫塘排灌站,由于预降得好,稻田未受影响"②。又如,1959 年 6 月 27 日,常熟县唐市乡,一次降雨 60 毫米,"由于预降了内河水位,低田未受威胁,而在过去遇到这样雨情,低田往往要遭到淹没为害的"③。

　　当然,水位预降过程中也会碰到各种各样的问题:如在实行联圩预降后,改变了原来小圩体系的自然状况和历史习惯,必然会产生一些新的矛盾,妨碍预降工作;机电排灌初建阶段,因一时配套建筑物跟不上,产生了内外运输要翻坝、抗旱引水要拆坝、渠道坝斩断河道等问题,影响预降;随后,有些地方又因预降带来河滩水浅阻碍行船、水质浑浊、影响吃水用水、不利水产养殖等矛盾,使预降达不到深度要求④;新式的排灌动力站与数千年保留下来未很好治理过的老河网的不相适应,如深度标准不足、深浅不一、有浅滩暗坝阻碍水流等,从而限制了机电动力站发挥它应有的作用⑤。所以水

---

① 苏州市水利史志编纂委员会编:《苏州水利志》,上海社会科学院出版社 1997 年版,第 212 页。
② 江苏省水利厅:《苏南圩区河网化调查研究报告(初稿)》,江苏省档案馆,档案号:3224 -短期-964。
③ 同上。
④ 苏州市水利史志编纂委员会编:《苏州水利志》,上海社会科学院出版社 1997 年版,第 213 页。
⑤ 江苏省水利厅:《苏南圩区河网化调查研究报告(初稿)》,江苏省档案馆,档案号:3224 -短期-964。

位预降的过程,也是一个产生矛盾与解决矛盾的过程。

4. 机电排灌

新中国成立初期,农田排灌工具主要是龙骨水车,靠风力、牛力、人力驱动,通称"三车",如吴江县 1955 年共有三车 52 360 部[1]。20 世纪 50 年代后期,尤其是大跃进运动的开展,各地政府积极推动机电排灌的发展。如嘉兴专区在制定 1959 年水利建设目标时,提出"基本消灭普通性水旱灾害,要求把抗旱能力不足 50 天的农田全部提高到 50 天以上,达到 70 天或 90 天不雨不成旱灾;一次降雨 250 毫米不发生洪涝灾害,基本实现水利化、水库化、水电化、绿化、排灌机械化"[2],规划在 1958 年发展 32 000 匹马力的基础上,1959 年再发展 10 000 匹马力,使全区凡是可以利用机械排灌的农田,全部达到机械排水和灌溉[3]。机电排灌的发展速度是比较快的,如吴江县的机电排灌动力、灌溉面积由 1958 年的 195/3 753(台/千瓦)、32.75 万亩增至 1962 年的 1 166/15 535.7(台/千瓦)、79.63 万亩[4]。海宁县至 1959 年 7 月,已建成 74 个电灌站,8 处火力站,共 7 533.5 匹马力的灌排机电设备[5]。嘉兴专区至 1963 年 9 月,已建机埠 3 566 个,装机 76 456 千瓦,电力排灌面积 384.05 万亩(见表 8 - 6)。

表 8 - 6 1963 年 9 月嘉兴专区机电排灌设施统计表

县别	水田面积（万亩）	电力排灌面积（万亩）	机埠（个）	装机	
				台	千瓦
合计	493.068	384.05	3 566		76 456.1
嘉兴	78.60	69.5	883	944	12 441

---

① 吴江市地方志编纂委员会:《吴江县志》,江苏科学技术出版社 1994 年版,第 234 页。

② 嘉兴专署水利局:《嘉兴专区一九五九年水利建设规划大纲》(1958 年 5 月 27 日),湖州市档案馆,档案号:0079 - 015 - 013。

③ 同上。

④ 吴江市地方志编纂委员会:《吴江县志》,江苏科学技术出版社 1994 年版,第 237 页。

⑤ 《海宁县灌溉管理组织领导工作情况》(1959 年 7 月 9 日),湖州市档案馆,档案号:79 - 15 - 17 - 89。

续表

县别	水田面积 (万亩)	电力排灌面积 (万亩)	机埠 (个)	装机	
				台	千瓦
嘉善	52.93	42.1	445	488	5 737.3
平湖	53.16	37.54	413	499	5 692.8
海宁	35.74	45.0	202	332	8 001
海盐	30.418	28.0	190	378	4 871
桐乡	46.00	40.0	303	528	8 463
德清	31.00	25.91	305	553	9 413
吴兴	76.00	67.6	590		17 187
长兴	58.01	27.6	227	297	3 526
安吉	31.21	0.8	8	9	124

资料来源:《嘉兴专区机电排灌设施统计表》(1963 年 9 月 4 日),湖州市档案馆,档案号:0079-015-001。

机电排灌站初建时期,大多是一圩一站,圩子较大的也设有多个机站,但一个机站灌溉几个圩子的情况基本上不存在。灌区的大小各地情况不一,多大规模是合适的也一直存在争论。上海市 1960 年以前修建的机电灌区,一般在 5 000 至 10 000 亩左右,规模较大;1960 年以后修建的一般在 1 000—3 000 亩,有部分甚至在 1 000 亩以下。苏州专区根据多年的经验,认为机电灌区的规模以 3 000 亩左右较为适宜[①]。

机电排灌的实施在发展农业生产方面发挥了重要的作用。

一是节省了大量的劳力,加强了农业生产第一线。如昆山县枫塘圩,在 1958 年建立电力排灌站后,"腾出了大批劳动力、牛力,投入积肥和精耕细作,

---

[①] 江苏省水利厅水利史研究小组:《太湖水利史(讨论稿)》(1964 年 3 月),江苏省档案馆,档案号:3224-长期-1207。

并及时赶上季节,全灌区夏收小麦收割脱粒平均提早 11 天完成"[1]。据水利水电部上海勘测设计院调查,实行机电排灌后,正常年景每亩可节省踏水工 4—5 工,大水年份每亩可节省踏水工 12—20 工,大旱年份每亩可节省踏水工 18 工左右。以吴江双阳圩为例,共有水稻田 1.1 万亩,正常年景可节省 4.5 万工日,大水年份可节省 13.4 万工日,干旱年份可节省 20 万工日[2]。这些节省下来的劳力,可以加强田间管理,进行精耕细作,发展蚕桑生产或从事其他行业,从而加强了农业生产第一线。

二是改善了耕种条件,粮食种植面积增加。实行机电排灌后,"不但排灌及时,并且可降低地下水位,使水利条件起重大的变化,为提高粮食产量提供了有利条件"[3]。据皇坟圩、斜桥头圩等 9 个圩区的统计资料,春棉花播种面积由 1959 年的 13 473 亩增至 1962 年的 18 575 亩,增加 38%,单产亦平均稳定在 140 斤左右。双季稻种植面积和复种指数均有提高,如吴江双阳圩的复种指数由 1959 年的 1.45 增至 1962 年的 1.64。1962 年种植双季稻共 3 165 亩,占水田面积的 28.3%[4]。

此外,机电排灌还"减免了农作物的受淹时间,对农作物正常生长起了决定作用"。同时,也提高了农药的使用效果,"在使用农药时,需要大面积同时施用和及时灌水,才能提高杀虫的效果。机电排灌后,就可达到这一要求,因而对增产也有很大的作用"[5]。

当然,由于受当时运动的影响和条件的限制,机电排灌总体上也缺乏全面规划,排灌站的位置、动力设备、工程质量等方面均还存在不合理之处。

---

① 江苏省水利厅:《苏南圩区河网化调查研究报告(初稿)》,江苏省档案馆,档案号:3224 - 短期 - 964。

② 水利电力部上海勘测设计院:《太湖流域低洼圩区典型调查研究报告》(1963 年 6 月),吴江市档案馆,档案号:2012 - 2 - 35。

③ 同上。

④ 同上。

⑤ 同上。

三、联圩并圩的生态与社会效应

(一)积极影响

1. 部分联圩抵制洪水能力有所增强

20 世纪 50 年代以来,对圩堤的培修、河道的疏浚、打坝并圩及发展机电排灌,一定程度上提高了部分联圩内抵制洪水的能力。从水利电力部上海勘测设计院 1963 年 3 月对嘉善、吴兴、吴江、昆山、青浦 5 县 10 个联圩的调查可知,圩堤高程一般均在 3.8—5.8 米,顶宽一般在 1.5 米以上。高程一般超过1954 年洪水位 0.5 米左右,其中吴兴皇坟圩区标准最高,超过 1954 年洪水位1 米;青浦圩区的圩堤标准稍低,但亦超过 1954 年洪水位 0.2 米(见表 8-7)。

联圩并圩将若干小圩并成一大圩,相应地缩短了防洪线。1958 年,吴江县将 887 个鱼鳞小圩,联成 70 多个大圩,保护面积 398 530 亩。防洪圩堤从原来的 2 444.72 千米缩短到 899.57 千米,减少 63.2%。其中梅堰公社原有 89个小圩,圩堤总长 174.46 千米,建立 8 个大小联圩后,防洪线缩短到92.83 千米。八都公社徐家漾联圩由 53 只自然圩组成,总面积 36 892.6 亩,涉及二省二县四个公社 21 个大队 174 个生产队,联圩后防洪堤从原先的163.9 千米缩短到 33 千米[①]。至 1963 年初,吴兴县皇坟圩、斜桥头圩,嘉善县中星圩、陶南圩,青浦县崧泽圩、青山圩、尤浜圩,吴江县双阳圩、大新圩,昆山县江浦圩等联圩的防洪线也大为缩短(见表 8-8)。吴兴太湖公社职里机埠,并圩面积 7 000 多亩,缩短防洪圩堤 76%;石门公社二大棣机埠,并圩面积 2 300 亩,缩短圩堤 40%;长兴鸿桥公社南孙机埠,并圩面积 1 768 亩,缩短防洪圩堤 77.5%[②]。防洪线的缩短,不但减少了修圩土方量,节省防汛器材和劳力,而且也易于集中精力防守。同时可减少蓑衣漏,节省排水成本。

---

① 吴江县革命委员会农水局:《吴江县二十三年来水利工程情况总结》(1973 年 5 月 4 日),吴江市档案馆,档案号:2011-1-51。
② 《打坝并圩的作用》,湖州市档案馆,档案号:79-15-22-11。

表8-7 1963年3月皇坟圩等10联圩水利设施表

圩区名称	单位	吴兴县皇坟圩	吴兴县斜桥头圩	嘉善县中星圩	嘉善县陶南圩	青浦县松泽圩	青浦县菁山圩	青浦县尤泾圩	吴江县双阳圩	吴江县大新圩	昆山县江浦圩
圩堤 高程	米	5.8	5.2	4.6	4.6	3.8	3.8	3.8~4.0	4.8	4.8~5.1	3.9~4.3
圩堤 顶宽	米		1.5	2.0	2.0	1.5~2.0	1.5	1.5	2.5~3.0	2.5左右	1.5~2.0
圩堤 长度	公里	7.4	16.0	8.4	9.0	11	9	6.0	16.0	11.5	12.2
水闸 型式		/	/	/	/	套闸	单闸	单闸	/	/	单闸 套闸
水闸 数量,孔径	座/米	/	/	/	/	1/4	1/3	1/3	/	/	1/3,1/3.5
进水涵管数量孔径	个/米	1	1	/	/	/	/		1/1.2	/	/
堵坝数量	座		14	6	3	7	6	5	9	16	3
涵管数量	个	/	/	/	/	/	/	/	8	5	10
渡槽数量	个	/	/	/	/	/	/	/	5	/	6
倒虹吸数量	个	2	/	/	/	1	/	2	/	/	1
灌区数目	个	2	1	1	2	1	3	1	1	1	2
灌溉渠道总长	公里	3.5	3.5	4.81	3.05		1.09	1.95	16.3	13.5	53.9
渠道型式		半挖半填	半挖半填	半挖半填	半挖半填	填筑	填筑	填筑	填筑	填筑	填筑

续表

圩区名称		吴兴县皇坟圩	吴兴县斜桥头圩	嘉善县中星圩	嘉善县陶南圩	青浦县崧泽圩	青浦县青山圩	青浦县尤泼圩	吴江县双阳圩	吴江县大新圩	昆山县江浦圩
动力设备	变压器台数容量 台/千伏安	1/50	1/100	1/30	1/30	1/100	1/100	1/100	1/240	1/180	1/75,1/75
	电动机台数容量 台/瓩	3/34	3/52	2/20	2/20	2/68	3/83	1/20	3/103	2/84	2/84
	水泵型式 /	轴流式	轴流式	轴流式	轴流式	轴流式一台 混流式一台	轴流式一台 混流式一台	混流式	轴流式	轴流式	轴流式
	水泵台数口径 台/吋	3/14 2/18	1/14 1/18 1/22	2/14	2/14	1/24 1/14	1/24 2/14	1/14	1/24 3/22	2/24	2/22
	船机台数容量 台/马力	0.5/12	3/32	/	1/12	/	/	/	1/20	2/40	1/20
	柴油机台数容量 台/马力	2/48	/	/	/	/	/	/	1/7	/	/

资料来源：水利电力部上海勘测设计院：《太湖流域低洼圩区典型调查研究报告》(1963年6月)，吴江市档案馆，档案号：2012－2－35。

表8-8 皇坟圩等10联圩外港圩岸线缩短情况表(1963年3月)

圩区名称	原有外港圩岸线长（公里）	缩短外港圩岸线长（公里）	$\frac{缩短外港圩岸线长}{原有外港圩岸线长}$（%）
皇坟圩	13.9	6.5	46.7
斜桥头圩	28	12.0	42.9
中星圩	9.2	0.8	8.7
陶南圩	11.0	2.0	18.2
崧泽圩	40.9	29.9	73.0
青山圩	27.7	18.7	67.5
尤浜圩	13.5	7.5	55.5
双阳圩	54	38.0	70.4
大新圩	21.5	9.8	46.0
江浦圩	46.0	33.8	73.5

资料来源:水利电力部上海勘测设计院:《太湖流域低洼圩区典型调查研究报告》(1963年6月),吴江市档案馆,档案号:2012-2-35。

联圩后,由于普遍采用机电排涝,代替了水车,加快了排涝时间,同时采用了预降水位等措施,提高了抗涝能力。皇坟圩等联圩的抗涝能力,"一般由一次(3—5日)降雨200—260毫米,提高到一次降雨(3—5天)310毫米左右","由于机电排涝迅速,缩短了农作物受淹时间,对农作物正常生长起了决定性作用"[1]。

联圩过程中,圩区的"三闸"(套闸、防洪闸、分级闸)配套工程也相继建设。如苏州市,到1962年底,建成联圩套闸45座,防洪闸96座,分级闸25座[2]。至1999年,无锡万亩以上的34个圩子建有套闸64座,防洪闸200座,分级闸92座[3]。"三闸"配套工程的建设对调节洪水方面也起到了一定

---

[1] 水利电力部上海勘测设计院:《太湖流域低洼圩区典型调查研究报告》(1963年6月),吴江市档案馆,档案号:2012-2-35。

[2] 苏州市水利史志编纂委员会编:《苏州水利志》,上海社会科学院出版社1997年版,第206—207页。

[3] 无锡市水利局编:《无锡市水利志》,中国水利水电出版社2006年版,第156页。

的作用。

2. 农作物产量有所提高

联圩后,圩区的农作物产量得到了提高。如崧泽圩里浜大队 1954 年水稻亩产为 168 斤,1962 年增至 623 斤,1962 年较 1954 年增长 270%;尤浜圩区尤浜大队 1954 年水稻亩产 150 斤,1962 年增至 679 斤,1962 年较 1954 年增长 350%[①]。农作物产量的增加虽与肥料、种子、田间管理等农业技术措施密切相关,但水利设施对抗涝保产也起到了至关重要的作用。

联圩后,圩区内春棉花与双季稻种植面积均有较大幅度增加。圩内部分地区因地下水位高,长期以来未能种植春棉花,20 世纪 50 年代"实行打坝并圩,建立机电排灌站以后,春花播种面积有了大量的发展"[②]。如吴兴太湖公社,"在未打坝并圩以前,由于地势低洼,外港水位经常高出田面,有93%—95%土地不能种植春花,打坝并圩后通过预降水位,使春花单位面积产量由原来的 30—40 斤提高到 70—80 斤"[③]。又如吴兴大麻公社永秀管理区,"在未打坝并圩以前,春花只能种植 10%,亩产仅 60—70 斤,1958 年打坝并圩预降水位后,春花面积由 10%增加到 90%,单产由 60—70 斤增加到200 斤"[④]。过去因劳力、肥料及水利条件的影响,不能种植双季稻,"实行机电排灌后改善了水利条件,并节省了大量劳力,就有可能多积肥,推广双季稻。有的地区开始试种一年三熟制,即一季大麦和两季水稻"。双季稻与单季稻比较,"一般亩产可增产 150—200 斤","1962 年有些圩区种植双季稻面积约占水田面积的 30%左右"。

各圩区在疏浚河道的同时,相继进行农田整治与改造。随着联圩在内河预降条件的改善,也加强了对农田的除渍。其办法主要是开沟并结合以暗管、暗墒等设施,形成内外配套、沟沟相连的排降系统,一定程度上克服了

---

① 水利电力部上海勘测设计院:《太湖流域低洼圩区典型调查研究报告》(1963 年 6 月),吴江市档案馆,档案号:2012－2－35。

② 同上。

③ 《打坝并圩的作用》,湖州市档案馆,档案号:79－15－22－11。

④ 嘉兴专区水利局:《嘉兴专区打坝并圩预降水位情况介绍》(1960 年 4 月 15 日),湖州市档案馆,档案号:79－15－22－29。

地表水及地下水的危害，从而提高了农产品的产量。

（二）消极影响

1. 太湖流域水系蓄泄能力总体下降

虽然联圩并圩使联圩区内排涝能力得到了增强，但从整个太湖流域来看，太湖水系的蓄泄能力在下降。据有关资料分析，20 世纪 50 年代初期，5—9 月流域面雨量达 900 毫米以上时，太湖才会出现超过 4 米水位，而 20 世纪 80 年代流域面雨量仅 400—500 毫米，太湖即出现超 4 米的高水位，这表明太湖水系蓄泄洪水的能力明显下降了[①]。

造成这种现象的原因是多方面的。除太湖上游入湖水量比例增大及下游黄浦江泄洪能力下降等外，联圩并圩、围湖造田引起的调蓄水面积的减少与下游排水河道的堵塞也是重要的原因。

几十年的联圩并圩使许多河网湖泊被圩堤圈圩封隔，使圩内河道、湖泊成内港、内湖，"联圩并圩后，圩外的水面积相应的缩小了，减少了外港口河槽容积，降低了外港的调蓄能力"[②]。

吴江县潭垱公社桥门联圩，总面积 2 235 亩，但水面积仅 20 亩，占 0.95％。由于水面积过少，形成"一落就满，一抽就干"，不能预降。湖滨公社向阳联圩水面积只占总面积的 4.6％，无法坚持预降，如日降雨量 100 毫米，积水面积达 1 020 亩，占 32％，成涝面积 74 亩，占 2.5％[③]。

新中国成立以来，尤其是 20 世纪六七十年代以来，在"与湖要粮""以粮为纲"的口号下，开展了大规模的围湖造田活动，更是直接降低了湖泊滞洪调蓄作用。

据 20 世纪 80 年代末的实际量算和调查结果，"近 20 年来太湖平原就圩

---

① 马湘泳、虞孝感等：《太湖地区乡村地理》，科学出版社 1990 年版，第 28 页。

② 水利电力部上海勘测设计院：《太湖流域低洼圩区典型调查研究报告》(1963 年 6 月)，吴江市档案馆，档案号：2012 - 2 - 35。

③ 吴江县革命委员会农水局：《吴江县二十三年来水利工程情况总结》(1973 年 5 月 4 日)，吴江市档案馆，档案号：2011 - 1 - 51。

外水面积减少了 650 平方公里,占太湖平原总圩外水面积的 26％,其中以湖西地区圩外水面积的减少最多,竟比 60 年代减少 42％。若与 1954 年汛期水量平衡实况相比,全流域河湖调蓄容积现已减少近 10 亿立方米,太湖的调蓄容积比 60 年代减少了 2 亿立方米以上"[1]。

同时,"由于联圩并圩及围垦工程,也堵死了一些排水河道,使下游宣泄不畅,影响排水"[2],如由澜溪塘、頔塘、运河等河道组成的杭嘉湖排水走廊,由于 1958 年后在太浦河以南吴江县境内联圩并圩,兴建万亩以上大圩 21 座,使頔塘、澜溪塘、运河等排水河道出现许多"卡脖子地段",河道断面上游宽下游狭,排水不畅;又如,上海青(浦)松(江)大包围实施后,在昆山县境内沿青松边界原有 25 个向东的排水出口,仅剩 2 个,过水断面减少 90％,结果造成汛期坝上下游水位差可达 0.3—0.5 米[3]。

2. 水域生态环境遭到一定程度的破坏

首先,联圩并圩打乱了原有的水文系统,导致水域生物资源的破坏。

联圩并圩和围湖垦殖虽有助于阻止洪水对圩区的威胁,但也导致圩外水面积的下降和湖泊的萎缩,水生植物分布面积和浮游动物、鱼类赖以生栖空间的缩减。20 世纪 50 年代的太湖芦苇面积和产量分别为 73.3 平方千米和 13.2 万吨,至 80 年代分别减至 15.0 平方千米和 2.7 万吨[4]。70 年代五里湖几乎无水生植物,沿岸带水生植物大量萎缩。至 90 年代,原竺山湖生长旺盛的沉水植物亦近绝迹[5]。水生植物演变的原因虽是多方面的,如太湖淤浅、营养物质增加等,但联圩并圩无疑也是重要的因素。

联圩并圩使一些河网湖泊被圩堤圈圩封隔,严重影响洄游性或半洄游性鱼类的自然繁衍。太湖 20 世纪 60 年代有鱼类 101 种,到 80 年代降为 72

---

[1] 马湘泳、虞孝感等:《太湖地区乡村地理》,科学出版社 1990 年版,第 28—29 页。
[2] 吴江县革命委员会农水局:《吴江县关于水系问题的初步调查报告》(1970 年 9 月 16 日),吴江市档案馆,档案号:2011-1-46。
[3] 马湘泳、虞孝感等:《太湖地区乡村地理》,科学出版社 1990 年版,第 29 页。
[4] 李新国等:《太湖流域主要湖泊的水域动态变化》,《水资源保护》2006 年第 3 期。
[5] 陈立侨等:《太湖生态系统的演变与可持续发展》,《华东师范大学学报(自然科学版)》2003 年第 4 期。

种,90 年代更进一步减少到不足 60 种。大中型鱼类数量大幅度下降,经济鱼类种群减少,经济价值较低的小型杂鱼成为优势种群[①]。

其次,联圩并圩的配套工程对河道水势产生重要影响,水体自由交换功能减弱。

联圩的配套工程,如套闸、防洪闸、分级闸及机电灌排等在一定程度上提高了圩区抵御洪水的能力,但对河道的水势也产生了重要影响。"一方面,汛期联圩关闭,内外河道隔绝,特别是低洼湖荡地区,关闸时间长达数月之久,各类污水长时间地汇集在圩内河道,形成一个相对于圩外河道的污染源。另一方面,由于联圩的防洪排涝工程大部分设在河道的口门处,地势较低,加上地面沉降的原因,很多联圩在一年中的大部分时间要关闸,以确保下水道的正常排水需要。"[②]这样,使得圩区内外水体自由交换和自净能力削弱,联圩内河流容易形成死水,造成水质的下降。

3. 工程效益未能充分发挥

联圩并圩存在规划不合理、工程不配套问题,从而影响工程效益的发挥。在联圩并圩过程中,一些圩区未能因地制宜、合理规划,充分考虑局部利益和总体利益的关系,而是一味要求缩短汛线,扩大包围圈,从而"引起了航运、排涝和水费负担等方面的矛盾,因而发生并后又分的不稳定局面,既造成工程上的浪费,而且也影响了圩区的生产"[③]。如吴江县北王大圩,因面积达 3.7 万亩,联圩后影响上游排水和地区航运,圩内排水和灌溉方面矛盾很多,后被迫拆成六个圩区。

排灌站位置、渠系布置不合理情况大量存在。如昆山县江浦圩,机房位于北部边缘,东南干渠和西南干渠由于距机房远(渠道末端距机房约 10 公里),输水路线太长,再加之渠系工程质量较差,渗漏量大,渠系利用系数只

---

① 李新国等:《太湖流域主要湖泊的水域动态变化》,《水资源保护》2006 年第 3 期。
② 焦涛:《圩区建设对城市水环境的影响及对策》,《江苏环境科技》2006 年第 S2 期。
③ 水利电力部上海勘测设计院:《太湖流域低洼圩区典型调查研究报告》(1963 年 6 月),吴江市档案馆,档案号:2012－2－35。

有 0.4,致使该二干渠的供水发生困难,部分农田得不到灌溉①。有些圩区在渠系布置上因要求方正,过多地裁弯取直,未能很好利用原有的河网,如江浦圩就形成了沟边开沟、河边开河的现象,共开挖土方 79 万立方米,平均每亩耕地负担 97 立方米,共挖压耕地 817 亩,占耕地总面积的 10%,且圩内河渠过多,桥梁较少,民众意见较多②。

联圩工程也还存在不配套现象。"有的排灌站动力设备与渠系尺寸不配套,渠道断面偏小,与排灌站全部水泵的出水能力不相适应"③,如吴江县大新圩渠道断面过小,不能满足全部水泵的出水能力。也有渠系建筑物不配套,渠道过河建筑物的尺寸太小,在进口处产生壅水现象,加大了水头损失。一些圩区渠系则没有建立相应的防洪闸或排水涵洞,如吴江县铜罗公社高路包围总面积 16 356 亩,涉及 5 个大队 65 个生产队,只有 1 个套闸,阻碍交通,影响积肥,每逢修闸则全部不通;谭坵公社 6 069 亩的谭东联圩没有一座套闸;湖滨公社向荣圩有 860 亩排涝田,其中 115 亩高田本可外排,因未建外排涵洞而转入内排,占 14%;其他联圩田面在 4 米以上的,由于没有外排工程,也未进行外排④,这都影响到工程效益的发挥。

4. 部分联圩因施工质量低下和其他原因,存在安全隐患

联圩内虽不乏质量较好,符合基本要求者,如吴江双阳圩、青浦尤浜圩、吴兴皇坟圩等,但也有一些联圩因赶工程进度或缺乏经验与技术指导等,存在严重的质量问题。

圩堤达不到设计的标准,如吴江县大新圩"由于工程施工质量较差,渠道断面浅狭,边坡陡直。渠底凹凸不平,纵坡无一定比降,甚至出现倒坡现

---

① 水利电力部上海勘测设计院:《太湖流域低洼圩区典型调查研究报告》(1963 年 6 月),吴江市档案馆,档案号:2012 - 2 - 35。

② 同上。

③ 同上。

④ 吴江县革命委员会农水局:《吴江县二十三年来水利工程情况总结》(1973 年 5 月 4 日),吴江市档案馆,档案号:2011 - 1 - 51。

象,未达到设计要求,加之平时重视保养不够,质量退化特别严重"①。至 20
世纪 70 年代初,吴江全县有险工圩(含部分联圩)391 只,险工地段(包括险
工坝)640 处 1985.565 千米,影响面积 244 984 亩,占联圩水稻总面积的
44 197 亩的 60%②。防浪作物也大为减少,不符护堤要求,全县护堤水生作
物 52.9 公里,芦苇、蒿草 28.7 公里,只占防洪堤 2.88%③。

由于缺乏严格管理,有人在圩堤上乱垦乱种,扒堤取土。如 20 世纪 70
年代铜罗公社高路联圩总长 15 855 米圩堤上,到处被工农、红旗、民丰、跃进
等大队群众扒堤种菜,仅工农大队从鸭娘浜到高路闸种了 3 750 米,红旗大
队从高路闸到大德塘桥种了 1 944 米,平均扒低堤顶 35 公分。湖滨公社新
跃大队一度把沿太湖的向荣圩圩堤 2 550 米划作自留地,后虽经制止,但部
分群众仍乱垦乱种,削弱防洪能力④。有的群众为建窑掼坯,擅自从圩堤上
取土,有的甚至任意开缺堵口,如湖滨公社长扳、向阳、胜利、胜建、新港等 6
个联圩,任意开通坝头 31 条,加重了防洪压力。

水利矛盾,造成互不修圩。一是邻省之间,如浙江省北里公社东南大队
第一生产队,有 108 亩田在吴江县青云公社金光联圩内,因怕控压土地,
长期不肯修圩,造成 650 米险工地段,影响面积 2 637 亩;二是邻县之间,如
吴县郭巷公社塘东大队 140 亩田在吴江县湖滨公社城东联圩内,因田少堤
长标准差,对所属地段长期失修,造成 50 公尺长险坝 1 个和 640 公尺险工
地段,影响面积近万亩;三是邻社之间,如吴江县同里公社献中大队为在坎
头拔船的方便,不肯加高圩堤,使水田长期低于洪水位,一出险情就影响面
积 1.2 万亩⑤。

除圩堤外,也存在其他工程质量问题,如一些"排灌站机房发生不均匀

---

① 水利电力部上海勘测设计院:《太湖流域低洼圩区典型调查研究报告》(1963 年 6 月),吴江
市档案馆,档案号:2012-2-35。
② 吴江县革命委员会农水局:《吴江县二十三年来水利工程情况总结》(1973 年 5 月 4 日),吴
江市档案馆,档案号:2011-1-51。
③ 同上。
④ 同上。
⑤ 同上。

沉陷,造成机轴歪曲和机房外墙裂缝;渠道没有夯实,漏水严重;斗门门槽变形,门板失散,不能很好地进行配水;水闸止水不严,渗漏很大,等等"[1]。这都一定程度上影响了联圩并圩工程效益的充分发挥。

5. 圩区内外的交通受到影响

联圩并圩后,将一些地区性的排水干河、航运要道、荡漾围入圩内,或堵塞了一些重要河道,致使圩区"较普遍地存在着圩内外的航运交通问题,对积肥及圩内外物资运输均有一定影响"[2]。如双阳圩(耕地面积约 1 万亩),每年约需运进河泥 224 万担,主要集中在 12 月至 4 月间,平均每日近 2 万担。联圩后不但取泥困难,而且运输也成问题。从对吴兴、嘉善和吴江三片的调查看,"圩区越大,圩区对外交通问题越突出。吴江县西部的万亩以上大圩(有些圩区虽已建了套闸,尚不能满足要求,群众普遍反映进出不方便,送公粮多花劳力,影响积肥。吴兴县一般超过 4 000 亩的圩区,群众对交通和积肥问题就有反映。"[3]另据水利电力部上海勘测设计院 1963 年对嘉善、吴兴、吴江、昆山、青浦 5 县 10 个圩区的调查,交通问题主要有以下三种类型[4]。

一是部分圩区虽建造了水闸,但因水闸位置不合适,航运交通仍有不便。如昆山县江浦圩,套闸建于圩区西南角,远离水闸东部及北部地区,运输还是依靠翻坝驳运。而位于套闸附近地区的民众,要去县城还需从外港绕过半个圩区才能抵达,延长了通航时间。

二是少数圩区(如嘉善中星圩及陶南圩)在汛期开坝通航。汛期堵封,排汛期开坝通航是圩区较普遍的方式,但少数圩区在汛期亦开坝。其问题是:每年需花一定劳力进行开坝堵坝,圩区土源成问题;更严重的是,如遇暴

① 水利电力部上海勘测设计院:《太湖流域低洼圩区典型调查研究报告》(1963 年 6 月),吴江市档案馆,档案号:2012-2-35。
② 同上。
③ 水利电力部上海勘测设计院:《太湖流域若干主要圩区及河网调查研究报告(初稿)》(1964 年 7 月),江苏省档案馆,档案号:4096-003-3370。
④ 水利电力部上海勘测设计院:《太湖流域低洼圩区典型调查研究报告》(1963 年 6 月),吴江市档案馆,档案号:2012-2-35。

雨堵坝不及时,会造成外水倒灌,加重排涝负担。如吴江县大新圩 1962 年 9 月第 14 号台风暴雨,未能及时封坝,外港水倒灌,内水位达 3.75 米,田内最深积水达 1.3 米,增调 80 匹马力流动船机,排水 9 天方得脱险。

三是部分圩区常年封坝,圩内外交通依靠翻坝驳运。如吴兴斜桥头圩,常年封坝,1962 年均有 40 万斤货物转运过坝,耗费 2000 工日。吴江县大新圩、嘉善县中新圩在打坝并圩时,分别将地区性重要河道大龙港、翁江汶港筑坝封堵,使该地区航运受到影响。由于常年封坝,也使一些圩区原来的活水河港变成死水河港,水质变坏,影响到村镇居民生活用水。

6. 各种矛盾分歧屡有发生

联圩初期,虽有部分圩区成立了相应的管理组织,管理制度能够执行,但"有些圩区(如青浦崧泽圩和尤浜圩)缺乏统一的管理组织;有些圩区(如吴兴斜桥头圩和嘉善陶南圩)虽有管理组织,但制度不健全,发挥作用不大;还有些圩区管理人员的水平跟不上要求,尤其在包括几十个生产队的大圩区,管理工作更是复杂"。因此,"经常在用水、水费负担、水利建设出工以及管理人员的报酬等问题上发生矛盾,又得不到及时解决,影响圩区正常生产"[1]。如青浦青山圩有六个生产大队,因没有统一的管理组织,由排灌站所在地的青山大队暂管。由于管理水平较差,账目不清,甚至将 1962 年青山大队捕鱼所花的电费亦纳入水费内,引起其他大队的不满并拒缴水费。1963 年修建水闸时,由于没有做好各大队的协调工作,有一大队认为受益少,拒绝出工,宁可退出圩区,独自成立小圩,其他生产大队对联圩并圩亦兴趣不大,因此打算拆成三个小圩区,从而又带来了新的矛盾[2]。据统计,吴江县"套闸有专人管理、制度健全的有 58 座,占 55.77%;兼职管理、制度不太健全的有 13 座,占 12.53%;无人管理,放任自流的有 33 座,占 31.7%。所

---

[1] 水利电力部上海勘测设计院:《太湖流域低洼圩区典型调查研究报告》(1963 年 6 月),吴江市档案馆,档案号:2012-2-35。

[2] 同上。

有防洪闸全部无人管理"①。至于圩区内大队间互相抢水、任意搭接电线造成人员伤亡的情况亦屡有发生。水利电力部上海勘测设计院将当时圩区存在经营管理方面的问题,概括成四个方面:"(1)工程管理方面,对渠系工程的维修养护重视不够,分工负责不够明确;(2)用水管理方面,对灌水原则(先高后低、先远后近、先急后缓)和排水原则(先低后高)执行不严,常常引起高低田间的灌排矛盾;(3)财务管理方面,经济核算做得较差,对水费成本缺乏详细的分析,在水费负担上未能很好贯彻合理负担政策;(4)机务管理方面,缺乏明确的检修制度,在一定程度上影响机器的正常运行。"②

20 世纪八九十年代以后,圩区工程管理机构和管理方式有很大的改变,"直管型""转制型""托管型"等相继出现,如苏州市 652 个联圩中,由乡镇水利站直接管理的占 22%,由乡镇管理的占 24%,由专业组织管理的占 1%,由村级管理的占 53%③。但由于管理模式和标准不一致,部分圩区防洪排涝设施分属多部门管理,技术人员"青黄不接"的现象依然存在。为此,一些圩区开始探索和创新管理方法,按照"宏观调控、经济调节、市场监管、社会管理、公共服务"的要求,逐步将圩区的运行、维护管理经费纳入各级公共财政预算,实行管养分开;逐步将圩区建设与管理纳入科学化、标准化、规范化、制度化的管理轨道。

---

① 吴江县革命委员会农水局:《吴江县二十三年来水利工程情况总结》(1973 年 5 月 4 日),吴江市档案馆,档案号:2011 - 1 - 51。
② 水利电力部上海勘测设计院:《太湖流域若干主要圩区及河网调查研究报告(初稿)》(1964 年 7 月),江苏省档案馆,档案号:4096 - 003 - 3370。
③ 骆金标等:《苏州市圩区现状及其治理对策》,《水利发展研究》2011 年第 1 期。

第九章

禁垦下的"围垦潮"：
20世纪六七十年代吴县的湖荡围垦

关于新中国成立后太湖流域湖荡围垦与利用问题，学术界已展开初步探讨。但研究主要集中在围湖利用的动态变化及其对流域生态环境尤其是水环境的影响方面，对禁垦令下湖荡围垦的成因尚缺乏深入系统的分析（详见绪论中的学术界研究现状）。为此，本章以吴县为个案，对 20 世纪 60 年代后期与 70 年代初期禁垦下"围垦潮"的出现及其成因进行分析，并阐释改革开放后"围垦潮"的消退与垦区退耕、利用情况，以深化这一领域的研究。

一、湖荡禁垦政策

太湖流域的湖荡围垦在宋元时期即已存在。至清代随着气候水文的变化、泥沙的淤积，湖滩面积愈益扩大。晚清和民国时期，由于政局动荡、灾害频繁，大批灾民相继涌入太湖流域，东太湖数万亩湖荡被围垦，尹山湖及其他一些内部湖荡也有不少被围。因湖荡围垦导致河道堵塞，影响泄洪，易发水灾，清朝和民国政府多次提出禁垦，但收效甚微。1935 年，江苏省政府颁布了《江苏省制止围垦太湖湖田办法大纲》；1937 年，扬子江水利委员会勘定东太湖湖界，订立钢骨水泥界桩，界外禁止占垦；1948 年，长江水利总局重申禁垦，但太湖流域围垦情况并未禁止。新中国成立后，华东军政委员会、苏州专员公署、吴县人民政府等对太湖流域的湖荡均坚持禁围、禁垦的方针。1952 年，华东军政委员会水利部颁布《太湖流域湖泊管理规划》，规定"全流域有蓄洪作用的湖泊严禁围垦""严禁在原有堤岸处添筑子圩、储泥或筑捞泥池"。1953—1954 年，苏州专员公署、吴县、吴江县"对东太湖禁垦线以内的垦圩进行清理，重申以禁垦线为界一律不准自行垦殖"[①]。

20 世纪 50 年代中后期，由于农田水利的推进和国营农场的建设，政府主持的复圩和群众自发式围湖行为开始出现。吴县、吴江均在东太湖等地

---

① 吴县地方志编纂委员会编：《吴县志》，上海古籍出版社 1994 年版，第 413 页。

围垦了湖荡,如吴县的越溪乡、长桥乡在扇子尖、匹字圩、大刘家滩、小刘家滩、小方圩、黄芦港—老井河等地都进行了围垦。20 世纪 60 年代初期,随着"大跃进"的结束和"调整、巩固、充实、提高"八字方针的实施,在"以粮为纲"的同时,发展多种经营,追求高指标、盲目围垦的情况暂时得到制止。但到1965 年后,尤其是"文化大革命"开始后,情况发生了完全改变,整个太湖流域掀起了湖荡围垦的热潮。吴县"盲目围垦湖荡的情况比较严重,合计围垦、围湖占水面积达十余万亩,主要在东太湖、西太湖、阳澄湖、盛泽荡、青涓湖、青倚荡、澄湖、九里湖、西石湖、澹台湖、黄泥兜、沙湖、赭灯湖、荡郎湖等","枉泾、越溪甚至在 700 米宽的泄洪道中也筑了圩子"[①]。对太湖流域出现的大规模湖荡围垦现象,江苏省、苏州地区、吴县政府各管理部门都先后下发了禁垦令。

1966 年 3 月,吴县县委与吴江县委签订《关于东太湖湖面管理问题的协议》,同年 8 月,根据双方协商,又重新修订了协议,规定"从有利于泄洪、蓄水,有利于减轻湖床淤积出发,以原有禁垦线为标准(建立石柱),在禁垦区内今后一律不准围垦,正在围垦的要撤出劳力,拆除圩岸,不准种植。在禁垦区中心东侧开辟宽 700 公尺的泄洪道。泄洪道分三路排泄:一路出瓜泾口,宽 300 公尺;一路为鲇鱼口,宽 200 公尺;再一路牛腰泾,宽 150 公尺。泄洪道内不准种植作物,已种植的水上作物要力争在本年六月底前移出,以利泄洪"[②]。

1968 年 6 月 24 日,江苏省革命委员会生产指挥组下发《关于太湖水网地区湖泊围垦的意见》,针对部分县和社队为了安排渔民定居生产和扩大耕地,未经有关主管部门批准擅自围垦,影响水利的情况,提出了如下意见。

(一) 凡沿湖社队群众一概不得利用湖荡进行围垦,作为扩大耕地面积或其他用途。

---

① 《吴县农机局关于贯彻执行省革委会处理围垦湖荡的几点意见》(1975 年 6 月 18 日),苏州市吴中区档案馆,档案号:0608 - 4 - 59。
② 《中共吴江县委、吴县县委关于东太湖湖面管理问题的协议》(1966 年 8 月),苏州市档案馆,档案号:H27 - 2 - 28 - 46。

（二）关于安排渔民的定居、生产、生活问题，应按照中央有关指示及全省"渔改"会议的精神，要积极就地多方面设法解决。如确有困难，必须围垦湖荡，则应按以下规定办理：

1. 行洪蓄水的重要湖泊和涉及两省边界的湖泊，以及上下游有水利矛盾地区的湖泊，原则上不能围垦。

2. 为了防止大小年份，河、湖洪水位抬高，影响沿湖低洼圩区排涝，对围垦地区要因地制宜采取蓄洪垦殖措施。

3. 围垦湖泊不得打乱原来水系，不得堵断或缩狭行洪、灌溉、航运的主要河道。

4. 渔民垦殖应与一般农业社队社员有所区别，每人平均耕地面积不得超过当地农业社队每人平均水平。

5. "渔改"围垦要有全面规划，对水利、航运、农业等方面，应作统一考虑。事先应与水利、航运、水产、农业等部门及沿湖有关社队联系协商，做好具体规划，签订协议文件，由有关县（市）报请专区提出初审意见后，报省批准执行。

（三）凡未经报批，而擅自围垦目前正在施工的，请有关县（市）做好当地群众的政治思想工作，说服他们暂停围垦；或者已经围垦好的，都必须立即按手续补送具体规划，如实反映情况，报省研究处理。①

该意见明确规定，除"渔改"社队外，其他社队均不得围垦湖荡；"渔改"围垦必须遵循相关要求，进行系统规划；对擅自围垦者要做好思想工作暂停围垦等。应该说，禁垦思路是清晰的，态度是坚决的。

1968 年 7 月 5 日，吴县革命委员会生产指挥组下发了江苏省革命委员会生产指挥组《关于太湖水网地区湖泊围垦的意见》，重申未经批准不得擅自盲目围垦湖泊，"车坊、斜塘、郭巷、越溪、横泾、浦庄、渡村、镇湖、洞庭等公社凡未经审批而擅自围垦（包括复田）目前正在施工的，有关公社都要做好

---

① 《江苏省革命委员会生产指挥组关于太湖水网地区湖泊围垦的意见》(1968 年 6 月 24 日)，苏州市吴中区档案馆，档案号：0608 - 4 - 60。

思想政治工作,说服他们停止动工,去冬今春已经围垦的,都必须立即按手续补报具体规划,如实反映情况,送本组处理"①。

1971年10月,吴县、吴江两县又联合对东太湖泄洪道的界桩进行复位和补桩②;水利电力部也于1972年1月在《关于太湖治理的初步意见》中指出,在新规划批准实施前,应保持现太湖蓄水及排水能力,严禁围垦。过去已围垦和种植的蒿草,严重阻水的应予处理。1971年8月以后,围垦的应一律拆除。此后,省、地部门也多次指出不准围湖,对圈围水面的现象应按照水利电力部和省、地的指示办理,要采取必要的措施处理围湖问题。③

尽管政府部门屡再强调湖荡禁垦,但并未取得实际的效果,围垦之风愈演愈烈。到1973年,吴县年围垦面积达38 205亩。直至"文革"结束,随着改革开放和家庭联产承包责任制的推行以及产业结构的转变,太湖流域的私围乱垦之风才得以基本控制。

二、20世纪60年代后期至70年代初的"围垦潮"

有关吴县湖荡围垦的数量,学者们研究结果并不一致,王书婷依据档案资料和方志记载,统计得出1950—1990年,太湖以东(含吴江、吴县、昆山、青浦、嘉善等县)湖荡围垦面积约为32.09万亩;同时又利用MapInfo软件计算出围垦面积约为35.15万亩,其中东太湖围湖大约10.15万亩,占围湖面积总数的31.63%④。但她未对吴县围垦数量作专门说明,如按她的硕士学位论文后所列附录——《1950—1990年太湖以东湖荡围垦数据统计表》计算,吴县的围垦数量为100 305亩。丁启明、吴正茂认为,新中国成立以来,"吴县

---

① 江苏省吴县革命委员会文件(68)吴革(生)字第054号:《关于转发江苏省革命委员会生产指挥组"关于太湖水网地区湖泊围垦的意见"的通知》,苏州市吴中区档案馆,档案号:0608 - 4 - 60。

② 吴县地方志编纂委员会编:《吴县志》,上海古籍出版社1994年版,第413页。

③ 江苏省水电局、地县水利局调查组:《围湖情况调查报告》(1974年7月13日),苏州市吴中区档案馆,档案号:0608 - 4 - 60。

④ 王书婷:《太湖以东湖荡围垦及改良利用研究(1950—1990年)》,上海师范大学硕士学位论文,2019年。

境内共有湖荡围垦圩子 130 个,围垦总面积 133 409 亩,其中东太湖共有 59 个圩子 59 947 亩,占湖荡围垦总面积的 44.9%;内部湖荡围垦次之,共 39 个圩子 47 091 亩,占湖荡围垦总面积的 35%;西太湖围垦的面积最小,共 32 个圩子 26 372 亩,占湖荡围垦总面积的 19.8%"①。但他们没有提供数据的来源与依据。1994 年出版的《吴县志》载,至 1987 年吴县累计围垦湖荡 130 处,共 133 605.43 亩。其中以东太湖最多为 59 个圩,60 416.66 亩;西太湖 32 处,26 367.57 亩;内部湖荡 39 处,47 091.2 亩②。那么,新中国成立以来,尤其是 20 世纪六七十年代吴县湖荡围垦的数量到底有多少呢? 江苏省、苏州市的相关部门曾进行过多次湖荡围垦的调查,其中全面系统的调查就有两次。笔者依据苏州市档案馆及苏州市吴中区档案馆所藏调查资料进行分析。

第一次调查是 1974 年 5 月,江苏省水电局、苏州地区水利局会同吴江、吴县等水利部门,对 1958 年至 1974 年苏州地区湖荡围垦情况进行了全面调查。结果显示,1958 年至 1971 年,围垦 16.3 万亩;1971 年至 1974 年,围垦 9.1 万亩;1958—1974 年共围垦 25.4 万亩,其中吴县围垦 13.4 万亩,1971 年以前为 7 万亩,1971 年后为 6.4 万亩(见表 9 - 1)。

表 9 - 1 1958—1974 年苏州地区实围水面积统计汇总表

序号	县别	1958—1970 年	1971—1974 年	合计
1	吴县	7.0 万亩	6.4 万亩	13.4 万亩
2	吴江	3.9 万亩	2.5 万亩	6.4 万亩
3	无锡	1.2 万亩	0.2 万亩	1.4 万亩
4	常熟	3.1 万亩	/	3.1 万亩
5	昆山	1.1 万亩	/	1.1 万亩
6	合计	16.3 万亩	9.1 万亩	25.4 万亩

资料来源:江苏省水电局、地县水利局调查组:《围湖情况调查报告》(1974 年 7 月 13 日),苏州市吴中区档案馆,档案号:0608 - 4 - 60。

---

① 丁启明、吴正茂:《浅析湖荡围垦的开发利用》,《资源开发与保护》1988 年第 3 期。
② 吴县地方志编纂委员会编:《吴县志》,上海古籍出版社 1994 年版,第 412 页。

第二次调查是在 1984 年,苏州市水利局"组织有关县(市)对湖荡围垦进行了全面调查核实。历年来,吴县、吴江、常熟等县(市)总围湖荡水面28.449 万亩,主要分布在东、西太湖和淀泖地区"①。其中吴江县围垦 83 802亩、昆山 16 500 亩、常熟市 31 001 亩、苏州郊区 7 740 亩、吴县 145 447 亩②。此次调查统计的范围是 1954—1979 年,不含 20 世纪 80 年代后的围垦数③。它主要是在 1974 第一次调查的基础上,进行全面的核实、修正,因此,虽有个别遗漏④,但大致上是可信的。因此,加上 20 世纪 50 年代两次遗漏的围垦数和 80 年代的围垦数,新中国成立以来,吴县的湖荡围垦总数应不少于154 270 亩。

至 1985 年,吴县的湖荡围垦遍及东太湖、西太湖及阳澄、淀泖地区,其中东太湖 75 个圩子,52 709 亩,占湖荡围垦总数的 34.17%;西太湖 36 个圩子 61 562 亩,占 39.9%;阳澄区 11 个圩子 10 175 亩,占 6.6%;淀泖区 15 个圩子,29 824 亩,占 19.33%。具体分布见表 9-2。

围垦时间主要集中在 20 世纪 60 年代后期至 70 年代初期。1965—1974年,围垦面积达 131627 亩,占总围垦数的 85.32%;尤其是 1969—1974 年,6年围垦数为 112 209 亩,占总围垦数的 72.74%;1965 年前共围垦 17 799 亩,占总围垦数的 11.54%,均为 20 世纪 50 年代围垦,60 年代初期无围垦情况。1975 年后,湖荡围垦迅速下降,除 1977—1978 年围垦游湖 4 500 亩及20 世纪 80 年代围垦西太湖 344 亩外,再无出现湖荡围垦的情况⑤(见表 9-3)。可见,吴县的围垦潮出现于 20 世纪 60 年代后期至 70 年代初。

---

① 苏州市水利局:《关于湖荡围垦情况调查和初步处理意见的报告》,苏州市档案馆,档案号:C75-001-0032-001。
② 同上。
③ 20 世纪 80 年代后吴县围垦数很少,仅围 3 处,计 344 亩。
④ 据王书婷研究,20 世纪 50 年代围垦总数中还应包括 1955 年围垦东太湖 479 亩和 1958 年围垦尹山湖 8000 亩。参见王书婷:《太湖以东湖荡围垦及改良利用研究》(1950—1990 年),上海师范大学硕士学位论文,2019 年。
⑤ 参见苏州市档案馆藏苏州市水利局:《关于湖荡围垦情况调查和初步处理意见的报告》(1985 年 3 月 7 日)中的《湖荡围垦情况调查表》,75-001-0032-001;王书婷:《太湖以东湖荡围垦及改良利用研究(1950—1990 年)》文末附录《1950—1990 年太湖以东湖荡围垦数据统计表》,上海师范大学硕士学位论文,2019 年。

表 9-2 吴县湖荡围垦情况调查汇总表(截至 1985 年 2 月)

区别	围垦圩		已还水圩		近期准备还水圩	
	个数	面积（亩）	个数	面积（亩）	个数	面积（亩）
东太湖	75	52 709	16	19 652	44	25 413
西太湖	36	61 562	13	21 435	15	29 423
阳澄区	11	10 175	3	3 300	8	5 535
淀泖区	15	29 824	5	4 200	11	13 024
合计	137	154 270	37	48 587	78	73 395

资料来源：1.苏州市水利局：《关于湖荡围垦情况调查和初步处理意见的报告》，苏州市档案馆，档案号：C75-001-0032-001；2.增补的 1955 年围垦东太湖 479 亩、1958 年围垦尹山湖 8 000 亩，参见王书婷：《太湖以东湖荡围垦及改良利用研究(1950—1990 年)》文末附录《1950—1990 年太湖以东湖荡围垦数据统计表》，上海师范大学硕士学位论文，2019 年；20 世纪 80 年代后吴县的围垦数 344 亩，参见吴县地方志编纂委员会编：《吴县志》，上海古籍出版社 1994 年版，第 412 页；3.汇总表截止时间为 1985 年 2 月。

表 9-3 吴县 20 世纪 50—70 年代湖荡围垦统计表

	地点	湖荡名称	围垦年月	围垦面积（亩）	围垦区所在乡	已还水还渔面积（亩）	近期准备还水还渔面积(亩)
阳澄区	塘湾湖	塘湾湖	1968—1969 年	750	唯亭	750	
	金山圩	阳澄湖	1969 年	450	田泾		450
	荡郎湖	阳澄湖	1970—1971 年	1 950	田泾	1 950	
	青涓湖	青涓湖	1970—1971 年	1 650	跨塘	600	1 050
	盛泽荡	盛泽荡北	1973—1974 年	1 860	湘城		1 860
	阳澄湖	阳澄湖	1973—1974 年	705	湘城		705
	青倚荡	青倚荡	1973—1974 年	915	渭塘		615
	阳澄湖	阳澄湖	1973—1974 年	90	太平		90
	阳澄湖	阳澄湖	1973—1974 年	1 040	太平		
	田泾	阳澄湖	1973—1974 年	195	田泾		195
	田泾	阳澄湖	1973—1974 年	570	田泾		570

续表

地点	湖荡名称	围垦年月	围垦面积(亩)	围垦区所在乡	已还水还渔面积(亩)	近期准备还水还渔面积(亩)
尹山湖	尹山湖	1958 年	8 000			
独墅湖东北	独墅湖	1968—1969 年	900	斜塘	900	
红卫	独墅湖	1968 年	30	车坊、郭巷		30
赭灯湖	赭灯湖	1969—1970 年	1 350	车坊、郭巷	600	750
白洋湖	白洋湖	1969—1974 年	450	车坊、郭巷		450
塘南	黄天荡	1969 年	25	车坊、郭巷		25
沙湖	沙湖	1970—1971 年	3 500	斜塘	400	800
石湖	石湖	1970—1971 年	3 259	长桥		3 259
黄沙斗	黄沙斗	1970—1976 年	675	车坊		675
县养殖场	沙湖	1971—1972 年	3 300	斜塘	2 000	
塘北	黄天荡	1972 年	40	车坊、郭巷		40
澹台湖	澹台湖	1973—1974 年	300	长桥	300	
九里湖	九里湖	1973—1974 年	2 490	车坊		2 490
澄湖北	澄湖	1973—1974 年	3 855	车坊		2 855
澄湖南	澄湖	1973—1974 年	1 650	车坊		1 650
消夏湾	西太湖	1954 年	1 260	石公		
渡水桥港北—石船湾	西太湖	1958—1973 年	2 300+195	东山	2 494	
小贡山	西太湖	1967—1968 年	240	镇湖		240
五·七	西太湖	1968—1969 年	2 325	太湖	1 000	
梅益圩	西太湖	1969—1970 年	69	石公		69
跃进圩	西太湖	1969—1970 年	75	石公		75
镇夏圩	西太湖	1969—1970 年	81	石公		81
西大圩	西太湖	1969—1970 年	5 850	东山		5 850
东大圩	西太湖	1969—1970 年	8 085	东山		8 085

地点栏：淀泗区（第一区段）、西太湖（第二区段）

续表

地点	湖荡名称	围垦年月	围垦面积（亩）	围垦区所在乡	已还水还渔面积（亩）	近期准备还水还渔面积（亩）
中圩	西太湖	1969—1970 年	4 545	东山		4 545
红星	西太湖	1969—1970 年	150	东渚		150
长星	西太湖	1969—1970 年	100	东渚		100
市桥	西太湖	1970—1977 年	540	镇湖		540
白塔圩	西太湖	1970—1971 年	450	金庭		450
战略圩	西太湖	1970—1971 年	3 645	金庭		3 645
居山圩	西太湖	1970—1971 年	1 610	石公		1 610
震建圩	西太湖	1970—1971 年	600	堂里	600	
角里圩	西太湖	1971—1974 年	510	堂里	510	
牡丹港—朱家浜	西太湖	1971 年前	2 100	望亭电厂	煤灰池2 100	
后埠湾	西太湖	1972—1973 年	135	金庭		135
大寨圩	西太湖	1972—1973 年	4 875	石公		
西高咀	西太湖	1972—1973 年	900	东山	900	
东葵咀	西太湖	1972—1973 年	5 775	东山	5 775	
东太湖大堤南	西太湖	1972—1973 年	510	东山	510	
漫山（西口）	西太湖	1972—1973 年	540	太湖	540	
新桥	西太湖	1973—1974 年	60	镇湖		60
沿太湖	西太湖	1973—1974 年	4 000	通安	3 200	
沿太湖	西太湖	1973—1974 年	3 200	东渚	早已还水	
杵山—新上	西太湖	1973—1974 年	1 000	镇湖	1 000	
胥口西侧	西太湖	1973—1974 年	225	胥口	225	
胥口东侧	西太湖	1973—1974 年	480	胥口	480	
游湖	西太湖	1977—1978 年	4 500	兴福、东渚、金庭	1 000	3 500

续表

地点	湖荡名称	围垦年月	围垦面积(亩)	围垦区所在乡	已还水还渔面积(亩)	近期准备还水还渔面积(亩)
扇子尖	东太湖	1954 年	885	越溪		
匹子圩	东太湖	1954 年	600	越溪		
大刘家滩	东太湖	1954 年	2 100	越溪		
小刘家滩	东太湖	1954 年	1 035	越溪		
三十亩六十亩	东太湖	1957 年	570	长桥		
小方圩	东太湖	1958 年	105			
黄芦港—老井河	东太湖	1958 年	270			270
文革圩	东太湖	1965—1966 年	795	横泾		795
大寨圩	东太湖	1965—1966 年	1 095	横泾		
新建圩	东太湖	1965—1966 年	1 065	横泾		1 065
鸡山港	东太湖	1965—1966 年	3 060	长桥	3 060	
鸡山港—石鹤港	东太湖	1965—1966 年	1 650	长桥	1 650	
射鹤山—直京港	东太湖	1965—1966 年	240	长桥	240	
石鹤港—射鹤山	东太湖	1965—1966 年	150	长桥	150	
跃进圩	东太湖	1966 年	165	横泾		
木里村圩	东太湖	1966 年	240	横泾		
泥城埂	东太湖	1966—1968 年	285	越溪		285
新光圩	东太湖	1967 年	435	横泾		435
新安圩	东太湖	1967—1968 年	990	横泾		990
上泽圩	东太湖	1967—1968 年	840	横泾		840
备战圩	东太湖	1968—1969 年	2 505	横泾		2 505
新民圩	东太湖	1968—1969 年	525	横泾		525

（地点列左侧合并单元格：东太湖）

续表

地点	湖荡名称	围垦年月	围垦面积（亩）	围垦区所在乡	已还水还渔面积（亩）	近期准备还水还渔面积（亩）
新公圩	东太湖	1968—1969 年	480	横泾		480
张家荡	东太湖	1968—1969 年	945	横泾		
献忠圩	东太湖	1969—1970 年	780	横泾	380	
新光新圩	东太湖	1969—1970 年	1 140	横泾		1 140
新思圩	东太湖	1969—1970 年	925	横泾		
前进圩	东太湖	1969—1970 年	120	横泾		120
张家荡(前进)	东太湖	1969—1971 年	975	横泾		975
张家荡(红旗)	东太湖	1969—1971 年	135	横泾		135
黄泥滩	东太湖	1969—1971 年	930	越溪		930
西周家滩	东太湖	1969—1971 年	1 470	越溪		
庞家滩西侧	东太湖	1969—1971 年	540	越溪		540
庞家滩东侧	东太湖	1969—1971 年	300	越溪		300
庞家滩南侧	东太湖	1969—1971 年	450	越溪		450
小金墩	东太湖	1969—1970 年	360	越溪		360
火字圩	东太湖	1969—1970 年	360	越溪		360
长荡	东太湖	1969—1970 年	240	越溪		240
小芦荡	东太湖	1969—1970 年	135	长桥		135
大三角尖	东太湖	1971—1972 年	330	横泾	330	
四无圩	东太湖	1971—1972 年	1 350	横泾		1 350
上泽新圩	东太湖	1971—1972 年	120	横泾		120
新民新圩	东太湖	1971—1972 年	315	横泾		315
新众新圩	东太湖	1971—1972 年	525	横泾		525
七一大圩(新思)	东太湖	1971—1972 年	465	横泾		
七一大圩(跃进)	东太湖	1971—1972 年	600	横泾		
七一大圩(木里)	东太湖	1971—1972 年	750	横泾		

续表

地点	湖荡名称	围垦年月	围垦面积(亩)	围垦区所在乡	已还水还渔面积(亩)	近期准备还水还渔面积(亩)
大三角尖东	东太湖	1971—1972 年	330	横泾	330	
大三角尖侧	东太湖	1971—1972 年	120	横泾	120	
直京港—大由港	东太湖	1971—1972 年	315	长桥		315
大缺口—庙材港	东太湖	1971—1972 年	1 005	长桥		1 005
庙材港—新开河	东太湖	1971—1972 年	585	长桥		585
新开河—黄芦港	东太湖	1971—1972 年	540	长桥		540
大缺港(老河)	东太湖	1973—1974 年	6 075	渡村	6 075	
张家浜文革圩	东太湖	1973—1974 年	2 820	浦庄	1 800	1 020
新曙圩	东太湖	1973—1974 年	600	横泾	600	
新思圩	东太湖	1973—1974 年	60	横泾		60
七一大圩南侧	东太湖	1973—1974 年	600	横泾		600
新路圩	东太湖	1973—1974 年	90	横泾		90
新思圩	东太湖	1973—1974 年	60	横泾		60
七一大圩南侧	东太湖	1973—1974 年	600	横泾	600	
张家荡(红旗)	东太湖	1973—1974 年	30	横泾		30
张家荡(前进)	东太湖	1973—1974 年	585	横泾		585
张家荡(红旗)	东太湖	1973—1974 年	900	横泾		600
张家荡(旺山)	东太湖	1973—1974 年	810	越溪		810
东太湖梢	东太湖	1973—1974 年	780	长桥	200	580
东太湖大堤北	东太湖	1973—1974 年	375	长桥		375
民主圩	东太湖	1973—1974 年	435	长桥	200	235
团结圩	东太湖	1973—1974 年	270	长桥	70	200
大三角尖	东太湖	1973—1974 年	480	横泾		
新联圩	东太湖	1974 年	120	横泾	120	

资料来源:1.按苏州市水利局:《关于湖荡围垦情况调查和初步处理意见的报告》(1985 年 3 月 7 日)中的《湖荡围垦情况调查表》整理,苏州市档案馆,档案号:75-001-0032-001。

三、禁垦中出现"围垦潮"的成因

为何在各级政府层层禁令下，吴县甚至整个太湖流域的围垦之风未能有效刹住，反而在20世纪60年代末70年代初，出现了"围垦潮"呢？究其原因，主要是：

1. 受"文革"影响，政府组织受到严重冲击，禁垦令得不到有效实施

"文革"时期，各级政府受到不同程度的冲击，原先的政权组织形式被"革命委员会"代替，它是一种由革命干部、革命群众代表、军队代表(农村为民兵代表)组成的"三结合"的一元化领导体制，是阶级斗争扩大化的产物，不能适应现代社会管理的要求。一些地方政府对基层的影响力和控制力遭到削弱，围垦禁令屡屡得不到执行。这可从当时各级管理部门上报的请示报告和意见中反映出来。如1968年9月18日，吴县《关于东太湖围垦情况的查勘汇报和处理意见的报告》中提到，"近几年来特别是1968年以来，枉泾、太湖、越溪等四个公社未经批准，擅自围垦，扩大耕地面积有7091亩，如果再加上筑堤所压废地以及圩内白水面积就达8864亩"[①]。这些围垦活动有的是公社直接动员实施的，有的则是公社下属的生产大队实施，公社劝阻无效，如越溪公社革委会曾对其属下6个大队擅自围垦的现象进行多次劝阻，"但由于当时受枉泾影响，劝阻无效"[②]。又如，1975年6月18日《吴县农机局关于贯彻执行省革会处理围垦湖荡的几点意见》中提到，"关于禁垦湖荡问题，中央水电部、省委、地县委早已三令五申，但围湖之风一直未能刹住"[③]。同年的另一份报告中也提及，苏州地区水利局"每年冬春均向各县、社重申了中央和省'严禁围垦湖荡'的指示。但是这个问题，一直未引起重

---

① 《关于东太湖围垦情况的查勘汇报和处理意见的报告》(1968年9月18日)，苏州市吴中区档案馆，档案号：0608-4-60。
② 同上。
③ 《吴县农机局关于贯彻执行省革会处理围垦湖荡的几点意见》(1975年6月18日)，苏州市吴中区档案馆，档案号：0608-4-59。

视,注意纠正,相反逐年在进行",“这是只顾眼前,不顾全局的表现,是无组织无纪律的行为"①。

由于政府组织受到冲击,使得湖荡围垦权限的审批也非常混乱,王书婷在研究太湖以东地区湖荡围垦批准单位情况时指出,批准单位上至省级部门,下至人民公社,省革委会、血防办、地方公社等均有批准,“审批权限的庞杂,极易出现乱围,无视上级管理",而且到 20 世纪 60 年代末和 70 年代初以后审批权以地方公社为主,“反映了筑堤围湖的组织性群体逐渐下移,群众自发式围垦群体的扩大,使太湖以东地区筑堤围垦在范围及程度上,呈现扩大趋势"②。吴县的情况也是如此。

2. 响应“农业学大寨”“备战备荒为人民”等号召,向“湖荡要粮”

20 世纪 60 年代中期,“农业学大寨”运动开始。“农业学大寨”是中国共产党以解决粮食问题为中心,探索农村社会主义现代化作出的重要尝试。开始主要是学习大寨自力更生、艰苦奋斗的精神,但“文革”开始后一度演变成席卷农村的强制性政治运动。农田水利建设是“农业学大寨”的中心内容之一,广大农民群众积极响应号召,投身农田水利建设之中。到 20 世纪 70 年代,农田水利建设达到高潮,一大批水库、渠道、塘坝、水井、涵洞等得到修建。但在学大寨过程中,也出现了一些主观臆断,把大寨经验绝对化、形式化的倾向,违反因地制宜原则,甚至盲目开垦湖荡。如苏州地区,“每年冬春,数以百万计的劳动大军,浩浩荡荡开赴各个战场,大搞农田基本建设"③。广大干部群众不但学大寨开山治坡,而且在低洼湖荡区整治河网,开垦湖荡。吴县革委会的报告中提到,“各地贫下中农都大学毛泽东思想,自力更生、奋发图强,根据毛主席‘农业学大寨’教导,有雄心壮志向湖水夺回

---

① 《关于湖荡围垦问题的情况和意见》(1975 年 7 月 3 日),苏州市吴中区档案馆,档案号:0608 - 4 - 59。
② 王书婷:《太湖以东湖荡围垦及改良利用研究(1950—1990 年)》,上海师范大学硕士学位论文,2019 年。
③ 《今日江南分外娇——江苏省苏州地区农业学大寨的基本经验》(内部稿),第 4 页。

粮田"①。

为解决大跃进后我国粮食生产及粮食短缺问题,应对国家当时面临的帝国主义侵略的威胁,毛泽东于 20 世纪 60 年代中期又提出了"备战、备荒,为人民"的方针,将之纳入国家的日常经济工作轨道,并以此更加广泛深入地开展"农业学大寨"运动。这对当时我国的粮食生产产生了重要影响。太湖流域的湖荡围垦也由此更加活跃起来。一些部队也提出了与地方联合围垦农场的请求,如中国人民解放军某部队在一份报告中提到,"为切实贯彻毛主席'备战、备荒,为人民'的伟大战略方针,经我部和吴县革委会研究查勘后,计划在我部吴江农场以西、东太湖北部围垦东西宽 4 公里,南北长 7 公里,围垦总面积约 4.3 万亩,除河堤、沟渠控压面积外,实际耕地面积约为 3.2 万亩。其中部队 1.6 万亩,吴县 1.6 万亩,农场分东西二片,东片属部队,西片属吴县,中间以环河为界。"②吴县太湖公社在一份报告中也谈到,"在荒滩筑圩种田,方向是对的,是符合毛主席'五七'指示和'备战、备荒,为人民'的伟大战略措施"③。

3. 为解决"人多田少""渔民陆上定居"等,部分社队在围垦湖荡上找出路

由于大跃进、人民公社运动及自然灾害的影响,吴县人口在 1961 年一度下降至新中国成立以来的最低谷。但从 1962 年起,又出现了补偿性生育高峰,尤其"1966 年'文化大革命'开始后,生育呈无政府状态,人口增长较快。1969 年,全县人口超过百万,达 1 014 257 人。1970 年,全县共有 1 037 623 人,比 1961 年增加 215 783 人,平均每年增加 23 976 人,年平均增长 2.92%,该阶段成为新中国成立后人口发展的第二个高峰期"④(具体见表 9 - 4)。

---

① 《吴县革命委员会关于围垦问题的请求报告》,苏州市吴中区档案馆,档案号:0608 - 4 - 1980 - 60。

② 《中国人民解放军××××部队吴县革命委员会关于联合围垦农场的规划报告》(1969 年 7 月 20 日),苏州市吴中区档案馆,档案号:0608 - 4 - 60。

③ 《吴县太湖人民公社革命委员会关于将渔民已围垦的荒滩纳入国家计划面积的请示报告》(1968 年 8 月 15 日),苏州市吴中区档案馆,档案号:0608 - 4 - 60。

④ 吴县地方志编纂委员会编:《吴县志》,上海古籍出版社 1994 年版,第 244 页。

表 9-4　吴县人口统计表(按 1987 年底区划)

年份	人口数	非农人口	
		人数	占总人口百分比(%)
1949	686 569	79 217	11.54
1958	825 687	69 390	8.40
1959	833 846	84 619	10.15
1960	831 665	99 009	11.90
1961	821 840	82 365	10.02
1962	835 925	87 081	10.42
1963	869 290	87 431	10.06
1964	894 670	86 333	9.65
1965	919 219	86 711	9.43
1966	947 266	86 919	9.18
1967	969 383	91 252	9.41
1968	990 528	105 121	10.61
1969	1 014 257	83 799	8.26
1970	1 037 623	87 592	8.44
1971	1 054 571	88 319	8.37
1972	1 066 658	91 131	8.54
1973	1 078 950	92 471	8.57
1974	1 085 670	921 395	8.48
1975	1 092 899	89 867	8.22
1976	1 100 617	90 467	8.22
1977	1 109 558	90 664	8.17

资料来源:吴县地方志编纂委员会编:《吴县志》,上海古籍出版社 1994 年版,第 244 页。

随着人口的速增,人多地少的矛盾就显现出来,对耕地的要求也愈显迫切,一些社队和单位开始在围垦湖荡上打主意。如枉泾公社新安大队,1958年人均耕地 1.9 亩,1967 年降至 1.5 亩,"群众反映,近几年来人口不断增长,但土地不增加,围垦点湖作为弥补"①。又如越溪公社中六大队,有2个自然村606人,耕地仅899亩,由于"人口逐年大幅度增长,社员迫切需要把原来开过的小刘家荡重新开起来",并于1968年3月,"在社员迫切要求下自觉地一致行动起来,各生产队组织了所有劳动力全部投入做埂的工程"②。此类情况还有不少,正如1969年的一份报告所言:"吴县人口多、土地少,最少社队每人仅有四分地,广大贫下中农迫切需要扩大耕地面积,力争多收粮食。"③

湖荡围垦与连家渔民陆上定居密切相关。连家渔船是太湖流域传统的生活方式,解放前,连家渔民"终年靠一条破船,一口破网,一串小钩度日",解放后,连家船渔民响应"组织起来"号召,逐步走上了集体化的道路。1966年2月,中共中央批转水产部党组《关于加速连家渔船社会主义改造的报告》,吴县也进行了积极的"渔改",其主要措施之一就是安排部分湖荡进行围垦利用:渔业地区的部分农业社队,无偿调拨一部分土地、水面给渔业队作生产、生活用地;有条件的渔业队,在不影响水利的原则下,适当围垦部分湖荡,建立养殖、种植和生产基地,实施陆上定居,建立渔民新村等④。渔民社队也很快行动起来,太湖公社"从1966年开始,就有新联、渡桥、红旗、红光等大队开始在东太湖浅滩原来种植菱草的基础上筑圩种植水稻和水生作物,此后又有湖新、光明等大队先后围圩种田",到1968年8月,"已有6个大队在东太湖荒滩上围垦了大小八只圩堤,计土地2 668亩"⑤。1970年4月,开始白浮山潭西湖面围垦,有2 500名渔民在蟠螭、黄石浜、白浮山、长浮等岛放炮开山,运土筑堤。"先从蟠螭山西麓、白浮山东麓沿原外荡的石

① 《关于东太湖的围垦情况和处理意见的补充汇报》(1968年9月24日),苏州市吴中区档案馆,档案号:0608-4-60。

② 吴县越溪公社中六大队革命领导小组:《申请报告》(1968年7月23日),苏州市吴中区档案馆,档案号:0608-4-60。

③ 《中国人民解放军××××部队吴县革命委员会关于联合围垦农场的规划报告》(1969年7月20日),苏州市吴中区档案馆,档案号:0608-4-60。

④ 吴县地方志编纂委员会编:《吴县志》,上海古籍出版社1994年版,第347页。

⑤ 《吴县太湖人民公社革命委员会关于将渔民已围垦的荒滩纳入国家计划面积的请求报告》(1968年8月15日),苏州市吴中区档案馆,档案号:0608-4-60。

堤两端向中间筑堤;再从白浮山西、癫团浮东向中间筑成南大堤。北面在黄石浜沿原外荡养殖石堤向南筑堤;西从长浮山起向东筑堤至外荡养殖石堤,筑成'」'形的北大堤。"①1972 年春,大圩筑成,分东、西两圩,东圩 1 085 亩,西圩 986 亩,地面高程为吴淞水位 1.5 米,"当时以落实毛泽东主席的'五七'指示,解决渔民不吃商品粮,以种粮食为主,故取名'五七大圩'"②。

4. 部分领导对上级的禁垦令有时认识不到位,执行不坚决,放任了群众围垦湖荡

县水利局,甚至县革委会部分领导,有时对上级部门禁垦令的认识前后并不完全一致,态度也不够坚决,甚至有时默认群众的围垦行为。吴江、吴县县委 1966 年 3 月签署《关于东太湖湖面管理问题的协议书》后,吴县水利局部分领导就针对协议书中的相关条文提出了不同看法。"协议书"中规定:"禁垦区内一律不准围垦,正在围垦的立即撤出劳力""已围垦的要放弃"。对此,有的领导则认为,"老围垦的圩田应予保留,继续种植";"去冬今春的围垦圩田,在不影响泄洪道的前提下,暂时予以保留,但只准种水生作物,在水位超过吴淞四公尺时,绝对破围蓄洪,服务大局";"对于已经花了大量劳力、资金,必须妥善处理",认为"围了圩子之后,田不仅不准种,连荒田、草荡都让给别人,干部社员思想一时难通,弄不好要影响生产情绪"③。显然他们的意见与协议是不一致的,可以看出,他们对禁垦区一律不准围垦持保留意见,不主张已围垦的要放弃,也不赞成正在围垦的立即撤出劳力,担心全面禁垦群众会有情绪。作为当地农田水利主管部门领导持这种态度,要刹住围垦之风显然是很难的。

1968 年 5 月,吴县革委会在向江苏省革委会关于围垦问题的请示报告中谈到,根据水文资料,东太湖从 1900 年到 1954 年的 54 年中,低于警戒水

---

① 陈俊才:《太湖渔镇建设纪实》,政协吴县委员会文史资料委员会编:《吴县文史资料》第 10 辑,1993 年 7 月。

② 同上。

③ 《关于执行"关于东太湖湖面管理问题的协议书"情况报告》(1966 年 4 月 18 日),苏州市吴中区档案馆,档案号:0608 - 4 - 60。

位 3.4 米(吴淞)的年份占 45％,3.4 米至 3.8 米的年份占 30％;超过 3.8 米的年份占 25％。"既然历年的洪水规律表明低于 3.8 米的年份占 75％,如果在水位低于 3.8 米的年份对一部分浅滩围垦,十年中可以有六年得到收成","在水稻品种方面,可以利用早熟的生长期短的良种,如能抢在洪水到来之前成熟收获,保收机会可以超过 70％。如专种春麦一熟,夏秋养田休息,可以保收"。报告还谈道,"如果原则同意,可以临时围垦""我们将有计划的领导所属各公社做好规划"①。可见,吴县革委会的意见是,利用低水位时进行围垦,并通过农作物生长期的调节来实现收成,而不一定要全面禁垦。

正因如此,吴县、吴江两县虽签有协议,但"由于当时'文化大革命'已开始,双方对协议没有认真贯彻""执行协议不够坚决,泄洪道的划分及有关规定,群众不清楚,故围垦、种植继续扩大,致使太湖水面问题更加突出"②。至 1971 年 7 月,两县在禁垦线内围垦共约 4 万亩,其中吴江 2.1 万亩,吴县 1.7 万亩,军垦 0.28 万亩。③

四、"围垦潮"的消退与垦区退耕利用

1978 年 11 月,中国共产党召开的十一届三中全会开启了中国改革开放的进程,人们的思想得到了解放,中国农村也发生了巨大的变化。随着农村改革的不断深入和产业结构的调整,吴县"围垦潮"开始消退,至 20 世纪 80 年代,围垦情况基本停止。"湖荡围垦利用也出现了可喜的变化,利用方式从单一型向综合型发展;利用重点由粮油种植向水产养殖转化;利用效益由较低水平向较高水平转化。"④之所以出现这种转化,其动因主要有三:一是

---

① 《吴县革命委员会关于围垦问题的请求报告》(1968 年 5 月),苏州市吴中区档案馆,档案号:0608 - 4 - 1980 - 60。
② 《关于"七一一"吴县、吴江两县东太湖湖面纠纷的调查报告》(1971 年 7 月),苏州市档案馆,档案号:H27 - 2 - 28 - 46。
③ 同上。
④ 朱钰良:《吴县东太湖围垦地概况及利用浅析》,《农业区划》1992 年第 1 期。

国家"三农"政策的调整。改革开放后,农村产业结构从"以粮为纲"转变为既注重粮食生产,又积极发展多种经营,包产到户的生产责任制在全国普遍推行,农民的生产活力空前提高;二是吴县积极发展水产事业的推动。20世纪80年代后,吴县根据本县的实际,积极发展水产事业。按照中央"解放思想,放宽政策,搞活经济"和"发挥优势,保护竞争,推动联合"的方针,提出"专业队和生产队一起发展,实行以养为主,养捕并举,鱼蚌结合,集约经营"的原则,采取了保护水产资源和充分利用资源相结合,专业队搞商品渔生产和生产队搞自给渔生产相结合,发展养鱼和发展育珠、水生种植相结合的做法①。三是湖荡围垦的弊端日益暴露。湖荡围垦除减少蓄洪面积、影响排水、破坏生态环境外,因其地势低洼,多为低产土壤,"搞种植业不仅易涝、易渍,增产潜力有限,改良也很困难",而且"围垦田大多远离村庄,搞种植业耕作管理十分不便"②,"围垦潮"的消退和湖荡退耕利用也成为必然趋势。

1984年12月,吴县人民政府根据江苏省人民政府办公厅苏政发[1984] 61号文件精神,在对历年湖荡围垦情况作全面调查的基础上,就围垦湖荡利用提出了分类处理意见:第一类,垦区处在东太湖泄洪道上,影响行洪、泄洪的,应退耕还湖或改种水生作物,如横泾的旺山圩、红旗圩、前进圩等;第二类,影响旅游事业发展的应退耕还湖,如长桥乡的石湖圩(包括澹台湖圩);第三类,为有利滞洪,增强蓄洪能力,适应生产结构改革的需要,需逐步退耕还渔,如东山乡的东西大圩、横泾乡的"新"字片圩等22个乡的圩子;第四类,对已成为渔民陆上定居点和乡村工副业生产基地的,应因圩制宜,分步改造,如太湖乡"五七"大圩,唯亭乡的塘湾湖圩,车坊、郭巷乡的赭灯湖圩,斜塘乡的沙湖圩等③。1985年3月,苏州市水利局向江苏省水利局报告,提出处理历年围垦湖荡的基本原则:"①凡是圈圩于主要泄水通道上或影响风

---

① 江苏省吴县农业资源调查和农业区划办公室编:《江苏省吴县综合农业区划报告水产资源调查报告和区划》(1980年12月),油印本第12页。
② 丁启明、吴正茂:《浅析湖荡围垦的开发利用》,《资源开发与保护》1988年第3期。
③ 《关于湖荡围垦情况的汇报》(吴县人民政府文件吴政发[1984]293号),苏州市档案馆,档案号:C75-001-0032-054。

景旅游点的,原则上要退耕还湖,部分不能退的,要辟出泄水道。②对已经安排渔民、农民定居并划有粮田的,或已建成县(市)农场、渔场、苗圃场和工厂的,暂时保留其部分,另一部分要退耕还湖或退垦养鱼。③其他湖荡均要逐步退垦养鱼或种植水生作物。"①

按照上级部门的要求,各乡很快行动起来,根据当地实际,相继提出或实施湖荡改造和利用计划。如沿湖垦区的东山、渡村、浦庄、横泾、镇湖、长桥、越溪、光福、东渚九个乡,以提高三个效益(经济、社会、生态)为出发点,"一是以直接用粮食转化来增值,发展水产、畜牧等养殖业;二是改种果树、苗木、蚕桑等经济作物来达到提高三个效益,增加社员收入,做到因地制宜,分类指导"②。上述九个乡 20 个圩的 34 498 亩围垦面积中,"计划改渔池10 225 亩,种柑桔 7 500 亩,种桑 1 550 亩"③(见表 9-5)。其中横泾乡,确定沿太湖地区八个村以鱼、桑、果为主,沿山三个村以苗木、果树为主,公路两边七个村以蚕桑、苗木为主④。

表 9-5 苏州沿湖垦区计划调整布局的初步方案表(1984 年 9 月 10 日)

乡别	联圩名称	面积(亩)	调整的意见			
			渔池(亩)	柑桔(亩)	桑(亩)	其他(亩)
东山	新塘圩	1 200		1 200		
	东大圩	6 000	1 000	1 000		
	西大圩	4 000		4 000		
渡村	备战圩	220		220		

① 苏州市水利局:《关于湖荡围垦情况调查和初步处理意见的报告》,苏州市档案馆,档案号:C75-001-0032-001。

② 《横泾等乡关于围垦圩区调整产业结构调查情况的汇报》,苏州市吴中区档案馆,档案号:0608-4-61。

③ 《西部沿湖垦区计划调整布局的初步方案表》(1984 年 9 月 10 日),苏州市吴中区档案馆,档案号:0608-4-61。

④ 《横泾等乡关于围垦圩区调整产业结构调查情况的汇报》,苏州市吴中区档案馆,档案号:0608-4-61。

续表

乡别	联圩名称	面积（亩）	调整的意见			
			渔池（亩）	柑桔（亩）	桑（亩）	其他（亩）
浦庄	中秋圩	800	800			
	新南大圩	1 200	800			
横泾	新南大圩	1 400	650	650		
	七一大圩	3 425			500	
	天鹅荡	650	300		350	
	新齐老大荡	600	300		300	
镇湖	游湖	1 500	400			
	市桥圩	400			400	
	杵山圩	400				
长桥	南石湖	2 400	2 400			
	北石湖	1 353				
	太湖梢	1 400		500		
越溪	新大圩	4 200	2 000			
	一大队红旗圩	200				
光福	游湖	1 575	设想改渔、果、桑苗,具体未定			
东渚	游湖	1 575	1 575			

资料来源:《西部沿湖垦区计划调整布局的初步方案表》(1984 年 9 月 10 日),苏州市吴中区档案馆,档案号:0608 - 4 - 61。

20 世纪 80 年代对围垦湖荡的处理中退耕养鱼无疑是重点。据丁启明、吴正茂对 16 个代表性围垦圩的考察,在 26 389 亩生产面积中,1974 年粮油种植占 96.5%,水产养殖仅占 0.7%;1979 年粮油种植降为 87.7%,水产养殖增至 5.4%;1984 年粮油种植降为 75.8%,水产养殖进一步增加到 19.3%;到 1986 年,水产养殖已达 30% 以上[1]。另据苏州水利局调查,至 1985 年 2 月,吴县围垦湖荡中已还水圩 37 个,48 587 亩,其中东太湖 16 个

———————

[1] 丁启明、吴正茂:《浅析湖荡围垦的开发利用》,《资源开发与保护》1988 年第 3 期。

19 652 亩,西太湖 13 个 21 435 亩,阳澄区 3 个 3 300 亩,淀泖区 5 个 4 200
亩;近期准备还水圩 78 个 73 395 亩,其中东太湖 44 个 25 413 亩,西太湖 15
个 29 432 亩,阳澄区 8 个 5 535 亩,淀泖区 11 个 13 024 亩①。这些还水圩子
主要是退耕养鱼,当然除了养鱼外,其他如蚕桑、畜禽、林果、工业生产、村镇
建设等也占一定的比例,逐步形成了综合性的产业结构和新的生态体系。

五、湖荡围垦的后果

有关太湖流域湖荡围垦的后果,窦鸿身、秦伯强、刘庄、李新国、王书婷
等的研究都表明,湖荡围垦使得流域蓄泄机能下降,防洪排涝负担增大,湖
泊生态环境遭到破坏。本节主要是在他们研究的基础上,运用一些新的史
料,以吴县为例作进一步分析。

1. 大量围垦使得湖泊水域迅速减少,调节洪水的能力削弱,导致水情
恶化

据中国科学院南京地理研究所的研究,1950—1985 年,太湖流域由于围
湖种植和围湖养殖等,共建圩 498 座,面积 528.55 平方千米,占新中国成立
初期原有湖泊面积的 13.6%,平均每年因围湖利用而减少的湖泊面积为
14.69 平方千米,涉及的湖泊数量共 239 个,占新中国成立初期原有湖泊数
量的 33.8%,其中因围湖利用而消失或基本消失的湖荡 165 个,合计面积
161.31 平方千米②。其中吴县的情况也很严重,"我区境内,原有大小湖荡
水面积 80 万亩,由于不断围湖,水面逐年缩小,据调查已围去的水面有 14
万亩,近六分之一"③。天然湖泊的萎缩,使得湖泊滞洪能力大大减少,汛期
洪水水位抬高,水情恶化:"如遇 1954 年大水情或 1962 年 9 月雨型,苏州地

---

① 苏州市水利局:《关于湖荡围垦情况调查和初步处理意见报告》,苏州市档案馆,档案号:
　　C75 - 001 - 0032 - 001。
② 窦鸿身等:《太湖流域围湖利用的动态变化及其对环境的影响》,《环境科学学报》1988 年第
　　1 期。
③ 《关于湖荡围垦问题的情况和意见》(1975 年 7 月 3 日),苏州市吴中区档案馆,档案号:0608 -
　　4 - 59。

区(包括无锡市、苏州市)将要受到更大的洪涝威胁。"①经估算,太湖流域下游,按 1954 年水情,考虑围湖减少滞蓄库容之后,现状的水位要进一步抬高约 3 厘米,滞蓄水量减少 1 亿立方米;阳澄、淀泖区,如遇 1962 年 9 月雨型,水位比当时实况抬高 24 厘米②。湖荡滞蓄功能的下降,"不但增加了圩区和半高田地区圩堤防洪压力,还给内涝带来了不利"③。

2. 湖荡围垦破坏了原有水系,出口淤塞,严重影响流域排水

根据苏州市吴中区档案馆藏《关于湖荡围垦问题的情况和意见》,"吴县、吴江、无锡、昆山等县,自 1958 年以来,先后在太湖及其下游主要湖荡被围的水面有 26 万亩。从围垦发展的情况来看,1968 年冬以后到 1974 年尤为严重。以吴县和吴江最为突出。被围遍及阳澄、淀泖和东西太湖计大小湖荡有近百个"④。在阳澄湖周围通向淀山湖的一些湖荡,如沙湖、青泾湖、荡浪湖、西长白荡、澄湖等有些已全部围垦,阳澄湖本身亦被围 2 万亩。淀泖地区的九里湖、肖田湖、屯村湖、黄泥兜等湖荡都是位于排水入黄浦江通道上的主要湖荡走廊,围湖情况亦很严重。肖田湖、屯村湖已全部围垦,九里湖已被围去三分之二;澄湖、九里湖、黄泥兜等湖荡大部分的入湖水道均被堵塞;吴县的斜塘、东坊,吴江的八坼、北库,甚至在向东出淀山湖的排水河道上围河垦种。东西太湖围垦的情况,更为严重,西太湖沙塘港、里渎、大溪港、梁溪等一线,进出水口,有些亦被围养殖,"三水"阻堵了通路⑤。东太湖为太湖尾闾,包括瓜泾口、浪打穿等重要泄水口,历来是太湖宣泄湖水的咽喉。新中国成立后,尤其是 20 世纪六七十年代的围垦,使东太湖被围 8 万余亩,占东太湖水面的三分之一,甚至许多泄洪道被围,使得东太湖在毛歧港以东基本上没有白水面积,"由于大量的种植蒿草和围垦,泥

---

① 江苏省水电局、地县水利局调查组:《围湖情况调查报告》(1974 年 7 月 13 日),苏州市吴中区档案馆,档案号:0608 - 4 - 60。

② 同上。

③ 《关于湖荡围垦问题的情况和意见》(1975 年 7 月 3 日),苏州市吴中区档案馆,档案号:0608 - 4 - 59。

④ 同上。

⑤ 同上。

沙淤积,造成瓜泾口、鲇鱼口、牛腰泾泄水出路严重淤塞,对水利泄洪影响较大"①。

3. 湖荡围垦使水环境遭到破坏,水产资源的繁殖生长受到重要影响

围垦破坏了鱼类的产卵和栖息场所,"所围之处,大多是水草丛生,鱼虾产卵、育肥的浅滩湾,有的还是繁保禁渔区。东山公社东大圩和西大圩,原是多种鱼类繁殖、生长的好湖湾,现均已围垦成田,对自然鱼类的繁殖生长影响很大"②。20 世纪 50 年代的太湖芦苇面积和产量分别为 73.3 平方千米和 13.2 万吨,至 80 年代分别减至 15.0 平方千米和 2.7 万吨③。太湖浮游藻类的种数不断减少,藻类优势种群由五六十年代的硅藻演变为 80 年代的绿藻、硅藻和蓝藻。进入 90 年代蓝藻已成为太湖的优势藻类④。据赵凯等研究,"自 1960 年以来,一共有 23 种水生植物从太湖消失,从消失的物种组成来看,不仅包括了水蕨、莼菜这样的珍稀濒危物种,也包括了矮慈菇、野慈菇、眼子菜、石龙尾、茶菱这样的广布种"。消失的物种中,有 7 种是在1960—1981 年消失的,"可能是大规模围湖造田和建闸后水位变化趋于稳定造成的"⑤。湖泊沿岸带水生植物的大量萎缩,使得鱼类赖以生栖的空间缩减,鱼类种群数量减少,产量也一度受严重影响。太湖在 20 世纪 60 年代有鱼类 101 种,到 80 年代降为 72 种,90 年代更进一步减少到不足 60 种。大中型鱼类数量大幅度下降,经济鱼类种群减少,经济价值较低的小型杂鱼成为优势种群⑥。据统计,吴县捕捞产量,"1967 年曾达 180 600 担,1975 年下降为 167 600 担"。太湖银鱼产量也不断下降,"1977 年春汛,生产银鱼 6 200

---

① 《关于"七一一"吴县、吴江两县东太湖湖面纠纷的调查报告》(1971 年 7 月 20 日),苏州市档案馆,档案号:H27 - 2 - 28 - 46。

② 江苏省吴县农业资源调查和农业区划办公室室编:《江苏省吴县综合农业区域报告水产资源调查和区划》(1980 年 12 月),油印本,第 9 页。

③ 李新国等:《太湖流域主要湖泊的水域动态变化》,《水资源保护》2006 年第 3 期。

④ 陈立侨等:《太湖生态系统的演变与可持续发展》,《华东师范大学学报(自然科学版)》2003年第 4 期。

⑤ 赵凯等:《1960 年以来太湖水生植被演变》,《湖泊科学》2017 年第 2 期。

⑥ 李新国等:《太湖流域主要湖泊的水域动态变化》,《水资源保护》2006 年第 3 期。

多担,1978 年为 5 500 多担,1979 年继续下降到 3 500 多担"①。水产资源的衰退,湖荡围垦无疑是一个重要原因。

4. 湖荡围垦出现了各社队之间,甚至邻县之间与水争地的情况,助长了不良倾向

王书婷认为,人民公社化运动后,湖荡水资源的"公共性"达到前所未有的高度,"因湖荡水资源的'公共性',出现了大量向湖荡要粮的围垦活动,于是渔民、农民争围水面时有发生"②。各社队出于各种原因,"都想增加土地,把国有水面变成集体土地"③。于是在湖田种植、积肥、捞草方面,发生了诸多纠纷,"这不但是兄弟县之间存在,吴县自己本身公社与公社、队与队也是比较频繁的。太湖公社与郭巷公社曾争种过三百两圩的水生作物;车坊公社曾有部分群众来太湖积肥,与太湖公社渔民发生过纠纷"④。特别是随着"种植蒿草和围垦面积的逐渐扩大,白水湖面的缩小,沿湖群众争夺水面的矛盾逐渐尖锐"⑤。吴江与吴县的社员、渔民多次发生纠纷,甚至发生了1971 年吴江横泾公社新路大队及新曙大队与吴江县向阳大队重大冲突事件,造成恶劣影响,严重影响两县农民之间、农民与渔民之间的团结,从而助长了一些不良的倾向。

六、小结

新中国成立以来,太湖流域各级政府及管理部门对湖荡均采取了禁垦

---

① 江苏省吴县农业资源调查和农业区划办公室编:《江苏省吴县综合农业区划报告水产资源调查和区划》(1980 年 12 月),油印本,第 9 页。

② 王书婷:《太湖以东湖荡围垦及改良利用研究(1950—1990 年)》,上海师范大学硕士学位论文,2019 年。

③ 《关于东太湖的围垦情况和处理意见的补充汇报》(1968 年 9 月 24 日),苏州市吴中区档案馆,档案号:0608 - 4 - 60。

④ 《关于执行"关于东太湖湖面管理问题的协议书"情况报告》(1966 年 4 月 18 日),苏州市吴中区档案馆,档案号:0608 - 4 - 60。

⑤ 《关于"七一一"吴县、吴江两县东太湖湖面纠纷的调查报告》(1971 年 7 月 20 日),苏州市档案馆,档案号:H27 - 2 - 28 - 46。

的方针,先后下发了系列禁垦令,明确指出,除"渔改"社队外,其他社队均不得围垦湖荡;"渔改"围垦必须遵循相关要求,进行系统规划。但这些禁垦令并未能取得实际的效果,围垦之风愈演愈烈,20 世纪 60 年代后期至 70 年代初,太湖流域出现了湖荡围垦潮。新中国成立以来,吴县的湖荡围垦总数在154 270 亩左右,而 1965—1974 年,围垦面积即达 131 627 亩,占总围垦数的85.32%,围垦的湖荡遍及东太湖、西太湖及阳澄、淀泖地区。围垦潮出现的原因是多方面的:一是受"文革"影响,政府组织受到严重冲击,禁垦令得不到有效实施;二是为响应"农业学大寨""备战备荒为人民"等号召,向"湖荡要粮";三是为解决"人多田少""渔民陆上定居"等,部分社队在围垦湖荡上找出路;四是部分领导对上级的禁垦令有时认识不到位,执行不坚决,放任了群众围垦湖荡。

改革开放后,随着农村改革的不断深入、产业结构的调整,尤其是湖荡围垦弊端的暴露,使得太湖流域的围垦之风才得以消退,至 20 世纪 80 年代,围垦情况基本停止。随着"围垦潮"的消退,湖荡退耕利用也成为必然趋势。地方政府在对历年湖荡围垦情况作全面调查的基础上,对围垦湖荡利用进行了分类处理:垦区处在东太湖泄洪道上,影响行洪、泄洪的,应退耕还湖或改种水生作物;影响旅游事业发展的应退耕还湖;为有利滞洪,增强蓄洪能力,或适应生产结构改革的需要,需逐步退耕还渔;对已成为渔民陆上定居点和乡村工副业生产基地的,应因圩制宜,分步改造。经过多年的努力,湖荡围垦利用方式开始从单一型向综合型发展,利用重点由粮油种植向水产养殖转化,利用效益由较低水平向较高水平转化,逐步形成了综合性的产业结构和新的生态体系。

太湖流域大规模的湖荡围垦使得湖泊水域迅速减少,调节洪水的能力削弱,导致水情恶化;破坏了原有水系,出口淤塞,严重影响流域排水;使水环境遭到破坏,水产资源的繁殖生长受到重要影响;出现了各社队之间,甚至邻县之间与水争地的情况,助长了不良倾向。这都给我们留下了深刻的经验教训。

第十章

南太湖地区溇港的疏浚与治理

(20 世纪 60—80 年代)

一、溇港与溇港圩田体系

溇港是太湖进水和出水的河道，也称"溇""港""渎"等。进水溇港主要分布于湖西江苏宜兴境内的"荆溪百渎"和太湖南岸浙江湖州境内的入湖溇港；出水溇港主要分布于太湖东岸江苏吴江的 18 港和震泽的 72 港[①]。溇港的数量，因历史上朝代的更替，河道的开凿、改道或淤塞等，记载不尽一致（见图 10-1）。湖州地区，至元末明初，"长兴有 25 港，吴兴有 38 溇，后来长兴已增加到 36"[②]。明天顺七年（1463 年），伍余福上《三吴水利论》计境内有溇港 73，其中乌程县境 39 溇港、长兴县境 34 溇港。[③] 至清代后大致保持这一格局，《清会典事例》云："在浙东则有海塘，在浙西则海塘而外又有溇港。湖州府属乌程县境有三九溇，长兴县境有三十四溇。"[④]新中国成立后，浙江省水利局于 1954 年对杭嘉湖平原地区水利进行了全面查勘，证实吴兴有 39溇，长兴有 34 港，合计 73 溇港。1970 年，长兴县又增辟一条新的入湖水道——合溪新港[⑤]。

湖州地区溇港的雏形，可追溯到春秋时期。古代湖州民众为从事农业生产、消除水旱灾害，在长期改造低洼湿地、消除水旱灾害过程中，在苕溪、合溪等尾闾修塘浚浦，开凿人工河道，开垦田地。据相关学者研究，溇港形成一定规模应不迟于东晋和南朝宋[⑥]。东晋和南朝期间，由于大量人口南

---

① 据 1952 年查勘，原吴江 18 港和震泽 72 港仅存鲇口、瓜泾口、吴家港、太浦港等 10 多条。参见陆鼎言：《太湖溇港考》，载《湖州入湖溇港和塘浦（溇港）圩田系统的研究成果资料汇编》，2005 年 11 月，第 44—45 页。

② 郑肇经主编：《太湖水利技术史》，农业出版社 1987 年版，第 102 页。

③ 湖州市地方志编纂委员会：《湖州市志》上卷，昆仑出版社 1999 年版，第 847 页。

④ 《清会典事例》卷九百二十九《工部六八·水利》，中华书局 1991 年影印光绪二十五年石印本。

⑤ 浙江省水利志编纂委员会编：《浙江省水利志》，中华书局 1998 年版，第 408 页。

⑥ 郑肇经主编：《太湖水利技术史》，农业出版社 1987 年版，第 99 页；陆鼎言：《太湖溇港考》，载《湖州入湖溇港和塘浦（溇港）圩田系统的研究成果资料汇编》，2005 年 11 月，第 49 页。

迁,太湖滩涂和沼泽得到一定程度的开发,横塘和连接横塘的纵溇陆续开挖,河泥用于筑堤建圩,"水行于圩外,田成于圩内"。唐中叶至五代,溇港圩田快速发展。安史之乱后,北方人口的南迁和屯田垦殖的兴起,使得"一批通湖的小溇港相继开凿""初步形成了畎浍沟川畅流,沟渠堤路整齐,沟洫(水网)系统完整的圩田格局"①。此后,"随着湖滩在坍涨不定的过程中逐渐向湖面伸张,茭芦之地也逐渐被开辟为水稻田,为了适应湖田排灌和航运的

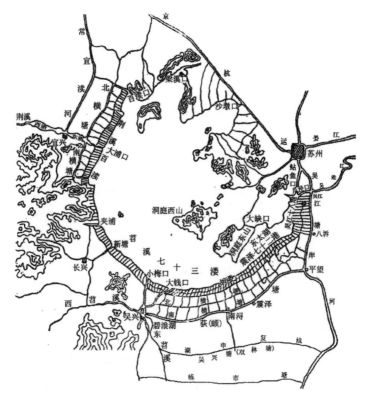

图 10-1 太湖环湖溇港(塘浦)圩田系统示意图

示意图来源:陆鼎言、王旭强:《湖州入湖溇港和塘浦(溇港)圩田系统的研究》附图 5,载《湖州入湖溇港和塘浦(溇港)圩田系统的研究成果资料汇编》,2005 年 11 月。

---

① 陆鼎言、王旭强:《湖州入湖溇港和塘浦(溇港)圩田系统的研究》,载《湖州入湖溇港和塘浦(溇港)圩田系统的研究成果资料汇编》,2005 年 11 月,第 9 页。

需要,溇港也随之逐步延长和加紧,最后发展到间隔不到一里就有一条河港[1]。宋代以后,太湖流域塘浦圩田大圩古制逐步解体,多数圩田系统开始隳坏,明清时期尤甚,只有太湖南岸的溇港圩田由于大小相对适宜,得以保留至今。

由此可见,溇港与溇港圩田体系是相辅相成的。溇港圩田是太湖流域特有的农田水利工程,是古代民众为适应环太湖地区地势低洼特点,采用横塘、纵溇河网布局,构建的具有排涝、灌溉、通航等功能的水利体系。众多的横塘、纵溇构成了规模宏大的塘浦(溇港)水网格局,溇港在水网格局中发挥着储蓄、泄洪、引补、治渍的功能[2]。具体而言,其作用有五:"①枯旱时,由之引水灌溉;②洪涝期,由之排泄渍水;③非汛期(重阳关闸,清明开闸)降低平原地下水位;④维持水运交通;⑤供给民用吃水。"[3]太湖流域之所以成为"苏湖熟,天下足"的"国之仓庾","就在于有着巨大的太湖可供旱涝调蓄,而太湖的所有调蓄作用,没有一项不是通过太湖溇港来体现的。"[4]因此,溇港及溇港圩田系统不但是中国古代一项极其伟大的水利工程,而且也"促生了南太湖地区沟防城池、蚕桑丝织、农耕渔业和运河网络交织的独特的太湖城乡聚落系统,成就了'鱼米之乡''天下粮仓'的江南美誉,孕育了灿烂的吴越文化"[5]。

据统计,到2000年,南太湖地区的湖州市本级和长兴县圩田总面积达1 647.4平方千米,圩堤总长5 958.3千米,共有耕地1 424 289亩,桑园262 457亩,鱼塘108 456亩(见表10-1)。

---

[1]　郑肇经主编:《太湖水利技术史》,农业出版社1987年版,第99—100页。
[2]　陆鼎言:《太湖溇港考》,载《湖州入湖溇港和塘浦(溇港)圩田系统的研究成果资料汇编》,2005年11月,第44页。
[3]　《吴兴县太湖溇港近期治理工程初步设计书(提要)》(1962年12月20日),湖州市档案馆,档案号:79-9-4-77。
[4]　同上。
[5]　黄瑞:《太湖溇港世界灌溉工程遗产及农旅结合规划研究》,浙江农林大学硕士学位论文,2018年。

表 10 - 1 湖州市本级和长兴县塘浦(溇港)圩田基本情况表(2000 年)

县(区名)	片数	水田(亩)	旱地(亩)	耕地小计(亩)	桑园(亩)	鱼塘(亩)	圩区总面积(km²)	圩堤总长(km)	其中结合桑地(km)	桑带占圩堤比例(%)	每圩平均面积(km²)	内水田旱地(亩)
长兴	282	445 424	34 856	480 280	25 987	24 162	393.2	726.9	280	39	1.394	1703.12
市本级小计	790	835 567	108 442	944 009	236 470	84 294	1 254.2	5 231.4	3 529	67	1.587	1194.95
吴兴区	280	287 861	40 823	328 684	58 164	29 885	510.1	1616	955	59	1.822	1173.87
南浔区	475	489 251	49 448	538 699	173 162	46 719	621.1	3 466.4	2 504	72	1.308	1134.10
开发区	35	58 455	18 171	76 626	5 143	7 691	123.0	149	69	46	3.514	2189.03
合计	1 072	1 280 991	143 298	1 424 289	262 457	108 456	1 647.4	5 958.3	3 809	63.93	1.5367	1546.52

资料来源:陆鼎言、王旭强:《湖州入湖溇港和塘浦(溇港)圩田系统的研究》附表一,载《湖州入湖溇港和塘浦(溇港)圩田系统的研究成果资料汇编》,2005 年 11 月,第 35 页。

二、20 世纪 60—80 年代南太湖地区溇港的整治

湖州地区"作为太湖上游溪流在雨季时容蓄的主要地域,疏通溇港是最为关键的"①。此地除少数溇港,如上游水量充沛的小梅、大钱等港不易淤塞及长兴县的夹浦有乌溪山下直注,新塘有泗安溪、合溪等水下冲,溇港的入湖口子较通畅外,"大多数溇港因布置过密(如原吴兴境平均间隔 725 米就有一条),水流分散,流速缓慢,冲沙无力,且受太湖风浪影响,加之沿溇居民河边垦殖、筑簖捕鱼等人为因素,极易淤淀"②。据研究,乌程县的 39 溇与长兴县的 34 溇最晚到明嘉靖时,已淤塞过半;至清代,溇港多有淤塞,导致上流之水不能倾入太湖,杭州、湖州两府地区的农田时遭淹没;太平天国时期,受战乱影响,当地的疏浚管理荒废,出现了"泥沙堆积,溇口淤阻,垦种多致淹没"的情况③。

历朝对太湖溇港都进行过疏浚,唐末和五代吴越时,太湖流域置都水营田使,设撩浅军,专职疏河道溇港;明洪武、成化、弘治、正德、嘉靖、万历及清康熙、雍正、乾隆、嘉庆、道光、同治时期都进行过疏浚;民国个别年份也进行过整治,但都未能达到理想的效果。

1. 整治的缘起

（1）多数溇港年久失修,淤塞严重

清同治九年(1870 年),巡抚杨昌濬奉谕,开浚 9 港 24 溇,建新闸 5 座④。但此后数十年,太湖溇港"未加系统疏治,以致大部分溇港已经淤塞,丧失(或减少)了原有的排水引水能力,每当山洪下注,不能畅泄太湖,被迫增加东侵,加重了吴兴、德清、桐乡等低洼涝区的受涝程度"⑤。尤其是民国时期,

---

① 冯贤亮:《近世浙西的环境、水利与社会》,中国社会科学出版社 2010 年版,第 170 页。
② 湖州市江河水利志编纂委员会编:《湖州市水利志》,中国大百科全书出版社 1995 年版,第 188 页。
③ 冯贤亮:《近世浙西的环境、水利与社会》,中国社会科学出版社 2010 年版,第 174—179 页。
④ 浙江省水利志编纂委员会编:《浙江省水利志》,中华书局 1998 年版,第 409 页。
⑤《一九六三年度浙江省嘉兴专区太湖溇港水下土方疏浚计划任务书》,湖州市档案馆,档案号:79-9-4-238。

太湖溇港"由于年久失修,淤塞极为严重,所有水闸亦多损坏,缺乏管理维护"。新中国成立初期,由于其他建设任务颇重,溇港未及全面疏浚,"河床逐年缩小淤浅,目前已成为所谓'羊肠的沟渠'一般","故每遇汛期,连续降雨,河水上涨,田间积水就不能外泄,以致成涝"①。如吴兴境内各溇港,在同一时间一次所排泄的流量只占泄入本境流量的五分之二,尚有五分之三的水量,壅积在境内各河港之中②。1957年后,溇港治理开始提上政府议事日程,同年冬开拓了幻溇,1960年修建了幻溇、大钱口大型控制闸,并对主要溇港配以专人管理,但溇港的面貌未得到太大的改观,"现有的溇港排水断面,仍不及内部河网的一半"③。据1962年5月下旬水利部门的调查,吴兴太湖溇港自长兜口以来,计有大小34条,已堵塞13条,当水位3.5米时,包括大钱港及幻溇在内,过水断面仅178.7平方米,而内部河网(北塘河以南的南北向河港)且有530.5平方米,竟为排水入湖断面的3.0倍;湖州至南浔的公路桥和纬道桥断面480平方米,是太湖溇港的2.7倍④。"正由于太湖溇港排引水断面过分狭小,以致造成旱不能充分引水,涝不能补充排泄,交通受阻,吃水困难。"⑤

又如长兴县溇港,是排泄山洪的主要通道,但淤塞情况也非常严重。1957年冬疏浚了杨家浦、花桥、沉渎港、小沉渎、芦圻、宋家港6条,"到58年春由于挖泥船坏了开走后,小沉渎、芦圻、宋家港三条的湖口迄未开通,一直没有起到应有的作用"。至20世纪60年代初期,"通畅的只有新塘、夹浦、杨家浦、花桥等七条,其余各港口大部分淤浅,只有在洪水期间可排少量山水,因此对全县各有关地区的洪涝威胁很大"⑥。

太湖溇港具体堵塞情况可参见《太湖溇港分类统计表》(表10-2)。

① 《疏浚太湖幻溇港水利工程计划书》(1958年1月30日),湖州市档案馆,档案号:79-5-15-1。
② 同上。
③ 嘉兴专署农业办公室:《吴兴县太湖溇港近期治理工程初步设计书》(1962年12月),湖州市档案馆,档案号:79-9-4。
④ 同上。
⑤ 同上。
⑥ 《长兴县人民委员关于申请拨给太湖溇港疏浚湖口水下土方经费的报告》,湖州市档案馆,档案号:0079-015-003。

表 10 - 2　太湖溇港分类统计表（1961 年 6 月）

编号	类别	名称	大湖水位 3.3 米断面	3.5 米时水深	3.5 米时断面	编号	类别	名称	大湖水位 3.3 米断面	3.5 米时水深	3.5 米时断面
1	一	石修港	1.7	0.63	2.10	20	四	断箕港	3.02	0.63	3.76
2	一	芦扙港	3.22	0.73	3.88	21	四	蝶力湾港	1.07	0.58	1.55
3	一	石漠港	1.2	0.73	1.46	22	四	金村港	4.02	0.73	4.85
4	一	梨乔港	1.2	0.73	1.46	23	四	观音港	0.81	0.53	1.06
5	一	祝家港	0.67	0.53	0.88	24	四	上周港	2.15	0.53	2.80
6	一	滩溪	2.34	0.73	2.92	25	五	爽浦	87.0	2.56	91.4
7	二	长大港	1.34	0.53	1.76	26	五	双港	1.81	0.63	2.26
8	二	丁家渚港	1.09	0.53	1.54	27	五	鸡笼港	3.22	0.73	3.88
9	二	杭渎港	1.07	0.53	1.41	28	五	沉渎港	11.35	1.43	12.4
10	二	金鸡港	1.4	0.43	2.0	29	五	福缘港	11.6	1.63	12.5
11	二	莫家港	2.41	0.73	2.90	30	五	花乔港	31.5	1.73	33.4
12	二	徐家港	0.72	0.43	0.97	31	五	芦圩港	24.4	1.53	26.0
13	二	邹家港	15.7	0.98	17.7	32	五	小沉渎	12.1	0.63	15.1
14	二	白马港	0.4	0.43	0.57	33	六	新塘	116.0	4.33	118.0
15	二	北径山庙港	0.4	0.43	0.57	34	六	杨家浦	152.0	4.13	156.0
16	二	大头港	0.2	0.43	0.29	35	一	西沙港	1.67	0.63	2.1
17	二	蔡浦港	9.6	0.63	12.3	36	一	顾家港	1.6	0.63	2.02
18	三	百步港	0.94	0.53	1.23	37	一	管渎港	1.55	0.63	1.95
19	三	竹口港	1.34	0.63	1.68	38	一	南门港	3.5	1.13	3.96

续表

编号	类别	名称	太湖水位 3.3米断面	3.5米时 水深	断面
39	三	尚沙港	1.35	0.63	1.7
40	三	汤王港	7.75	1.78	8.30
41	三	石桥浦	3.85	0.83	4.65
42	三	新泾港	3.33	1.03	3.82
43	三	潘漊	4.45	0.93	5.18
44	三	西金漊	4.7	1.13	5.31
45	三	晟漊	2.0	0.78	2.42
46	三	末漊	2.66	0.78	2.44
47	三	乔漊	2.36	0.78	2.82
48	四	宜家港	2.96	0.88	3.52
49	四	宿溪港	1.38	0.43	1.98
50	四	杨溪港	5.6	0.93	6.5
51	四	濮漊	1.3	0.53	1.73
52	四	伍浦漊	2.15	0.63	2.71
53	五	泥桥港	9.62	0.83	3.07
54	五	北门港	4.1	1.13	4.64
55	五	诸漊	5.55	1.43	5.35
56	五	沈漊	4.11	1.23	4.60

编号	类别	名称	太湖水位 3.3米断面	3.5米时 水深	断面
57	五	安漊	3.52	1.23	3.84
58	五	罗漊	4.41	1.03	5.05
59	五	大漊	5.90	1.53	6.42
60	五	东金漊	3.75	1.14	4.28
61	五	许漊	3.13	0.83	3.70
62	五	杨漊	7.13	1.63	7.25
63	五	谢漊	4.67	1.13	5.57
64	五	义皋	5.4	1.63	5.87
65	五	陈漊	3.72	0.88	4.35
66	五	蒋漊	2.46	0.83	3.52
67	五	钱漊	2.8	0.83	3.32
68	五	新浦港	2.46	0.83	2.92
69	五	汤漊	3.15	1.03	3.6
70	五	胡漊	9.76	2.63	10.3
71	六	小梅	180.0	4.93	185.0
72	六	新开河	324.0	3.43	336.0
73	六	大钱	60.0	2.63	63.2
74	六	幻漊	25.2	2.23	26.8

类别一：港口淤塞，多系筑有土坝，终年断流。水进不通，水位在3米以上始能泄进入太湖，类别三：淤港上游为内部农田"打坝并圩"的土坝所堵住，水流断绝；类别二：港口淤塞严重，平时不上游来水较少，全年有4—6月涨底朝天干涸，港口淤积和较重，类别五：港口淤积严重，类别四：上游来水较少，全年有4—6月涨底朝天干涸，港口淤积和较重，类别五：港口淤积严重，类别六：河道面宽水深、淤积面大、淤积积度不显，水流通畅朝的大河。资料来源：《太湖漊港分类统计表》，湖州市档案馆，档案号：0079-009-003。

（2）打坝并圩堵塞下游河道，抬高太湖水位，影响溇港排泄

通过第八章的论述可以得知，20 世纪 50 年代末 60 年代初，在"大跃进""人民公社"运动的推动下，太湖流域农田水利建设逐步走向高潮，联圩并圩工程全面推开。江苏的阳澄、淀泖是太湖水网圩区最低洼地区，全区各县也都开展了大规模的打坝并圩。至 1962 年，昆山、常熟、太仓、吴县、吴江 5 县已初步建成千亩以上联圩 281 个，圩田面积 176.1 万亩，其中万亩以上联圩 56 个，74.5 万亩，5 000 亩以上至 1 万亩联圩 83 个，58.0 万亩[1]。

打坝并圩虽使圩区内抵制洪水的能力有所增强，但由于联圩初期，缺乏规划和经验，产生了"联圩的面积过大，河港堵塞较多，上下游排水河道不相适应"[2]等严重问题，对上游杭嘉湖地区包括南太湖的溇港产生重要影响。

一是打坝并圩，堵塞河港，致使浙江来水下泄不畅，洪涝威胁加重。

根据 1960 年 12 月底，浙江省嘉兴专署水利局和江苏省苏州专署水利局《关于吴江县泄水河道现状情况调查报告》，太湖流域下游的吴江县和浙江交界处四条断面线，共有大小河道 77 条，除洪溪、东塘河等 24 条未堵外，其余 53 条均已堵断。具体而言：三官桥至麻溪段，全长 25 千米，沿线有大小河道 16 条，作用是向东排泄吴兴、桐乡及吴江等方面来水，目前已堵死 8 条，通畅 6 条，另 2 条排水不畅，麻溪的主要出口被堵，水流由东北改向东南；三官桥至吴江段，经草荡、长荡沿司马港、常富港行船路至吴江，全长 25 公里，沿线有大小河道 32 条，主要排泄太湖水量，现已堵塞 21 条，通畅 11 条；平望至南浔段，全长 26 千米，共有大小河道 16 条，主要排泄太湖水量，并起吞吐作用，现堵塞 13 条，3 条流急通畅，1 条河况良好，但上游狭窄；南浔至乌镇段，为苏浙二省交界，沿线 18 千米，在吴江境内

---

[1] 苏州市水利史志编纂委员会编：《苏州水利志》，上海社会科学院出版社 1997 年版，第 204 页。

[2] 中共江苏省水利厅党组：《关于吴江县并圩工程影响浙江排水问题的查勘报告》(1961 年 3 月 2 日)，江苏省档案馆，档案号：3224 -永久- 115。

计有东西向大小河道 13 条(不包括洪溪、东塘河),宣泄吴兴方面来水,目前仍通者 2 条,余已堵断[①]。另据嘉兴专署水利局 1960 年 6 月报告,"1959年吴江县大搞打坝并圩,堵塞了 70%—80% 的河道,致使我区雨水难于下泄"[②]。

二是打坝并圩,抬高了太湖水位,致使湖水倒灌,影响南太湖地区农业生产。

20 世纪 60 年代以来,南太湖地区水情有了很大的变化,"长兴、吴兴、桐乡等群众普遍反映太湖(或平原)水位比往年涨得快,退得慢,排涝的次数比往年多,抽水的时间也比往年长"[③]。这主要是由于打坝并圩堵塞了太湖下游排水河道,使太湖水位比往年有较大提高,影响了农业生产。据嘉兴专署水利局调查,太湖水位 1960 年比 1957 年抬高 43 厘米。1957 年 2 月 1 日至 10 月 1 日,平均(加权平均下同)降雨 1218.5 毫米,产生径流 105.57 亿立方米,大钱水位由 2 月 1 日的 2.91 米涨到 10 月 1 日的 3.43 米,涨高 52 厘米,太湖调蓄量 15.08 亿立方米,占总径流的 14.28%;下泄 90.49 亿立方米,占总径流量的 85.72%;而 1960 年 2 月 1 日至 10 月 1 日平均降雨 1156.5 毫米,比 1957 年还少 5%,产生径流 93.13 亿立方米,仅占 1957 年径流的 88%,但大钱水位反由 2 月 1 日的 2.92 米涨至 10 月 1 日的 3.87 米,涨高 95 厘米,比 1957 年抬高了 43 厘米,为 1957 年涨差的 182.5%,同时太湖调蓄达 27.55 亿立方米,占总径流的 29.6%,超过了 1957 年 14.28%;下泄水量仅 65.58 亿立方米,占总径流量的 70.4%,是 1957 年下泄水量的 85.72%,减少了 15.32%[④](见表 10 - 3)。

---

① 《关于吴江县洩水河道现状情况调查报告》,湖州市档案馆,档案号:0079 - 007 - 010 - 119。
② 《嘉兴专署水利局关于吴江县打坝并圩问题的报告》(1960 年 6 月),湖州市江湖水利志编纂委员会编:《湖州市水利志》,中国大百科全书出版社 1954 年版,第 631 页。
③ 《嘉兴专署水利局关于太湖水情变化的调查研究报告》(1960 年 11 月 29 日),湖州市档案馆,档案号:0079 - 007 - 010。
④ 同上。

表 10-3　1957 年、1960 年太湖入湖水量占大钱线水位比较表

| 月份 | 1957 年 | | | | | | 1960 年 | | | | | |
| | 进湖量 | | 太湖调蓄量 | | | 下泄 | 进湖量 | | 太湖调蓄量 | | | 下泄 |
	降雨	径流	月初水位	下月初水位	调蓄量	径流	降雨	径流	月初水位	下月初水位	调蓄量	径流
二	91.5	6.28	2.91	2.92	0.29	5.99	24.8	0.76	2.92	2.77	-4.35	5.11
三	62.2	3.76	2.92	2.91	-0.29	4.05	170.2	16.14	2.77	3.16	11.31	4.83
四	114.7	8.67	2.91	2.95	1.16	7.51	127.8	10.03	3.16	3.23	2.03	8.0
五	156.3	11.4	2.95	3.22	7.83	3.57	135.8	11.68	3.23	3.32	2.61	9.07
六	194.5	17.16	3.22	3.34	3.48	13.68	186.1	14.71	3.32	3.58	7.54	7.17
七	309.1	38.26	3.34	3.81	13.63	24.63	129.0	9.46	3.58	3.23	-10.58	19.61
八	162.3	11.46	3.81	3.79	-0.58	12.04	188.2	16.56	3.23	3.53	8.7	7.86
九	127.9	8.58	3.79	3.43	-10.44	19.02	174.6	13.79	3.53	3.87	9.86	3.93
合计	1218.5	105.57	2.91	3.43	15.08	90.49	1156.5	93.13	2.92	3.87	27.55	65.58

资料来源：《嘉兴专署水利局关于太湖水情变化的调查研究报告》(1960 年 11 月 29 日)，湖州市档案馆，档案号：0079-007-010。

太湖水位抬高原因,"主要是太湖下游的打坝并圩,堵塞了 40％的断面,加上东西苕溪分流导流等工程的先后完成,其增加入湖水量 5.74 亿立方米,按 70％下泄,30％留在太湖推算,抬高太湖水位 6 厘米,其余 35—45 厘米的抬高现象属打坝并圩所造成"①。嘉兴专署水利局认为,吴江打坝并圩并不是一个小问题,而是"给我区农业生产带来了两个不良影响,一是增加受涝次数,增加了受涝程度;其二是增加防洪压力,威胁着 220 万亩农田的破堤成灾"②。

太湖出口调查组根据初步计算,若遇 1954 年雨型,太湖水位将比以往抬高 0.6 米,小梅口水位将达 5.4 米,吴兴、长兴等广大平原也将抬高 0.5 米左右而达到 5.5 米,大大超过现有堤防的高度,仅浙省将有 300 万亩农田遭到比 1954 年更为严重的洪涝灾害③。另据湖州市档案馆藏档案《江苏省吴江县打坝并圩堵塞河道对浙江省杭嘉湖地区的影响》,江苏省吴江县打坝并圩堵塞河道后,"使浙江省杭嘉湖排水受阻,太湖水位抬高,扩大了杭嘉湖地区受涝面积,增加了涝区的受涝程度和排涝成本,延长了受涝时间,加重了簽衣漏和造成圩堤漫顶,溃决成灾。遇 1954 年雨型水位要抬高 56 厘米以上,受灾面积为 316 万亩(其中水田 264 万亩,旱地 52 万亩);一般洪水水位抬高 40 厘米以上,受灾面积为 250 万亩;在非汛期水位抬高 30 厘米,影响 160 万亩春花种植和生长,使收获没有保证。江苏省吴江县的打坝并圩堵塞河道对杭嘉湖地区的危害是严重的"④。

(3)东西苕溪分流工程及东苕溪导流工程,使入湖河流格局产生变化,必须加强溇港控制能力。东西苕溪至湖州城郊汇流后北注太湖,"西苕溪源短坡陡,水急流大,每遇洪水,洪峰先于东苕溪 1.5—2 天到达湖州,其中仅

① 《嘉兴专署水利局关于太湖水情变化的调查研究报告》(1960 年 11 月 29 日),湖州市档案馆,档案号:0079 - 007 - 010。
② 同上。
③ 《关于江苏省苏州地区堵塞太湖出口情况的调查报告》(1961 年 3 月 8 日),湖州市江河水利志编纂委员会编:《湖州市水利志》,中国大百科全书出版社 1995 年版,第 639 页。
④ 《江苏省吴江县打坝并圩堵塞河道对浙江省杭嘉湖地区的影响》,湖州市档案馆,档案号:0079 - 007 - 010。

四分之一经机坊港直接入太湖，余四分之三流量经城西横渚塘河及城北潘公桥流入湖州以东，侵占东苕溪入湖水道大钱港，使东苕溪洪峰到达时不能畅排，逼使东流，向崇德、桐乡、嘉兴等地排泄；部分洪水滞留市区及德清县东部一带形成大面积洪涝灾害"[①]。据 1952、1954 年实测水文资料，"当东西苕溪上游供水流量超过 700 立方米/秒时，大钱港的入湖流量仅 200 立方米/秒左右，从而形成壅阻并引发大面积的洪涝灾害"[②]。

　　为防止洪水泛滥，针对苕溪的水文特征，嘉兴专署水利局从 20 世纪 50年代后期开始，采取"上蓄、中分、下泄"的治水方针，除在东西苕溪上游兴建一批大、中、小型水库，如河口、老虎潭、青山、老石坎、天子岗水库等外，还改建一批涵闸，筑高了圩堤等。尤其是 1957 年和 1958 年，实施了东西苕溪分流工程和东苕溪导流工程。

　　分流入湖工程于 1956 年 8 月查勘定线，次年实施，1958 年 8 月竣工。工程主要是开新开河、浚长兜港，拓浚机坊东港和三里桥港，浚深梅渚漾，建城西大闸、城北大闸，兴建小型涵洞、船埠、桥梁护岸等，"从而使西苕溪洪水由旄儿港入机坊港、长兜港和由西苕溪古道经湖州城西环城河、机坊东港入长兜港，直排太湖"[③]。

　　东苕溪导流工程于 1958 年 12 月开工，1960 年 6 月竣工。"工程自德清县城南起，向北经洛舍、鲇鱼口、菁山、吴沈门、湖州城南，于城西杭长桥上游与西苕溪会合，再向北经机坊港、长兜港至太湖，导致段总长 41.4 公里。"[④]工程共投入 402.7 万工，完成土石方 658 万立方米[⑤]。在导流东岸还同时建造了德清、洛舍、鲇鱼口、菁山、吴沈门、湖州南门六座水闸。东苕溪导流工程可导引洪水 330 立方米/秒。

　　东西苕溪分流工程及东苕溪导流工程修建后，山水径入太湖，大大减轻

① 湖州市地方志编纂委员会：《湖州市志》上卷，昆仑出版社 1999 年版，第 843 页。
② 卢七召：《东西苕溪入湖河道的变迁与水文情势变化分析》，《浙江水利科技》2011 年第 5 期。
③ 同上。
④ 湖州市地方志编纂委员会：《湖州市志》上卷，昆仑出版社 1999 年版，第 845 页。
⑤ 卢七召：《东西苕溪入湖河道的变迁与水文情势变化分析》，《浙江水利科技》2011 年第 5 期。

了东部涝灾威胁。但由于当时经济基础、技术水平和施工条件,更"由于当时工程数量太大,施工期限紧迫,加之雨期来临,岸坡坍方日多,为了减少坍方,提早受益,在大部分土方已经完成的基础上,即行开坝放水,以致仍有不少土方留在河中未能完成,致使工程不能充分发挥作用"①。而且由于山水直接入湖,"多水季节太湖水位易于抬高,影响了平原排水并有湖水倒灌可能,应加强太湖溇港之控制能力"②。

2. 溇港治理工程的规划与设计

自1963年起,吴兴县把治理太湖溇港工程列为全县四大重点水利工程之一,成立吴兴县治理太湖溇港工程指挥部,力图对溇港作一系统整治。按照太湖溇港"型式小、数量多、面积广、淤塞严重"的特点,在治理方针上,采用"以恢复为主,扩建为辅;以疏浚为主,拓浚大型为辅;大小结合,分年整治的方针"③。

根据《吴兴县太湖溇港近期治理工程初步设计书》(1962年12月)④,1963—1967年,共计整治大小溇港27条,修建和兴建控制闸26座,疏浚南部河网7条。具体工程项目如下:

(1)疏浚大小溇港27条,全长56 348米。其中大型溇港4条,长9 334米:①大钱港,底宽20米,长500米;②幻溇港,底宽15米,长200米;③濮溇港,底宽10米,长1 750米;④汤溇港,底宽25米,长2 384米。小型溇港23条,底宽2—3米,总长47 014米。

(2)修建及兴建大小控制闸26座,净宽142米。其中大型控制闸3座,净孔宽50米:①湖州排水引水控制闸,净孔24米;②濮溇控制闸,净孔6米;③汤溇控制闸,净孔20米。小型溇港控制闸23座,总净宽92米。

① 《一九六三年度浙江省嘉兴专区太湖溇港水下土方疏浚计划任务书》,湖州市档案馆,档案号:79‐9‐4‐238。
② 《太湖溇港建闸工程计划任务书》,湖州市档案馆,档案号:79‐6‐13‐8。
③ 《吴兴县太湖溇港近期治理工程初步设计书(提要)》,湖州市档案馆,档案号:79‐9‐44‐77。
④ 《吴兴县太湖溇港近期治理工程初步设计书》(1962年12月),湖州市档案馆,档案号:79‐9‐4。

（3）疏浚南部河网 7 条，全长 36 750 米。①锁铭桥港，底宽 20 米，长 1 300 米；②三里桥港，底宽 35 米，长 4 100 米；③幻溇南部河网，底宽 15 米，长 7 000 米；④濮溇南部河网，底宽 10 米，长 7 750 米；⑤汤溇南部河网，底宽 25 米，长 6 300 米；⑥北塘河疏浚，底宽 10 米，长 10 000 米；⑦湖州控制闸引河，底宽 30 米，长 300 米。

（4）其他项目 5 处。①改造湖嘉公路桥一座，桥面长 47.8 米；②大钱、幻溇闸启闭机改装；③架立 10 千伏输变电工程 22 千米；④拆坝分圩 5 处，恢复溇港排引作用；⑤增设捞泥机船 2 套，负责水下土方施工。

整个工程疏浚总土方 210 万立方米，其中水上方 120 万立方米（包括闸基回填土），水下土方 90 万立方米。工程劳力需民工 81.802 万工、普工 5.4 万工、技工 3.1 万工。工程总经费 490 万元，分 5 年投资，其中 1963 年 40 万元，1964 年 204 万元，1965 年 70 万元，1966 年 90 万元，1967 年 86 万元。其中用于土方经费 322 万元，建筑物经费 145 万元，土地赔偿及其他 23 万元①。

工程按"五先五后"原则，即先恢复后新建、先小型后大型、先容易后艰难、先效益大后效益差、先配套后扩建，分期分批实施。

1963 年计划完成宋溇、新浦、钱溇、陈溇、伍浦、谢溇、杨溇、义皋、诸溇 9 条小型溇港疏浚，完成水上土方 22.7 万立方米，同时完成小型控制闸 6 座（见表 10-4）。1964 年计划完成乔溇、晟溇、石桥浦、蒋溇、许溇、西泾溇、潘溇、新泾溇、大溇、罗溇、安溇、沈溇、泥桥溇、杨渎溇 14 条小型溇港疏浚，完成水上土方 29.778 万立方米；完成 17 座小闸修建；完成 23 条小型溇港及大钱溇、幻溇局部水下土方 14.6 万立方米。1965 年计划完成湖州节制闸的建造；疏浚锁茗桥港、三里桥港水上土方 12 万立方米，水下土方 25 万立方米；1966 年度计划开拓汤溇排水道，完成水上土方 32.4 万立方米，水下土方 0.9 万立方米；完成三里桥港水下方 18 万立方米，北塘河水下方 3 万立方米和幻溇水上方 2.1 万立方米，水下方 3 万立方米；完成汤溇控制闸的兴建。1967 年度计划疏浚濮溇港，完成水上土方 10.85 万立方米，水下方 0.5 万立

---

① 《吴兴县太湖溇港近期治理工程初步设计书(提要)》，湖州市档案馆，档案号：79-9-44-77。

表 10 - 4　1963 年拟建吴兴大湖溇港计划表

序号	溇港	设计断面			疏浚长度(米)	水上土方(立方米)	拟建水闸孔宽(米)	经费(元)				劳力(民工)工日	备注
		底宽(米)	底高(米)	边坡				总计	其中: 土方经费	其中: 水闸经费	其他:排水费及赔偿		
1	宋溇	2	1.0	1.5	2400	29 482	4	24 500	23 586	/	1914	19 500	
2	新浦	2	1.0	1.5	1337.5	23 168	4	19 400	18 534	/	1866	16 000	
3	钱溇	3	1.0	1.5	1391	21 126	4	17 900	16 900	/	2000	14 500	
4	陈溇	2	1.0	1.5	1944	25 036	4	50 900	20 029	30 000	1871	16 500	
5	伍浦	2	1.0	1.5	1302.5	20 886	4	47 600	16 709	30 000	1891	13 500	
6	谢溇	2	1.0	1.5	2516	31 067	4	55 700	24 854	30 000	1846	20 500	
7	杨溇	3	1.0	1.5	2506	29 029	4	54 200	23 223	30 000	1977	19 500	
8	义皋	3	1.0	1.5	1574	21 664	4	48 300	17 331	30 000	1969	14 500	
9	诸溇	2	1.0	1.5	2172	25 862	4	51 500	20 685	30 000	1815	17 500	
合计					17 143	227 314	36	379 000	181 851	180 000	17 149	152 000	

资料来源:《吴兴县大湖溇港近期治理工程初步设计书》(1962 年 12 月），湖州市档案馆，档案号:79 - 9 - 4。

方米,建筑 6 米单孔闸 1 座;疏浚汤溇港南部河网,完成水上方 5 万立方米、水下方 10 万立方米;疏浚濮溇南部河道水上土方 2 万立方米、水下方 3 万立方米和北塘河水下土方 12 万立方米;完成湖嘉公路 28 号公路桥的改造和大钱、幻溇启闭机改装。[①]

3. 溇港治理工程的展开

至 1965 年 3 月,计拓浚溇港 16 条;新建水闸 6 座(伍浦、钱溇、新浦、宋溇、谢溇、义皋溇);新建便桥 3 座;新建义皋管理房 1 座;架设谢溇至宋溇专用高压线 7.5 公里[②]。1966 年"文革"发生后,工程项目受到一定影响,一些项目停工,未能如期进行,但某些项目也得以完成。此后水利部门对部分主要溇港及入湖河道进行了重点整治。如幻溇港,1973 年 3 月,开挖进口段和疏浚闸口段,开挖长 40 米,底宽 10 米,挖深 1.5 米;1978 年 7 月,疏浚出口段,完成土方 2 357 立方米。大钱港,1971 年 12 月进行河道拓浚,南端起自东苕溪泄水故道和孚漾,北至大钱入湖口,河面宽拓浚到 60 米,底高程－0.2 米,排水量从原来的 90 立方米/秒扩大到 220 立方米/秒,共挖土方 19.82 万立方米。1973 年 6 月,拆旧闸建新闸,重建大钱新闸。濮溇港,1970 年冬新建 5 孔闸 1 座,1978 年挖深入湖口,1982 年 9 月在濮溇口东岸建筑块石护岸 210 米。汤溇港,1978 年终至 1979 年春,进行拓浚,南起东迁公社,北至漾西公社入湖口,全长 12 千米,共开挖土方 68.25 立方米,在溇港口新建 3 孔水闸 1 座[③]。此外,吴兴县还先后对濮溇、幻溇、蒋溇、罗溇、陈溇、安溇、东金溇等水闸进行了维修与改建。

长兴县对部分所属溇港也进行了整治。1962 年新开右村港,疏浚莫家、长大、宋家等溇港。1969 年,疏浚杨家浦港[④]。1970 年动员 7 万民工开挖合溪新港,从小浦镇黄泥潭开分洪口向东流,在新塘乡沈家角入太湖,全长

---

① 《吴兴县太湖溇港近期治理工程初步设计书》(1962 年 12 月),湖州市档案馆,档案号:79-
　　9-4。
② 浙江省水利志编纂委员会编:《浙江省水利志》,中华书局 1998 年版,第 409 页。
③ 同上。
④ 同上。

14.7公里。1971—1972年建配套闸门22座、桥梁14座、翻水站1座及南北闸避洪工程等[①]。1973年1—3月,调23个公社2万余民工拓浚北塘河,拓宽河道,巩固边陂,拆建桥梁。1975年12月调13万民工拓浚新塘港、长兴港,河道总长为30.22公里,新建闸门8座,砌石护岸4972米,新建改造桥梁31座,主体工程于1978年完成[②]。

至20世纪80年代,南太湖溇港现状见表10-5、表10-6。

表10-5 太湖溇港(原吴兴县部分)现状(1989年)

所在乡名	溇港名称	长度(千米)	河道代表断面尺寸(米)			最大流量(立方米/秒)		水闸现状		启闭方式	备注
			底宽	底高程	堤距	泄洪	引水	孔数	总宽(米)		
漾西乡	胡溇	1.35	3.50	1.15	18.1	11.0	2.3	1	3.15	人力	
	乔溇	1.20	3.25	2.0	15.2	10.5	2.3	1	3.45	人力	
	宋溇	1.15	3.25	2.05	15.3	11.6	2.3	1	4.0	电动	
	晟溇	1.42	3.20	2.50	11.6	8.4	2.0	1	3.0	人力	
	汤溇	12.0	15.0	0.0	45.0	70.0	25.0	3	18.0	电动、油压	
	石桥浦	1.35	2.25	2.15	11.5	9.6	3.2	1	4.1	人力	
	新浦	1.32	2.25	2.10	12.5	11.0	3.5	1	4.0	电动	
	钱溇	1.54	4.40	2.30	15.5	11.0	4.0	1	4.0	电动	
	蒋溇	1.25	3.30	2.13	14.9	10.4	3.2	1	4.0	电动	
太湖乡	伍浦	1.30	3.0	2.29	13.1	11.0	3.5	1	4.0	电动	
	濮溇	9.80	32.0	−0.2	62.0	110.0	40.0	5	20.0	电动、油压	
	陈溇	1.50	2.0	2.22	13.1	10.0	3.2	1	4.8	人力	
	义皋溇	1.52	2.0	2.12	14.2	13.0	4.0	1	4.0	电动	
	谢溇	2.52	2.0	1.98	14.2	13.0	4.0	1	4.0	电动	
	汤溇	2.50	2.0	2.43	14.0	13.0	4.0	1	4.45	人力	
	许溇	2.10	2.0	2.61	14.1	10.0	3.2	1	4.30	人力	
	东金溇	2.50	1.0	2.73	13.0	8.0	2.0	1	3.55	人力	

---

① 湖州市地方志编纂委员会编:《湖州市志》上卷,昆仑出版社1999年版,第848页。
② 同上书,第848—849页。

续表

所在乡名	溇港名称	长度（千米）	河道代表断面尺寸（米）			最大流量（立方米/秒）		水闸现状		启闭方式	备注
			底宽	底高程	堤距	泄洪	引水	孔数	总宽（米）		
	西金溇	2.50	1.0	2.48	12.5	8.0	2.0	1	4.50	人力	
	幻溇	2.70	11.0	0.91	29.0	56.0	16.0	3	12.0	手拉、电动	
	潘溇	2.70	2.0	1.85	13.5	8.0	2.0	1	3.45	人力	
	新泾溇	2.60	1.0	2.23	13.0	7.0	2.0	1	3.60	人力	
	大溇	2.10	3.0	2.40	15.2	10.0	3.2	1	4.0	电动	
	罗溇	1.30	1.0	2.05	14.1	8.0	2.5	1	4.0	电动	
	安溇	1.10	1.0	2.15	14.0	10.0	3.2	1	3.06	人力	
	沈溇	2.20	1.0	2.17	14.2	10.0	3.2	1	3.72	人力	
	诸溇	2.51	2.0	1.95	13.5	11.0	3.5	1	4.07	人力	
塘甸乡	大钱港	13.0	32.0	−0.2	68.0	220.0	80.0	5	40.0	电动油压	
	南门港	1.6	3.0	1.5	9.6			1	3.5	人力	
	北门港	1.0									已堵塞
	泥桥港	1.55	3.9	1.48	15.0			1	3.65	人力	
	杨溇港	1.80	4.0	1.20	14.8						原闸拆除
	宿溇港	2.10									已堵塞
	宜家港	0.9									已堵塞
	尚沙港	1.2									已堵塞
	长兜港	1.8	90.0	−0.3		630.0					无闸
白雀乡	管溇港										已堵塞
	顾家港	1.94									已失去泄洪作用
	西山港	1.66									已堵塞
	小梅港	7.20	18.0	−2.0	25.0	216.0					无闸
全计	39 条										

说明：溇港顺序自东向西排列；高程为吴淞高程系。

资料来源：浙江省水利志编纂委员会编：《浙江省水利志》，中华书局 1998 年版，第 411—412 页。

表 10-6　太湖溇港(长兴县部分)现状(1989 年)

所在乡名	溇港名称	长度(千米)	河道代表断面尺寸(米)			备注
			底宽	面宽	底高程	
横山乡	琐家桥港(蔡浦港)	0.4	6.0	20.0		1974 年堵塞
	小沉渎港	0.2	16.0	18.0	2.48	
	庙桥港	1.5	4.0	8.0	2.35	原建有一闸,现已废
	窦渎港	0.5				已淤塞
	蒋港(泾山港)	0.6	1.0	3—5		湖口段已淤塞
	白茆港	0.7	1.0	4—5		湖口段已淤塞,闸已废
	坍缺港	0.8	4.0	7.0		湖口淤塞,闸已废
	芦圻港	0.75	10	29.0	1.5	湖口筑土坎,闸已废
洪桥镇	祝家港					已湮废
	花桥港(钱家渡港)	0.85	14.0	30.0	1.5	近湖口段淤塞,闸坍废
	宋家港(新开港)	0.9	3.0	27.0	2.5	近湖口段淤塞,闸坍废
	邹家港(石渎港)	0.9	4.0	7.0	2.5	闸坍废
	福缘港					已湮废
	杨家浦港(釜浦港)	7.8	20.0	50.0	0.2	闸已废
	殷南港					已湮废
	竹筱港	1.2	2.0	10.0		湖口段淤塞,闸已废
新塘乡	百步湾港	0.9	2.0	10.0	1.5	闸已废
	经家港(徐家港)	0.8	2.0	8.0	1.5	闸已废
	长兴港(新塘港)	7.0	32.0	40.0	−1.02—−2.0	
	莫家港	0.6	2.0	8.0	1.5	闸坍废
	金鸡港	1.0	1.5	10.0	1.0	闸坍废
	卢渎港					已湮废
	石仙港	1.3	2.0	8.0	1.0	湖口淤塞,闸坍废
	杭渎港					已湮废
	沉渎港(大沉渎港)	2.0	5.0	12.0	1.5	闸坍废

续表

所在乡名	溇港名称	长度(千米)	河道代表断面尺寸(米)			备注
			底宽	面宽	底高程	
夹浦乡	鸡笼港	2.4	5.0	14—20	2.0	闸坍废
	丁家渚港(丁家港)	2.2	5.0	11.0	2.0	闸坍废
	双港(谢庄港)	1.3	3.0	15.0	1.8—2.3	闸坍废
	夹浦港	1.75	10—15	30.0	1.0—1.5	闸坍废
	长大港	2.4	6.0	12.0	1.8—2.6	闸坍废
	上周港	2.6	6—8	14.0	1.6—2.3	闸坍废
鼎甲乡	观音港(蒋家港)	1.5	4.0	9.0	1.1	
	金村港	2.4	4—6	14.0	1.3—2.3	闸坍废
	斯圻港	1.0	4—5	12.0	1.8	闸坍废
合计	34 条					

资料来源:浙江省水利志编纂委员会编:《浙江省水利志》,中华书局1998年版,第413—414页;高程为吴淞高程系。

三、反思与教训

太湖溇港及塘浦(溇港)圩田系统,作为古代伟大的农田水利工程,是太湖流域"天下粮仓""鱼米之乡""丝绸之府"形成的重要基础。历史上不同时期,对太湖溇港进行过多次疏浚和治理,但均未能达到理想的效果,直至20世纪80年代后,尤其是新世纪实施太湖水环境综合治理工程后,溇港才得以全面系统地治理,塘浦(溇港)系统也展现出全新的面貌。

20世纪60—80年代南太湖地区的溇港疏浚与治理,虽然在动员民工的数量、挖掘的土石方数及疏浚的河道力度等方面超过历史上的大多数时期,但疏浚与治理的方法还是主要沿用历史上传统的做法。因此,虽然取得了一定的成效,但也留下了值得反思的深刻教训。

首先,南太湖溇港疏浚与治理虽在泄洪、引补、治渍方面发挥了重要作用,但没有达到根治的效果。

20 世纪 60—80 年代南太湖地区的溇港整治,在治涝方面起到了一定程度的作用,部分溇港增加了入湖泄量,加快了洪水退水速度,减轻了圩堤的压力;太湖回流水量也增多,1972—1990 年导流港平均回流水量 6.044 亿立方米[①],从而也减轻了溇港的泄洪引水压力。尤其是东西苕溪分流入湖和导流工程实施后,东西苕溪入湖河道泄洪能力大大增强。东苕溪导流港泄洪流量由 1962 年的 194 立方米/秒增大到 1983 年的 323 立方米/秒。[②] 在抗旱方面,溇港整治也有利于调节太湖进出口水量,增加旱期太湖引水量,以解决农田灌溉需求,促进棉花作物生长;同时,对抬高旱期低水位,改善通航条件方面也有一定的作用。但由于受各种因素尤其是"文革"的影响,原先规划的一些工程并未上马,分期分批实施的任务也未能如期实现。某些工程的设计也不太合理,因而未能达到令人满意的效果。如 1962 年《吴兴县太湖溇港近期工程初步设计书》规划的要求,"遇 1962 年台风雨型,可降低洪峰水位 6 厘米(湖州 9 厘米),1954 年型最高月平均水位由 4.07 米降至3.96 米,降低月平均水位 11 厘米,缩短高水位的延续时间"[③]。显然这一设计标准是偏低的。所以,当遇到 1991 年特大暴雨洪水时,就无法起到应有的作用。1991 年洪水使得太湖流域 2 000 多个圩田被淹,大量农田、工厂企业、居民住房受损,湖州地区也损失惨重。

其次,溇港治理是一项系统工程,必须统筹规划,综合治理。

溇港治理不单是拓宽和疏浚河道、修建控制闸,而是涉及干流与支流、河道与河口、溇港与圩区、上游与下游、局部与整体等一系列关系,是一项系统工程,必须做好统筹规划,进行综合治理。譬如疏浚河道的同时,必须解决河口的泥沙逆流淤积问题。据学者研究,湖州入湖溇港泥沙淤积的主要原因是太湖风浪引起挟沙逆流,"当遇北风,沿湖掀起浅水波或击岸波,扰动湖底泥沙水位壅高产生溇港逆流,大量悬移质泥沙随之输入溇港。当流速

---

① 卢七召、何晓洪、刘静华:《东苕溪导流港水动态分析》,《浙江水利科技》2004 年第 4 期。
② 卢七召:《东西苕溪入湖河道的变迁与水文情势变化分析》,《浙江水利科技》2011 年第 5 期。
③ 《吴兴县太湖溇港近期工程初步设计书》,湖州市档案馆,档案号:79-9-4-77。

变化减小时水流挟沙力同时减少，引起沿程落淤，抬高口门和内河底高，最终淤塞溇港"，"以大钱港为例，四级北风水位壅高0.3米，常水位时流速0.3米/秒时，一昼夜进入溇港和内河泥沙将达1万立方米，按风力频率计算，如不加控制逆流，一年淤积量可达80万立方米以上。"①

因此，溇港管理必须兼顾河道河口，在定期疏浚河道、加固堤防、提高泄洪能力的同时，拓宽入湖河道口门，沿湖种植水生植物带，减少风浪对湖底底泥的冲击，科学管理和建设溇港水闸，控制好开闭闸时间，减缓泥沙逆流。

又如溇港的整治必须同时考虑塘浦（溇港）圩田的情况。就太湖流域河网体系而言，"圩内、流域及区域防洪为一个整体，圩区格局与骨干河道格局具有互动性。所谓互动性，即圩区格局影响或决定骨干河道格局，而骨干河道格局也会影响或决定圩区格局，总体原则是圩区格局服从骨干河道格局，骨干河道格局服务于圩区格局"②。也就是说，溇港圩堤、圩田、湖漾、桑基、鱼塘之间构成了良性互动的塘浦（溇港）圩田生态体系。因此，溇港的整治尤其是骨干河道的整治必须与圩区建设统一考虑，系统谋划。既要考虑长期以来圩区防洪标准偏低、灌溉设备老化、水闸常年失修、堤防塌损严重的情况，也要考虑城乡一体化、交通路网现代化、城市供水管道化的发展趋势，以及生产方式转变后，过去冬春数百万劳力捻泥积水草景象一去不返的现象，从而针对性地提出最优举措。但20世纪60—80年代的溇港治理，主要还是沿用历史上传统的治理手段，以疏浚为主，兼以建闸，尚未对整体建设进行总体筹划，较少考虑上下游、省内外、河道与河口、溇港与圩区等关系，太湖流域省市间也缺乏必要的治理论证与沟通。因而前瞻性、整体性不够，未能达到根治性目的。

最后，溇港的系统治理要与溇港遗产的保护有机结合起来，建立相应的水资源协调管理机制，健全相关法律制度。

太湖溇港作为世界灌溉工程遗产，不但见证了数千年来区域社会经济

① 周鸣浩：《湖州市太湖溇港泥沙成因分析和防治意见》，《浙江水利科技》1991年第2期。
② 刘克强、李敏：《平原河网地区圩区建设与规划的几点思考》，《水利规划与设计》2009年第5期。

发展的历史,也彰显了中华民族伟大的智慧和创造力,是世界文明的宝贵财富,具有重要的历史、科技、文化、生态等价值。所以溇港治理既要发挥其各方面的功能,又要保护和利用好溇港工程的遗产资源,做到经济效益、社会效益、生态效益相结合,既注重遗产的完整性、真实性,又充分、合理、科学利用,在发展模式、空间结构、功能布局、生态修复等方面进行科学规划,使溇港遗产在最优保护的同时实现有序开发。这就必须建立相应的水资源协调管理机制。20 世纪 60—80 年代溇港的疏浚与整治,之所以未能实现两者的有机结合,除了经济基础、思想认识等原因外,尚未建立起相应的涉及规划、文保、水利等多个部门的协调管理机制也是重要因素。因此建立流域与区域之间、区域与区域之间、部门与部门之间统一的协商平台和协调管理机制就显得十分必要。此外,通过健全各种法律法规来规范水事活动和涉水工程建设,同样非常重要,它可以为流域水事行政执法和遗产保护提供坚强的法律保障,以避免各自为了局部利益而损害全局利益。唯有如此,遗产才能科学保护,水资源也才能合理开发、高效利用、优化配置和综合治理。

结　语

前面我们通过 10 个专题对近代以来的江南地区水域环境改造进行了比较深入细致的分析。经过研究，我们在以下方面有了进一步的认识。

1. 近代以来江南水质环境变迁经历了一个由自然的污染向人为的工业污染和化学污染转化的过程

根据课题组梁志平的研究，近代以来太湖流域水质环境变迁过程大致经历了主要大城市市河水质浊秽萌发期（1843—1871 年）、城市市河水质浊秽发育期（1872—1918 年）、城市市河水质浊秽暴发期（1919—1949 年）、城市市河水质浊秽普发期（1950—1960 年）、广大乡村河道浊秽期（1961—1980 年）、流域水质彻底崩溃期（1980 年以后）等发展阶段。这一过程是一个从河流自然淤塞造成的水质污染，到生活污染、工业污染呈现，再到工业污染与化学污染占主要地位的变化过程。新中国成立前，水质污染与饮水危机主要发生在城区及一些经济较为发达的城镇，基本没有影响到农村地区；从 20 世纪 60 年代起后，越来越多的农村地区出现水污染，饮水困难开始突显，到 80 年代，所有地表水都出现较为严重的污染，不可直接饮用，包括浙西山区。其主要污染源是粪秽、垃圾、工业废水，尤其是工业废水。

民国时期，太湖流域已成为中国纺织、缫丝、面粉等行业的中心。由于近代技术的落后和生态保护理念的淡薄，伴随近代工业的发展，带来的是环境污染的问题。20 世纪 50—70 年代，随着印染、造纸、电镀、制革、制药等行业的发展及废水的排放，使得黄浦江水质逐步恶化，大运河各段相继污染，太湖的水质也受到轻度污染。改革开放后，太湖流域经济快速发展，乡镇企业异军突起，大大推动了流域内的工业化进程，但乡镇企业布局分散，经营方式多变，且技术落后，设备陈旧，废污水治理能力不足，致使废水排放量骤然增加。加之长期来产业结构的不合理，流域结构型污染矛盾突出，生态环境急剧恶化。20 世纪 80 年代后，太湖流域城市化进程也不断加快，造成对建设用地需求的猛增。土地格局的变化，尤其是农田转化为建设用地引发了一系列生态环境问题，加剧了水环境的污染。河流的填埋使原先的生态功能部分或全部丧失,影响了水体间的交换与自净功能;城市化破坏了原先的生物环境和结构,使生物多样性下降;随着流域人口的大量增加和居民生活水准的提高,巨量生活用水和污水排入各种河道,城市垃圾急剧增加,这都加剧了流域生态的进一步恶化。

近代江南水质环境之所以发生急剧的变化,其变迁机理主要是由于传统水质环境生态体系遭到破坏而解体。新中国成立前,在河道维护机制上,由于缺少维护,水网逐渐淤塞。新中国成立后,随着化肥的逐渐广泛使用,粪秽逐渐淡出农业生产,农民的罱泥行为也逐渐走向消亡,原有维持水质环境生态体系不复存在。传统水质环境生态体系的破坏使得水体自净能力下降;而近代生活与工业污染量逐渐增加,特别是新中国成立后工业污染成为主流,完全超越了水体自净能力,河流水质最终走向崩溃。

2. 由于政权的更迭、制度的变迁,近现代不同阶段的水域环境改造呈现出不同的特征与效果

近代以来,江南水域环境改造的不同阶段,不同政权的治水重心、策略和成效各不相同。民国时期水利事业虽进入了从传统向现代转型的启程阶段,但真正改变传统的水利系统、水文表征,重构水利生态的是在新中国成立之后。

1840 年以来,江南水域环境改造大致可分为 4 个发展阶段,即晚清时期、民国时期、20 世纪 50—80 年代、20 世纪 80 年代后,不同时期治水的重心和策略有着明显的不同。持续 14 年的太平天国战争,使富庶的江南地区遭到严重的破坏,大片耕地抛荒,农具奇缺,水利设施破坏殆尽。杭嘉湖地区各溇港的斗门、闸板"全行毁废""支河汊港,无不淤浅"[①]。苏南各地也"河道处处淤浅,甚者竟成平陆,潦则溢,旱则枯,旸雨偶愆,补救无所施"[②]。太平天国战争后,清政府为重建战后的社会秩序,稳定太湖流域这一财赋重地,开始着力于水利防护的恢复工作,将太湖上游地区的水利置于最为重要

---

① 吴云:《两罍轩尺牍》卷六,页十九。
② 沈葆桢:《沈文肃公政书》卷七,页十四。

地位,从此,将太湖流域作为区域整体加以综合治理成为后世江南治水的主要工作①。但随着清政府移民招徕政策的实施,大量客民迁至太湖上游地区,一度出现了乱垦乱伐的情况,加重了水土的流失,杭嘉湖地区一些河道的淤塞情况并没有得到解决,反而有加重的趋势。晚清时期,城市化、工商业的发展和人口的聚集,使水质开始恶化,"传统改水方式不足以应对,西方现代改水方式应运而生"。在上海、杭州等城市出现了自来水,但"此时改水工作还未作为政府的日常工作内容之一,而主要是由民众自发地进行"②。

民国时期,"在近代国家形态建构的过程中,水利事业进入了从传统向现代转型的启程阶段。这一转型在制度和体制层面上的表现,就是水政趋向统一,法规逐步订定,水利事业从规划到实施,具备一定的系统性和科学性"③。这一时期江南地区相继成立了浙西水利议事会、江南水利局、太湖水利工程局等水利机构,调查、规划整治流域水利。民国之初的江南水利工程路线即有26段④。此后又相继规划了浙西、苏南及其他太湖流域部分河道、湖荡的疏浚与整治。水利专业技术人员的参与、现代测量技术的运用、钢筋水泥等新材料的使用,客观上推动了江南水利事业的发展。但由于政局不稳,战事频繁,许多水利工程规划得不到落实,所以取得的成绩也是十分有限的。这一时期,特别是南京国民政府建立后,城乡饮水改良工程有了较大的进展。各地卫生机构纷纷建立,饮水管理和改良成为政府日常工作重要内容之一,通过制定法律法规,宣传饮水卫生与安全,发展自来水,推广自流井,消毒与改良土井,城市居民饮水状况有了一定的改善,但是由于经费及战争等原因,城市饮用水卫生与安全问题远远没能解决⑤。"工业废水"问题在民国时期是新鲜事物。关于"工业废水"对自然环境的危害,无论厂方、官

① 冯贤亮:《近世浙西的环境、水利与社会》,中国社会科学出版社2010年版,第306页。
② 梁志平:《太湖流域水质环境变迁与饮水改良:从改水运动入手的回溯式研究》,复旦大学博士学位论文,2010年。
③ 梁敬明、王大伟:《民国时期浙江水利事业述论》,《民国档案》2012年第4期。
④ 冯贤亮:《近世浙西的环境、水利与社会》,中国社会科学出版社2010年版,第256页。
⑤ 梁志平:《太湖流域水质环境变迁与饮水改良:从改水运动入手的回溯式研究》,复旦大学博士学位论文,2010年。

方,还是民众都缺少必要的认知。"废水"问题在当时并不被视为"环境"问题,整个社会并没有意识到废水对自然生态环境的危害,只是因为造成了饮用水污染,而被视为"卫生"问题、"民生"问题。中国科学界虽知道污水处理的主要方法,但并没有有效地运用这些方法来治理工业废水。国民政府对工业污染的治理缺少顶层设计,缺少有效的治理,废水直排入河道,给中国近现代自然生态环境带来了巨大破坏。

中华人民共和国成立至 20 世纪 80 年代,江南水域环境改造进入了一个全新的阶段。新中国成立初期,主要是抵御洪涝灾害,有重点地举办排涝工程,发动群众培修河湖圩堤、浚沟、撩港。20 世纪 50 年代末后,随着大跃进、人民公社、梯级河网化、农业学大寨等运动的推行,农田水利建设达到高潮,一大批水库、渠道、塘坝、水井、涵洞得到修建,大型骨干河道开挖和整治,联圩并圩、溇港疏浚、湖荡围垦相继展开,至 80 年代,全流域累计完成水利工程土石方 50 多亿立方米,在浙西天目山区和苏南宜溧山区修建 19 座大中型水库,总库容 12.5 亿立方米①。从而"打破了宋代以来,经由明、清两代形成的城乡水文环境的长期承继性,水利生态被重新建构,从而极大地改变了传统的水利系统、水文表征及其内生的水利社会"②。这一时期水域环境改造取得了巨大成绩,在防洪、灌溉、发电、航运等方面发挥了重要作用。但在大跃进和学大寨过程中,也出现了一些主观臆断、脱离实际,把大寨经验绝对化、形式化的倾向,违反因地制宜原则,甚至盲目开垦湖荡,造成严重后果。

20 世纪 80 年代后,随着农村产业结构的调整,乡镇企业的快速发展,城市化的推进及市区不断向郊区的延伸扩展,水污染问题也愈益严重。我国根据以往治水经验和现实情况,对治水方针做出了及时调整:"坚持全面规划、统筹兼顾、标本兼治、综合治理的原则,实行兴利除害结合,开源节流并

---

① 王同生:《太湖流域水利建设四十年》,载水利部太湖流域管理局:《太湖水利文集》(第二集),1991 年,第 1 页。

② 冯贤亮:《近世浙西的环境与水利》,常建华编:《中国社会历史评论》第 11 卷,天津古籍出版社 2012 年版。

重,防洪抗旱并举,对水资源进行合理开发、高效利用、优化配置、全面节约、有效保护和综合治理。"①20 世纪 90 年代,国家将太湖列入"三湖三河"重点水污染治理项目,此后《太湖流域总体规划方案》《太湖流域防洪规划》《太湖流域水资源综合规划》《太湖流域水环境综合治理总体方案》陆续出台,治污、节水、引水、清淤、生态修复等综合措施相继实施。污染源的防治方面:重点是防治工业污染、城镇污水处理、城镇垃圾处理及围网养殖治理。生态修复方面:实施植树造林、水土保护等工程;投入沉水植物,恢复生物多样性;疏浚河道,营造良好的生态环境。转变经济增长方式方面:通过高层次开发、高起点引进、高水平改造,加快培育壮大新兴技术产业,构筑新的产业优势,减少了污染物的排放量。同时实施"引江济太"、标准化圩区建设等水利工程等。江南水环境治理取得一定的成效,但流域总体水质并没有得到根本的好转,水环境恶化趋势仍然存在;河道淤塞、洪涝灾害频发现象也并未得到完全解决。

3. 江南水域环境改造的过程也是国家利益与地方利益、政府利益与民间利益的争夺、调适与统合过程

近代水域环境改造作为一项社会公共工程,不但在工农业生产、生活中起着极其重要的作用,而且在社会治理中也扮演着重要的角色。在水域环境改造过程中,村庄、城市、社会、国家在不同时期围绕管水、用水问题,展开相互竞争、冲突与合作,展现出国家利益与地方利益、政府利益与民间利益之间的冲突与合作。从而影响到区域社会政治、经济、文化、法律、宗教、社会生活、社会风俗的方方面面。

譬如,上海开埠初期,官方和民间围绕河流产权发生的争执。河流系统"似公非公"式的模糊产权,与城市地产商对河流进行商业开发所持有的私有化产权意识存在鲜明对立,地产商本能地把原本产权不明的河流囊入自己的产业中。而所有权与使用权的分离,极易造成河浜资源被民间侵占据

---

① 谢永刚:《新中国 70 年治水的成就、方针、策略演变及未来取向》,《当代经济研究》2019 年第 9 期。

为私产。这实际上是传统农业经济与近代城市经济在土地利用观念和方式上的差异。正是这种差异的存在,使得官方和民间在处理河流产权转让时缺乏明确标准和前瞻意识,造成河流水面在短时间内快速消失,带来严重的水环境问题。又如,19世纪80年代,上海华人对英商上海自来水公司所谓的抵制,表面上是反对"自来水"推广和入城,其实质则是相关利益团体为了维护自身的经济利益而进行的政治运作。此后官方不断介入自来水的生产与管理。自来水专营供给包含的巨额经济利益,引起了地方政府、士绅、居民的不断的冲突,饮用水(自来水)问题越来越变成一个带有政治内涵的议题。

农村也是如此。如大跃进时期吴江县的联圩并圩,在初期由于缺乏对整个流域的圩区格局进行总体规划,较少考虑其他区域,尤其省域之间的利益,从而改变了部分太湖水系的结构,抬高了上游浙江杭嘉湖地区的水位,使杭嘉湖地区受到洪涝威胁,农业生产遭受严重影响,省域间发生了严重的水利矛盾与纠纷。在解决水利纠纷的过程中也暴露了严重的地方保护主义。20世纪50—80年代的湖荡围垦,由于水资源的"公共性",出现了各社队之间、邻县之间与水争地,甚至重大冲突事件,严重影响两县农民之间、农民与渔民之间的团结。同样,20世纪60—80年代溇港的疏浚与整治,在地方利益驱动下,也未能真正做到溇港的疏浚整治与遗产的保护利用有机结合。因此,农田水利不仅仅关乎一个村庄灌溉得以维系,农业生产得以顺利进行等,也反映出在乡村治理中村庄、社会和国家的互动关系,"农田水利问题及其解决机制的演进,成为乡村治理过程中国家与农村互动关系发展的现实体现"①。

4. 江南水域环境改造对社会和生态变迁都具有重要影响,因此水利工程的规划、运行、管理在考虑经济、社会利益的同时,一定要充分考虑生态利益,努力做到统筹兼顾、人与自然的协调发展

水域环境改造是项系统工程,既要看到其在发挥防洪、蓄水、灌溉、供

① 王焕炎:《水利·国家·农村——以水利社会史为视角加强对传统社会国家社会关系的研究》,《甘肃行政学院学报》2008年第6期。

水、发电、渔业及保障社会安全、推动经济发展的积极作用,也要看到其可能对生态环境带来的一些不利影响。譬如,大跃进时期的联圩并圩和 20 世纪50—70 年代的围湖造田,虽在一定程度上提高农作物的产量,获得一些经济社会利益,但它也打乱了原有的水文系统,导致圩外水面积的下降和湖泊的萎缩,水生植物分布面积和浮游动物、鱼类赖以生栖空间缩减,圩区闸坝建设也使得水流流速减小,圩区内外水体自由交换和自净能力削弱,水体污染加剧。又如,20 世纪 60—80 年代的溇港疏浚工程,在泄洪、引补、治渍及促进春棉花作物生长方面发挥了重要作用,但由于溇港的整治缺乏从经济、社会与生态相统一进行系统谋划,因而未能充分认识到溇港圩堤、圩田、湖漾、桑基、鱼塘之间构成的良性互动的塘浦(溇港)圩田生态体系。整治的前瞻性、整体性还不够,未能达到根治的目的。

为此,水域环境改造不能简单地就水利抓水利,水利工程的规划、设计、运行、管理在考虑经济、社会利益的同时,一定要充分考虑生态利益,千方百计保护生物多样性,抑制水域生态系统退化,保持生态系统的稳定。新时代治水,要"以水生态文明建设为基础,坚持系统治理思路,科学把握治水规律、自然规律、经济规律和社会发展规律,统筹解决水资源短缺、水生态退化、水环境恶化、水灾害频发等问题,着力提升水安全保障能力,加快推进水治理体系和治理能力现代化"[1]。唯有如此,才能实现经济、社会、生态发展的平衡,实现人与自然的协调发展。

---

[1] 李激扬:《对新时代水生态文明建设的若干思考》,《中国水利》2018 年第 3 期。

参考文献

档案

水利电力部上海勘测设计院:《太湖流域若干主要圩区及河网调查研究报告（初稿）》(1964 年 7 月)，江苏省档案馆，档案号:4096 - 003 - 3370。

江苏省水利厅:《苏南圩区河网化调查研究报告（初稿）》(1959 年 9 月)，江苏省档案馆，档案号:3224 - 短期 - 964。

周公辅:《关于吴江县并圩工程涉及江浙两省水利关系问题的查勘报告》，江苏档案馆，档案号:3224 - 永久 - 115。

《江苏省历年水利资料汇编》，江苏省档案馆，档案号:3224 - 永久 - 1954。

江苏省水利厅:《太湖水利轮廓资料》(1955 年 6 月)，江苏省档案馆，档案号:3224 - 长期 - 201。

中共江苏省水利厅党组:《关于吴江县并圩工程影响浙江排水问题的查勘报告》(1961 年 3 月 2 日)，江苏省档案馆，档案号:3224 - 永久 - 115。

江苏省苏州专员公署水利局:《苏州专区圩区水利工作情况介绍》(1956 年 12 月 25 日)，苏州市档案馆，档案号:H36 - 001 - 0001 - 34。

苏州市水利局:《关于湖荡围垦情况调查和初步处理意见的报告》，苏州市档案馆，档案号:C75 - 001 - 0032 - 001。

《中共吴江县委、吴县县委关于东太湖湖面管理问题的协议（草稿）》(1966 年 8 月)，苏州市档案馆，档案号:H27 - 2 - 28 - 46。

《关于"七一一"吴县、吴江两县东太湖湖面纠纷的调查报告》(1971 年 7 月 20 日)，苏州市档案馆，档案号:H27 - 2 - 28 - 46。

江苏省苏州专员公署《关于用池塘堆肥应注意防止影响养鱼生产的通知》(1958 年)，苏州市档案馆，档案号:H24 - 002 - 0045 - 033。

《苏州地委农工部关于淀山湖情况调查报告》(1959 年)，苏州市档案馆，档案号:H05 - 002 - 0066 - 134。

水利电力部上海勘测设计院:《太湖流域低洼圩区典型调查研究报告》(1963 年 6 月)，吴江市档案馆，档案号:2012 - 2 - 35。

《十年水利》，吴江市档案馆，档案号:2012 - 1 - 9。

吴江县革命委员会农水局:《吴江县二十三年来水利工程情况总结》(1973 年 5 月 4 日)，吴江市档案馆，档案号:2011 - 1 - 51。

吴江县革命委员会农水局:《吴江县关于水系问题的初步调查报告》(1970

年 9 月 16 日),吴江市档案馆,档案号:2011-1-46。

吴江县水利局:《吴江县当前水利基本情况调查报告》(1962 年 8 月 3 日),吴江市档案馆,档案号:2012-2-31。

苏州市水利局:《现有水利工程状况和今后水利工作意见(初稿)》,吴中区档案馆,档案号:B9-85-332。

《吴县农机局关于贯彻执行省革委会处理围垦湖荡的几点意见》(1975 年 6 月 18 日),苏州市吴中区档案馆,档案号:0608-4-59。

《江苏省革命委员会生产指挥组关于太湖水网地区湖泊围垦的意见》(1968 年 6 月 24 日),苏州市吴中区档案馆,档案号:0608-4-60。

江苏省吴县革命委员会文件(68)吴革(生)字第 054 号:《关于转发江苏省革命委员会生产指挥组"关于太湖水网地区湖泊围垦的意见"的通知》,苏州市吴中区档案馆,档案号:0608-4-60。

江苏省水电局、地县水利局调查组:《围湖情况调查报告》(1974 年 7 月 13 日),苏州市吴中区档案馆,档案号:0608-4-60。

《关于东太湖围垦情况的查勘汇报和处理意见的报告》(1968 年 9 月 18 日),苏州市吴中区档案馆,档案号:0608-4-60。

《关于执行"关于东太湖湖面管理问题的协议书"情况报告》(1966 年 4 月 18 日),苏州市吴中区档案馆,档案号:0608-4-60。

《吴县革命委员会关于围垦问题的请求报告》(1968 年 5 月),苏州市吴中区档案馆,档案号:0608-4-1980-60。

《关于东太湖的围垦情况和处理意见的补充汇报》(1968 年 9 月 24 日),苏州市吴中区档案馆,档案号:0608-4-60。

《中国人民解放军××××部队吴县革命委员会关于联合围垦农场的规划报告》(1969 年 7 月 20 日),苏州市吴中区档案馆,档案号:0608-4-60。

《吴县太湖人民公社革命委员会关于将渔民已围垦的荒滩纳入国家计划面积的请求报告》(1968 年 8 月 15 日),苏州市吴中区档案馆,档案号:0608-4-60。

《横泾等乡关于围垦圩区调整产业结构调查情况的汇报》,苏州市吴中区档案馆,档案号:0608-4-61。

《关于湖荡围垦问题的情况和意见》(1975 年 7 月 3 日),苏州市吴中区档案馆,档案号:0608-4-59。

《三年来浙江省水利基本建设工作初步总结》,浙江省档案馆,档案号:J121-5-031。

《浙江省水利建设基本情况》，浙江省档案馆，档案号：J121-5-032。

《中央人民政府农业部：函知做好绿肥推广留种及供应工作仍希你省将现有绿肥面积统计报部由》（1953 年），浙江省档案馆，档案号：J116-007-017-078。

《太湖流域二省一市水利血防调查——嘉兴县水利情况汇报提纲》（1970 年 8 月），嘉兴市档案馆，档案号：32-1-4。

《关于民丰造纸厂废水放入河内影响民众饮水及农田生产拟提出解决方案的报告》（1952 年 4 月 21 日），嘉兴市档案馆，档案号：073-001-043-059。

《关于民丰纸厂泄水纠纷调处办理经过等情况》（1947 年 10 月 10 日），嘉兴市档案馆，档案号：L304-005-204-006。

《民丰纸厂复工后放泄污水流入本集市河及附近乡村河道影响饮料农作危害群众生命》（1947 年 9 月 24 日），嘉兴市档案馆，档案号：L304-002-166-093。

《民丰纸厂泄水纠纷调处座谈会》（1947 年 9 月 26 日），嘉兴市档案馆，档案号：L304-002-166-094。

嘉兴专署水利局：《嘉兴专区打坝并圩预降内河水位情况介绍（摘要）》（1960 年 4 月 15 日），湖州市档案馆，档案号：79-15-22-29。

《打坝并圩降低地下水位是治理内涝确保农业大丰收的一项重要措施》（1959 年 9 月 26 日），湖州市档案馆，档案号：79-6-3-97。

水利电力部上海勘测设计院：《浙江省桐乡县加强农田水利建设战胜特大洪涝灾害的调查研究报告（修正）》（1966 年 5 月），湖州市档案馆，档案号：79-12-9-76。

《对太湖排水出路的初步看法（初稿）》，湖州市档案馆，档案号：79-12-9-96。

嘉兴专署水利局检查组：《嘉兴县打坝并圩渠网化检查报告》（1959 年 11 月 16 日），湖州市档案馆，档案号：79-5-3-37。

嘉兴专署水利局：《涝区打坝并圩渠网化土地损失调查报告》，湖州市档案馆，档案号：79-5-3-42。

嘉兴专署水利局：《嘉兴专区一九五九年水利建设规划大纲》（1958 年 5 月 27 日），湖州市档案馆，档案号：0079-015-013。

《海宁县灌溉管理组织领导工作情况》（1959 年 7 月 9 日），湖州市档案馆，档案号：79-15-17-89。

中共桐乡县委员会:《关于请求拆除江苏打坝并圩而影响我县下游要道的土坝的报告》,湖州市档案馆,档案号:0079-007-009-068。

《江苏省吴江县打坝并圩堵塞河道对浙江省杭嘉湖地区的影响》,湖州市档案馆,档案号:0079-007-010。

嘉兴专署水利局:《嘉兴专区打坝并圩预降水位情况介绍》(1960年4月15日),湖州市档案馆,档案号:79-15-22-29。

《吴兴县太湖溇港近期治理工程初步设计书(提要)》(1962年12月20日),湖州市档案馆,档案号:79-9-4-77。

《一九六三年度浙江省嘉兴专区太湖溇港水下土方疏浚计划任务书》,湖州市档案馆,档案号:79-9-4-238。

《疏浚太湖幻溇港水利工程计划书》(1958年1月30日),湖州市档案馆,档案号:79-5-15-1。

嘉兴专署农业办公室:《吴兴县太湖溇港近期治理工程初步设计书》(1962年12月),湖州市档案馆,档案号:79-9-4。

《长兴县人民委员会关于申请拨给太湖溇港疏浚湖口水下土方经费的报告》,湖州市档案馆,档案号:0079-015-003。

《关于吴江县泄水河道现状情况调查报告》,湖州市档案馆,档案号:0079-007-010-119。

《嘉兴专署水利局关于太湖水情变化的调查研究报告》(1960年11月29日),湖州市档案馆,档案号:0079-007-010。

《一九六三年度浙江省嘉兴专区太湖溇港水下土方疏浚计划任务书》,湖州市档案馆,档案号:79-9-4-238。

《太湖溇港建闸工程计划任务书》,湖州市档案馆,档案号:79-6-13-8。

《吴兴县太湖溇港近期治理工程初步设计书(提要)》,湖州市档案馆,档案号:79-9-44-77。

《吴兴县太湖溇港近期治理工程初步设计书》(1962年12月),湖州市档案馆,档案号:79-9-4。

《赵巷公社里浜圩区水利情况调查表》(1981年),上海市青浦区档案馆,档案号:26-2-167-10。

《上海市农业局革命委员会关于上海市、郊区化肥施用水平的调查报告》(1979年),上海市档案馆,档案号:B1-9-55-56。

《马桥地区现阶段化肥应用问题的调查研究——上海市农业科学院马桥调查队土肥组奚振邦在上海市农业科学技术工作会议上的发言稿(16)》

（1964 年），上海市档案馆，档案号：B10 - 2 - 26 - 43。

《中共上海市委农村工作委员会关于当前郊区化肥、农药生产上的几个问题和意见》（1959 年），上海市档案馆，档案号：A72 - 2 - 1007 - 78。

《周志凯在中共上海市郊区工作委员会农村工作会议上的发言稿——大力发动群众积肥，充分挖掘各种肥源，及时保证商品肥料的供应》（1955 年），上海市档案馆，档案号：A71 - 2 - 404 - 1。

《上海市南汇县农林局关于绿肥座谈会的情况报告》（1961 年），上海市档案馆，档案号：A72 - 2 - 850 - 136。

《中共上海市委农村工作委员会关于当前郊区化肥、农药生产上的几个问题和意见》（1959 年），上海市档案馆，档案号：A72 - 2 - 1007 - 78。

此外还参阅了上海市档案馆其他相关档案：A54 中共上海市委基本建设委员会（1956—1962）；B242 上海市卫生局（1949—1976）；B246 上海市人民政府经济委员会（1967—1979）；B11 上海市人民委员会公用事业办公室（1962—1967）；B226 上海市公用事业管理局（1953—1977）；B256 上海市环境卫生局（1963—1977）；Q5 上海市公用局（1931—1951）；Q6 上海市社会局（1945—1949）；Q400 上海市卫生局（1945—1949）；Q403 上海内地自来水公司（1909—1955）；Q405 上海市公用局给水厂（1935—1945）；Q406 上海市公用局沪西自来水设计处（1946—1949）；U1 上海公共租界工部局（1849—1943）；U38 上海法租界公董局（1849—1946）。

报刊

《申报》《浙江省政府公报》《江苏水利协会杂志》《太湖流域水利季刊》《扬子江水利委员会季刊》《中国丛报》《上海新报》《新闻报》《苏声月刊》《中山文化教育馆季刊》《中行月刊》《中华农学会报》《农工商周刊》《苏农通讯》《现代农民》《粮食调查丛刊》《中华农学会报》《农话》《农村经济》《导农》《卫生月刊》《时事新报建设特刊》《国民经济建设》《江苏省农矿厅农矿公报》《京沪沪杭甬铁路日刊》《中外经济周刊》《浙江官报》《浙西水利议事会年刊》《浙江公报》《农商公报》《浙江建设厅月刊》《浙江民政月刊》《东阳县政府公报》

其他史料

［日］东亚同文会编：《中国省别全志》，南天书局 1988 年版。

［日］国松久弥：《新支那地志》，古今书院 1938 年版。

［日］水路部编：《扬子江水路志》，东京水路部，1924 年。

《国立上海医学院卫生科暨上海市卫生局高桥卫生事务所年报》，1934 年。

《幕末明治中国见闻录集成》，(东京)ゆまに书房 1997 年。

蔡育天主编：《上海道契》。

陈旭麓主编：《盛宣怀档案资料》，上海人民出版社 2016 年版。

陈真等合编：《中国近代工业史资料》第 2 辑，生活·读书·新知三联书店
　　1958 年版。

奉贤县卫生防疫站、奉贤县医药卫生学会编：《卫生防疫资料选编》(内部资
　　料)，1987 年。

华东军政委员会卫生部保健处编：《华东劳工卫生参考资料汇编》(内部资
　　料)，1951 年。

胡雨人编：《江浙水利联合会审查员对于太湖局水利工程计划大纲实地调查
　　报告书函》，出版地、出版机构不详，1921 年。

华东军政委员会水利部编：《1950 年华东区水文资料(第三册 太湖运河
　　区)》，1952 年。

《今日江南分外娇——江苏省苏州地区农业学大寨的基本经验》(内部稿)。

江苏省吴县农业资源调查和农业区划办公室编：《江苏省吴县综合农业区划
　　报告水产资源调查报告和区划》(1980 年 12 月)，油印本。

江苏省革命委员会水电局编：《江苏省农田水利参考资料》，江苏省革命委员
　　会水电局，1975 年。

江苏省卫生防疫站编：《江苏省水质污染调查资料汇编(一九七二——一九七
　　五)》(内部资料)，1976 年。

江苏省环境科学研究院：《苏南运河水环境综合整治规划(2008—2020)》，
　　2009 年。

《历次全国水利会议报告文件：1949—1957》，水利部办公厅编印。

彭泽益主编：《中国工商行会史料集》，中华书局 1995 年版。

《中国生活饮用水地图集》，中国地图出版社 1990 年版。

上海市工务局编：《上海市工务局略史及其组织沿革(民国二十六年)》，文海
　　出版社 1993 年版。

上海市政府秘书处编：《上海市政概要(民国二十三年)》，文海出版社 1993
　　年版。

上海市政协文史资料委员会编：《上海文史资料存稿汇编》，上海古籍出版社
　　2001 年版。

苏州市环境监测中心站:《环境监测资料汇编》,1983年,苏州市档案馆馆藏资料。

无锡市人民政府:《太湖水污染防治2000年规划完成情况资料汇编》(内部资料),2001年。

《1958—1978年历次全国水利会议报告文件》,《当代中国的水利事业》编辑部1987年编印。

杨逸:《上海市自治志》甲编《议收回上海内地自来水公司案》,成文出版社1974年版。

浙江省水利局编:《浙江省水利局总报告》,1935年。

中央水利部南京水利实验处编:《长江流域水文资料(第十辑 太湖区)》,1951年。

宗源瀚等纂:《浙江全省舆图并水陆道里记》,浙江舆图总局,光绪二十年(1894)刻本。

中国科学院南京地理研究所:《太湖综合调查初步报告》,科学出版社1965年版。

中国科学院南京地理研究所编:《苏南湖泊综合调查报告》(内部资料),1961年。

中共南汇县委血防领导小组办公室、南汇县卫生防疫站编:《上海市南汇县血吸虫病流行情况和防治工作资料汇编》(1952—1985年)(内部资料),1986年。

浙江省通志馆修,余绍宋等纂:《重修浙江通志稿》,浙江图书馆,1983年誊印本。

上海通志编纂委员会编:《上海通志》,上海社会科学院出版社2005年版。

《上海公用事业志》编纂委员会编:《上海公用事业志》,上海社会科学院出版社2000年版。

江苏省地方志编纂委员会编:《江苏省志·环境保护志》,江苏古籍出版社2001年版。

《上海环境保护志》编纂委员会编:《上海环境保护志》,上海社会科学院出版社1998年版。

《浙江省环境保护志》编纂委员会编:《浙江省环境保护志》,中国环境科学出版社2003版。

沈佺编:《民国江南水利志》,民国十一年(1922)木活字刊本。

《上海水利志》编纂委员会编:《上海水利志》,上海社会科学院出版社1997

年版。

浙江省水利志编纂委员会编:《浙江省水利志》,中华书局 1998 年版。

江苏省地方志编纂委员会编:《江苏省志·水利志》,江苏古籍出版社 2001
　　年版。

苏州市水利史志编纂委员会编:《苏州水利志》,上海社会科学院出版社 1997
　　年版。

无锡市水利局编:《无锡市水利志》,中国水利水电出版社 2006 年版。

镇江市水利志编辑委员会编:《镇江市水利志》,上海社会科学院出版社 1997
　　年版。

《杭州市水利志》编纂委员会编:《杭州市水利志》,中华书局 2009 年版。

《嘉兴市水利志》编纂委员会编:《嘉兴市水利志》,中华书局 2008 年版。

湖州市江河水利志编纂委员会编:《湖州市水利志》,中国大百科全书出版社
　　1995 年版。

《民国上海县志》,上海书店出版社 1991 年影印版。

《民国上海县续志》,成文出版社 1970 年版。

杭州市地方志编纂委员会编:《杭州市志》,中华书局 1995 年版。

《嘉兴市志》编纂委员会编:《嘉兴市志》,中国书籍出版社 1997 年版。

湖州市地方志编纂委员会编:《湖州市志》,昆仑出版社 1999 年版。

苏州市地方志编纂委员会编:《苏州市志》,江苏人民出版社 1995 年版。

吴江市地方志编纂委员会编:《吴江县志》,江苏科学技术出版社 1994 年版。

吴县地方志编纂委员会编:《吴县志》,上海古籍出版社 1994 年出版。

无锡市地方志编纂委员会编:《无锡市志》,江苏人民出版社 1995 年版。

镇江市地方志编纂委员会编:《镇江市志》,上海社会科学院出版社 1993
　　年版。

著作

[日]松浦章:《清代内河水运史研究》,董科译,江苏人民出版社 2010 年版。

[日]森田明:《清代水利与区域社会》,雷国山译,山东画报出版社 2008
　　年版。

[日]小浜正子:《近代上海的公共性与国家》,葛涛译,上海古籍出版社 2003
　　年版。

[日]若江得行:《上海生活》,大日本雄辩会讲谈社 1941 年版。

[德]佩特拉·多布娜(Petra Dobner):《水的政治:关于全球治理的政治理

论、实践与批判》,强朝晖译,社会科学文献出版社 2011 年版。

[法]巴拉凯编:《城市水冲突》,彭静等译,中国水利水电出版社 2014 年版。

[法]亨利·列菲伏尔:《空间与政治》(第二版),李春译,上海人民出版社 2015 年版。

[美]霍塞:《出卖上海滩》,越裔译,上海书店出版社 2000 年版。

[美]卢汉超:《霓虹灯外:20 世纪初日常生活中的上海》,段炼等译,上海古籍出版社 2004 年版。

[美]罗兹·墨菲:《上海——现代中国的钥匙》,上海社会科学院历史研究所译,上海人民出版社 1986 年版。

[美]裴宜理:《上海罢工:中国工人政治研究》,刘平译,江苏人民出版社 2001 年版。

[美]朱莉·霍兰:《厕神:厕所的文明史》,许世鹏译,上海人民出版社 2006 年版。

[美]黄宗智:《长江三角洲小农家庭与乡村发展》,中华书局 1992 年版。

[英]查尔斯·辛格等主编:《技术史》,辛元欧主译,上海科技教育出版社 2004 年版。

[英]哈·麦金德:《历史的地理枢纽》,林尔蔚等译,商务印书馆 1985 年版。

[瑞士]阿道夫·克莱尔:《时光追忆——19 世纪一个瑞士商人眼中的江南旧影》,陈壮鹰译,东方出版社 2005 年版。

包亚明主编:《现代性与空间的生产》,上海教育出版社 2002 年版。

陈克天:《江苏治水回忆录》,江苏人民出版社 2000 年版。

陈刚等编著:《太湖流域生态系统结构分析及其演化研究》,地质出版社 2008 年版。

陈海峰:《中国卫生保健史》,上海科学技术出版社 1993 年版。

陈映芳等:《都市大开发:空间生产的政治社会学》,上海古籍出版社 2009 年版。

陈震等编著:《水环境科学》,科学出版社 2006 年版。

陈瑞莲、任敏等编著:《中国流域治理研究报告》,格致出版社、上海人民出版社 2011 年版。

陈龙娟等编著:《上海市青浦区耕地地力调查与质量评价》,上海科学技术文献出版社 2008 年版。

段绍伯编著:《上海自然环境》,上海科学技术文献出版社 1989 年版。

樊果:《陌生的"守夜人"——上海公共租界工部局经济职能研究》,天津古籍出版社 2012 年版。

樊树志:《江南市镇:传统的变革》,复旦大学出版社 2005 年版。

冯贤亮:《明清江南地区的环境变动与社会控制》,上海人民出版社 2002 年版。

冯贤亮:《近世浙西的环境、水利与社会》,中国社会科学出版社 2010 年版。

冯筱才:《在商言商:政治变局中的江浙商人》,上海社会科学院出版社 2004 年版。

高升荣:《明清时期关中地区水资源环境变迁与乡村社会》,商务印书馆 2017 年版。

国家环境保护总局编著:《全国生态现状调查与评估(华东卷)》,中国环境科学出版社 2006 年版。

刘彦文:《工地社会:引洮上山水利工程的革命、集体主义与现代化》,社会科学文献出版社 2018 年版。

何小莲:《西医东渐与文化调适》,上海古籍出版社 2006 年版。

洪觉民等主编:《中国城镇供水技术发展手册》,中国建筑工业出版社 2006 年版。

黄漪平主编:《太湖水环境及其污染控制》,科学出版社 2001 年版。

胡成:《医疗、卫生与世界之中国(1820—1937)》,科学出版社 2013 年版。

胡英泽:《改邑不改井:沁河流域的水井与民生》,山西人民出版社 2016 年版。

胡英泽:《凿井而饮:明清以来黄土高原的生活用水与节水》,商务印书馆 2018 年版。

靳环宇:《晚清义赈组织研究》,湖南人民出版社 2008 年版。

李洪河:《新中国的疫病流行与社会应对(1949—1959)》,中共党史出版社 2007 年版。

李建民主编:《生命与医疗》,中国大百科全书出版社 2005 年版。

李天纲:《人文上海——市民的空间》,上海教育出版社 2004 年版。

梁元生:《晚清上海:一个城市的历史记忆》,香港中文大学出版社 2009 年版。

梁志平:《救国与救民:民国时期工业废水污染及社会应对——基于嘉兴禾(民)丰造纸厂"废水风潮"的研究》,合肥工业大学出版社 2017 年版。

梁志平:《水乡之渴:江南水质环境变迁与饮水改良(1840—1980)》,上海交通大学出版社 2014 年版。

梁志平：《清末民初上海城厢自来水问题研究》，合肥工业大学出版社 2021 年版。

刘吾惠编著：《上海近代史》，华东师范大学出版社 1985 年版。

李强等：《中国水问题：水资源与水管理的社会学研究》，中国人民大学出版社 2005 年版。

李书田等：《中国水利问题》，商务印书馆 1937 年版。

陆渝蓉编著：《地球水环境学》，南京大学出版社 1999 年版。

罗志田：《乱世潜流：民族主义与民国政治》，上海古籍出版社 2001 年版。

马湘泳、虞孝感等：《太湖地区乡村地理》，科学出版社 1990 年版。

马学强、张秀莉：《出入于中西之间：近代上海买办社会生活》，上海辞书出版社 2009 年版。

马长林、黎霞、石磊：《上海公共租界城市管理研究》，中西书局 2011 年版。

马长林：《上海的租界》，天津教育出版社 2009 年版。

彭南生：《中国近代商人团体与经济社会变迁》，华中师范大学出版社 2013 年版。

彭善民：《公共卫生与上海都市文明（1898—1949）》，上海人民出版社 2007 年版。

瞿骏：《辛亥前后上海城市公共空间研究》，上海辞书出版社 2009 年版。

钱杭：《库域型水利社会研究——萧山湘湖水利集团的兴与衰》，上海人民出版社 2009 年版。

秦伯强等编著：《太湖水环境演化过程与机理》，科学出版社 2004 年版。

鲁礼新：《人口与环境简论》，黄河水利出版社 2010 年版。

缪启愉编著：《太湖塘浦圩田史研究》，农业出版社 1985 年版。

水利水电科学研究院《中国水利史稿》编写组：《中国水利史稿》，水利电力出版社 1989 年版。

上海社会科学院经济所、轻工业发展战略研究中心编：《中国近代造纸工业史》，上海社会科学院出版社 1989 年版。

宋钻友：《广东人在上海（1843—1949 年）》，上海人民出版社 2007 年版。

孙景超：《宋代以来江南的水利、环境与社会》，齐鲁书社 2020 年版。

孙艺兵主编：《改革开放三十年与环太湖地区经济社会发展》，苏州大学出版社 2008 年版。

唐振常：《近代上海探索录》，上海书店出版社 1994 年版。

谭徐明等：《中国大运河技术史》，中国水利水电出版社 2016 年版。

《太湖水利史稿》编写组编:《太湖水利史稿》,河海大学出版社 1993 年版。

太湖地区农业史研究课题组编:《太湖地区农业史稿》,农业出版社 1990
　　年版。

汪华:《慈惠与规控:近代上海的社会保障与官民互动(1927—1937)》,上海
　　书店出版社 2013 年版。

汪雅各主编:《上海农业环境污染研究》,上海科学技术出版社 1991 年版。

王大学:《明清"江南海塘"的建设与环境》,上海人民出版社 2008 年版。

王笛:《街头文化——成都公共空间、下层民众与地方政治(1870—1930)》,
　　李德英等译,商务印书馆 2013 年版。

王恩涌等:《政治地理学:时空中的政治格局》,高等教育出版社 1998 年版。

王建革:《江南环境史研究》,科学出版社 2016 年版。

王建革:《水乡生态与江南社会(9—20 世纪)》,北京大学出版社 2013 年版。

王浩主编:《湖泊流域水环境污染治理的创新思路与关键对策研究》,科学出
　　版社 2010 年版。

王利华主编:《中国历史上的环境与社会》,生活·读书·新知三联书店 2007
　　年版。

王敏等:《近代上海城市公共空间(1843—1949)》,上海辞书出版社 2011
　　年版。

王兴中等:《中国城市生活空间结构研究》,科学出版社 2004 年版。

王祥荣、吴人坚等:《中国城市生态环境问题报告》,江苏人民出版社 2006
　　年版。

王有强、司毅铭、张道军:《流域水资源保护与可持续利用》,黄河水利出版社
　　2005 年版。

王亚华:《水权解释》,上海三联书店、上海人民出版社 2005 年版。

吴兴区水利局编:《吴兴溇港文化史》,同济大学出版社 2013 年版。

吴俊范:《水乡聚落:太湖以东家园生态史研究》,上海古籍出版社 2016
　　年版。

吴一繁等编著:《饮用水消毒技术》,化学工业出版社 2006 年版。

熊月之:《异质文化交织下的上海都市生活》,上海辞书出版社 2008 年版。

徐鼎新、钱小明:《上海总商会史(1902—1929)》,上海社会科学院出版社
　　1991 年版。

徐甡民:《上海市民社会史论》,文汇出版社 2007 年版。

徐新吾、黄汉民主编:《上海近代工业史》,上海社会科学院出版社 1998

年版。

于志熙:《城市生态学》,中国林业出版社 1992 年版。

严中平等编:《中国近代经济史统计资料选辑》,科学出版社 1955 年版。

余新忠:《清代卫生防疫机制及其近代演变》,北京师范大学出版社 2016
年版。

赵来军:《我国湖泊流域跨行政区水环境协同管理研究——以太湖流域为
例》,复旦大学出版社 2009 年版。

宗菊如、周解清主编:《中国太湖史》,中华书局 1999 年版。

张大庆:《中国近代疾病社会史(1912—1937)》,山东教育出版社 2006 年版。

张根福、冯贤亮、岳钦韬:《太湖流域人口与生态环境的变迁及社会影响研
究:1851—2005》,复旦大学出版社 2014 年版。

张利民等:《太湖流域澄锡虞区域水环境综合整治研究》,河海大学出版社
2009 年版。

张鹏:《城市形态的历史根基——上海公共租界市政发展与都市变迁研究》,
同济大学出版社 2008 年版。

张笑川:《近代上海闸北居民社会生活》,上海辞书出版社 2009 年版。

张俊峰:《泉域社会:对明清山西环境史的一种解读》,商务印书馆 2018
年版。

章家骐主编:《上海农村环境保护战略对策》,上海科学技术出版社 1993
年版。

郑肇经:《中国水利史》,商务印书馆 1939 年版。

郑肇经主编,《太湖水利技术史》,农业出版社 1987 年版。

谯枢铭等:《上海史研究》,学林出版社 1984 年版。

周松青:《上海地方自治研究(1905—1927)》,上海社会科学院出版社 2005
年版。

朱有骞:《城市秽水排泄法》,商务印书馆 1934 年版。

朱有骞:《自来水》,商务印书馆 1933 年版。

朱英、郑成林主编:《商会与近代中国》,华中师范大学出版社 2005 年版。

朱威、徐雪红主编:《东太湖综合整治规划研究》,河海大学出版社 2011
年版。

中国水利学会水利史研究会、江苏省水利史志编纂委员会编,《太湖水利史
论文集》,1986 年印行。

中国生态文明研究与促进会:《全面建设生态文明——新常态、新理念、新起

点——中国生态文明论坛福州年会资料汇编·2015》,中国环境出版社
2016年版。

钟昌标等:《人文因素对城市化海域生态环境变化的影响与控制模式研究》,
经济科学出版社2010年版。

Kerrie L. Macpherson(程恺礼):*A Wilderness of Marshes: The Origins of
Public Health in Shanghai:* 1843—1893, Oxford University Press, 1987.

Rhoads Murphey, *Shanghai, Key to Modern China*, Harvard University Press,
1953.

论文

常嵩涛:《水利、主权与市政视野下的上海浚浦局(1905—1938)》,华东师范
大学硕士学位论文,2019年。

陈文妍:《水的双城记:上海与苏州自来水之供应(1860—1937)》,香港中文
大学博士学位论文,2016年。

楚克静:《陆伯鸿与近代上海市政建设研究(1911—1937)》,杭州师范大学硕
士学位论文,2014年。

狄瑞波:《上海公共租界内华洋关系之研究(1928—1937)——以"华洋共管"
的工部局为考察中心》,浙江大学硕士学位论文,2007年。

樊超杰,《光绪三十二年苏北水灾赈济研究》,山东师范大学硕士学位论文,
2014年。

胡吉伟:《民国时期太湖流域水系治理研究》,南京大学博士学位论文,
2014年

黄健美:《上海士绅李平书研究》,复旦大学博士学位论文,2011年。

景军:《对抗与妥协:1930年代初上海公共租界自来水加价事件》,华中师范
大学硕士学位论文,2011年。

李全:《南京国民政府时期上海租界公用事业交涉研究(1927—1937)》,湖南
师范大学硕士学位论文,2013年。

刘卓乔:《湖州溇港圩田景观研究与实践——以湖州长东片四漾为例》,北京
林业大学硕士学位论文,2021年。

刘雅媛:《清季民初上海县城厢市政权与城市空间改造》,复旦大学博士学位
论文,2017年。

梁春阁:《利益的守护人:工部局监管下的近代上海公共租界供水事业的发
展(1868—1911)》,华东师范大学硕士学位论文,2015年。

满振祥:《近代上海供水事业的历史考察(1883—1949)》,上海师范大学硕士学位论文,2008年。

潘威:《上海地区地表水系空间结构特征重建及相关问题研究(1827—1978)》,复旦大学博士学位论文,2009年。

彭聪:《英商上海自来水股份有限公司研究》,厦门大学硕士学位论文,2010年。

秦敏:《近代自来水技术的引进、发展与传播(1880年—1936年)》,内蒙古师范大学硕士学位论文,2011年。

孙景超:《技术、环境与社会——宋以降太湖流域水利史的新探索》,复旦大学博士学位论文,2009年。

谭慧施:《晚清民国时期广州自来水事业与城市近代化》,广州大学硕士学位论文,2007年。

田玲玲:《矛盾与冲突:北京自来水公司的早期发展(1908—1928)》,首都师范大学硕士学位论文,2009年。

王丹辉:《近代上海公共租界市民权运动研究(1905—1930)》,华中师范大学硕士学位论文,2016年。

王晴:《环太湖溇港圩田传统景观体系研究》,北京林业大学硕士学位论文,2022年。

王婉丽:《近代以来苏州河的污染与治理》,上海师范大学硕士学位论文,2012年。

王书婷:《太湖以东湖荡围垦及改良利用研究(1950—1990年)》,上海师范大学硕士学位论文,2019年。

王自然:《太湖平原高乡区域圩田景观系统研究》,北京林业大学硕士学位论文,2022年。

张亮:《近代四川城市饮水环境研究》,西南大学博士学位论文,2018年。

周春燕:《清末中国城市生活的转变及其冲突——以用水、照明为对象的探讨》,台湾政治大学硕士学位论文,2001年。

周利敏:《民国时期上海市公用局发展公用事业政策研究》,东华大学硕士学位论文,2004年。

周红冰:《民国晚期江南地区的水利纠纷——以对乡绅的探讨为中心》,南京师范大学硕士学位论文,2017年。

[澳]伊懋可:《1905—1914年上海的市政管理》,黄乃慧译,《城市史研究》第23辑,天津社会科学院出版社2005年版。

［日］菊池智子：《从晚清上海自来水建设看城市社会的形成》，《城市史研究》
　　第 25 辑，天津社会科学院出版社 2009 年版。

［日］佐藤仁史：《清朝中期江南的一宗族与区域社会——以上海曹氏为例的
　　个案研究》，《学术月刊》1996 年第 4 期。

陈克天：《梯级河网化建设》，《江苏水利》2000 年第 9 期。

陈桥驿：《长江三角洲的城市化与水环境》，《杭州师范学院学报》1999 年第
　　5 期。

陈岭：《民国前期江南水利纷争与地方政治运作——以苏浙太湖水利工程局
　　为中心》，《中国农史》2017 年第 6 期。

陈立侨等：《太湖生态系统的演变与可持续发展》，《华东师范大学学报(自然
　　科学版)》2003 年 4 期。

陈文妍：《苏州自来水事业的尝试和困境(1926—1937)》，《近代史研究》2020
　　年第 5 期。

曹牧：《寻找新水源：英租界供水问题与天津近代自来水的诞生》，《天津师范
　　大学学报(社会科学版)》2019 年第 5 期。

曹牧：《饮水、深井与氟齿病——全球化视野下清末民初天津地下水资源开
　　发及影响》，《清史研究》2021 年第 6 期。

段绍伯：《上海水资源的前景与长江口水资源保护》，《上海研究论丛》第 1
　　辑，上海社会科学院出版社 1988 年版。

窦鸿身等：《太湖流域围湖利用的动态变化及其对环境的影响》，《环境科学
　　学报》1998 年第 1 期。

丁启明、吴正茂：《浅析湖荡围垦的开发利用》，《资源开发与保护》1988 年第
　　3 期。

方秋梅：《清末民初上海商界的市政参与及其示范效应——以上海救火联合
　　会为中心》，《近代史学刊》2015 年第 2 期。

冯贤亮、林涓：《民国前期苏南水利的组织规划与实践》，《江苏社会科学》
　　2009 年第 1 期。

范成新：《太湖水体生态环境历史演变》，《湖泊科学》1996 年第 4 期。

顾泽南、顾其详：《近百年来中国自来水厂的发展》，《中国科技史料》1984 年
　　第 1 期。

何小莲：《论中国公共卫生事业近代化之滥觞》，《学术月刊》2003 年第 2 期。

胡勇军：《浚湖与筑库：民国时期东苕溪上游防洪治理变迁研究》，《历史地
　　理》2017 年第 1 期。

胡勇军:《"与水争地"抑或"与民争利":民国初期太湖水域浚垦纠纷及其背后利益诉求研究》,《中国农史》2018年第6期。

胡成:《"不卫生"的华人形象:中外间的不同讲述——以上海公共卫生为中心的观察(1860—1911)》,《近代史研究所集刊》第56期,2007年6月。

胡英泽:《古代北方的水质与民生》,《中国历史地理论丛》2009年第2期。

葛金芳:《"农商社会"的过去、现在和未来——宋以降(11—20世纪)江南区域社会经济变迁》,《安徽师范大学学报(人文社会科学版)》2009年第5期。

高俊峰、闻余华:《太湖流域土地利用变化对流域产水量的影响》,《地理学报》2002年第2期。

高俊峰、毛锐:《太湖平原圩区分类及圩区洪涝分析——以湖西区为例》,《湖泊科学》1993年第4期。

高俊峰、韩昌来:《太湖地区的圩及其对洪涝的影响》,《湖泊科学》1999年第2期。

高璟:《近代以来黄浦江城市空间演进的形态特征与规律研究》,《上海城市规划》2013年第5辑。

龚宁:《清末黄浦江治理之争与浚浦局的设立》,《清史研究》2021年第6期。

侯自忠:《太湖平原高低地圩田发育及聚落形态分析——以嘉湖平原东侧圩区为例》,《安徽建筑》2022年第12期。

金大陆:《20世纪六七十年代上海黄浦江水系污染问题研究(1963—1976)》,《中国经济史研究》2021年第1期。

金洋等:《太湖流域土地利用变化对非点源污染负荷量的影响》,《农业环境科学学报》2007年第4期。

靳晓莉等:《太湖流域近20年社会经济发展对水环境影响及发展趋势》,《长江流域资源与环境》2006年第3期。

李春晖:《风骚独领——上海早期供水事业的创立和演变》,《城镇供水》2014年第3期。

李玉尚:《清末以来江南城市的生活用水与霍乱》,《社会科学》2010年第1期。

刘海岩:《20世纪前期天津水供给与城市生活的变迁》,《近代史研究》2008年第2期。

刘文楠:《治理"妨害":晚清上海工部局市政管理的演进》,《近代史研究》2014年第1期。

刘亮:《1912—1937 年常镇运河的治理》,《档案与建设》2019 年第 10 期。

李燕、李恒鹏:《太湖流域土地利用变化的水文效应及其风险评价》,《水土保持通报》2007 年第 5 期。

卢七召、何晓洪、刘静华:《东苕溪导流港水动态分析》,《浙江水利科技》2004 年第 4 期。

罗世钰:《上海供水百年话水质》,《城市公用事业》2005 年第 1 期。

李新国等:《太湖流域主要湖泊的水域动态变化》,《水资源保护》2006 年第 3 期。

梁志平:《何为污染:清代以来江南水污染与水质环境的解读——兼答余新忠先生》,《江南社会历史评论》第 20 期,商务印书馆 2022 年版。

秦伯强等:《太湖生态环境演化及其原因分析》,《第四纪研究》2004 年第 5 期。

马长林:《上海租界内工厂检查权的争夺——20 世纪 30 年代一场旷日持久的交涉》,《学术月刊》2002 年第 5 期。

满志敏:《黄浦江水系形成原因述要》,《复旦学报(社会科学版)》1997 年第 6 期。

潘彬彬、宋云:《民国时期的江南运河整治——以官办治运机构为中心的考察(1914—1946)》,《档案与建设》2019 年第 12 期。

彭善民:《日伪时期上海的公共卫生管理初探》,《上海研究论丛》第 17 辑,上海人民出版社 2006 年版。

缪启愉:《太湖地区塘浦圩田的形成和发展》,《中国农史》1982 年第 1 期。

邱仲麟:《水窝子——北京的供水业者与民生用水(1368—1937)》,李孝悌主编:《中国的城市生活》,新星出版社 2006 年版。

单丽、温志红、任志宏:《黄浦江航道的疏浚与上海近代化——以技术人才和疏浚方案为中心》,《国家航海》2014 年第 3 期。

唐振常:《市民意识与上海社会》,《上海社会科学院学术季刊》1993 年第 1 期。

万齐洲:《近代"主权"概念在中国的传播与影响》,《武汉大学学报(人文科学版)》2011 年第 6 期。

王丰龙等:《空间的生产研究综述与展望》,《人文地理》2011 年第 2 期。

王建革:《华阳桥乡:水、肥、土与江南乡村生态(1800—1960)》,《近代史研究》2009 年第 1 期。

王建革:《技术与圩田土壤环境史:以嘉湖平原为中心》,《中国农史》2006 年第 1 期。

王建革：《河流和圩田体系的生态变迁与长三角近代文明的成长》，《近代史研究》2022 年第 2 期。

王树槐：《上海闸北水电厂商办的争执，1920—1924》，《近代史研究所集刊》第 25 期，1996 年。

王煦：《1912 年—1937 年北京公用事业发展中的市民维权活动》，《北京社会科学》2008 年第 6 期。

吴月芽、张根福：《1950 年代以来太湖流域水环境变迁与驱动因素》，《经济地理》2014 年第 11 期。

吴俊范：《近代上海土地利用方式转型初探——以河浜资源为中心》，《中国经济史研究》2010 年第 3 期。

吴俊范：《城市空间扩展视野下的近代上海河浜资源利用与环境问题》，《中国历史地理论丛》2007 年第 3 期。

吴俊范：《20 世纪下半叶太湖以东淀泖湖群的围垦改造与水环境》，《中国农史》2020 年第 3 期。

肖梅华、唐晓娟：《殖民医学视野下清末上海公共卫生意识的变迁》，《南京中医药大学学报（社会科学版）》2013 年第 2 期。

邢建榕：《水电煤：近代上海公用事业演进及华洋不同心态》，《史学月刊》2004 年第 4 期。

熊月之、罗苏文、周武：《略论近代上海市政》，《学术月刊》1999 年第 6 期。

徐茂明、陈媛媛：《清末民初上海地方精英内部的权势转移——以上海拆城案为中心》，《史学月刊》2010 年第 5 期。

徐桂卿等：《苏南太湖地区城市（镇）发展的生态问题》，《地理科学》1983 年第 2 期。

夏家淇、张永春：《苏南太湖地区乡镇工业水污染综合防治研究》，《长江流域资源与环境》1992 年第 1 期。

许冠亭：《商会在官、民、洋三元互动中的角色和作用——以 1905 年中美工约交涉及抵制美货运动为例》，《史学月刊》2007 年第 12 期。

许刚：《太湖流域社会经济发展对水环境的影响研究——以无锡市为例》，《地域研究与开发》2002 年第 1 期。

《依靠群众　以蓄为主　全面规划　大搞河网化运动》，《中国水利》1958 年第 14 期。

闫芳芳、杨煜达、满志敏：《基于 1875—2013 年多源数据的上海淀泖湖荡群演变研究》,《中国历史地理论丛》2019 年第 3 期。

杨小燕:《近代上海公共租界工部局的自来水特许权监管》,《贵州社会科学》
　　2015 年第 4 期。

余新忠:《清代江南的卫生观念与行为及其近代变迁初探——以环境和用水
　　卫生为中心》,《清史研究》2006 年第 2 期。

张根福:《圩区建设与生态、社会效应——20 世纪 50—70 年代太湖流域联圩
　　并圩的考察》,《中央民族大学学报(哲学社会科学版)》2012 年第 4 期。

张根福等:《苏浙边界的水利纠纷与政府运作——以 20 世纪 50—60 年代吴
　　江县联圩引起的省际纠纷为例》,《浙江社会科学》2012 年第 9 期。

张伟然:《归属、表达、调整:小尺度区域的政治命运——以"南湾事件"为
　　例》,《历史地理》第 21 辑,上海人民出版社 2006 年版。

张亮:《回顾与展望:近三十年来国内以"饮水"为主题的史学研究》,《三峡论
　　坛(三峡文学·理论版)》2018 年第 5 期。

张亮:《近代四川城市水源结构的空间差异性研究》,《云南大学学报(社会科
　　学版)》2019 年第 2 期。

张亮:《感观与科学:近代四川城市河流水质的判读》,《城市史研究》2019 年
　　第 2 期。

张亮:《清末民国成都的饮用水源、水质与改良》,《民国研究》2019 年第 2 期。

赵世瑜、周尚意:《明清北京城市社会空间结构概说》,《史学月刊》2001 年第
　　2 期。

赵素莲:《中国生活饮用水改水简况回顾》,《卫生研究》2002 年第 4 期。

赵艳华:《圩区工程防洪减灾经济效益分析——以嘉善县姚庄圩区为例》,
　　《浙江水利科技》2010 年第 4 期。

赵凯等:《1960 年以来太湖水生植被演变》,《湖泊科学》2017 年第 2 期。

周鸣浩:《湖州市太湖溇港泥沙成因分析和防治意见》,《浙江水利科技》1991
　　年第 2 期。

朱钰良:《吴县东太湖围垦地概况及利用浅析》,《农业区划》1992 年第 1 期。

后　记

　　本书是国家社会科学基金项目《江南水域环境改造与社会影响研究(1840—1978)》的最终成果。撰写分工为,张根福撰写绪论(其中学术界研究现状部分与梁志平共同撰写)、第五章(与邵将共同撰写)、第六章(与周梁羊子共同撰写)、第八章、第九章、第十章、结语;梁志平撰写第一章、第三章、第四章;吴俊范撰写第二章、第七章;参考文献由张根福、梁志平、吴俊范共同整理。

　　本课题在调研过程中,得到了中国第二历史档案馆、上海市档案馆、江苏省档案馆、浙江省档案馆及太湖流域其他各市县档案馆、图书典藏机构、地方志及文史资料部门的大力支持与帮助;国家社科基金鉴定专家提出了许多宝贵的意见建议;复旦大学出版社总编辑王卫东先生、编辑黄丹女士为本书稿编辑付出了大量的时间与心血。在此我们对上述单位和个人致以衷心的感谢!

　　拙著的出版要特别感谢国家社会科学基金、浙江师范大学出版基金和浙江省社会科学重点研究基地浙江师范大学江南文化研究中心资金的鼎力资助。

　　拙著的研究仅仅是一个开头,由于受能力、时间、资料方面的限制,许多问题分析还不够成熟,譬如本课题主要是对近代以来水域环境改造中的一些重点和热点问题进行专题和个案研究,导致时间维度上缺乏连续性、空间维度存在分散性,系统性和整体性不够强;对近代以来政权更迭、制度变迁对水环境改造的影响,也缺乏深入细致的探讨。这都有待于以后继续的努力与开拓,笔者衷心期望各位专家能给予大力批评与指正。

作者　谨识

2023 年 9 月

图书在版编目(CIP)数据

江南水域环境改造与社会影响研究:1840—1980/张根福,梁志平,吴俊范著.—上海:复旦大学出版社,2024.8
ISBN 978-7-309-17236-2

Ⅰ.①江… Ⅱ.①张… ②梁… ③吴… Ⅲ.①太湖-流域-水环境-水质管理-研究-1840-1980
Ⅳ.①X143

中国国家版本馆 CIP 数据核字(2024)第 028751 号

江南水域环境改造与社会影响研究:1840—1980
张根福　梁志平　吴俊范　著
责任编辑/黄　丹

复旦大学出版社有限公司出版发行
上海市国权路 579 号　邮编:200433
网址: fupnet@ fudanpress. com　http://www. fudanpress. com
门市零售: 86-21-65102580　团体订购: 86-21-65104505
出版部电话: 86-21-65642845
上海丽佳制版印刷有限公司

开本 787 毫米×960 毫米　1/16　印张 19.5　字数 280 千字
2024 年 8 月第 1 版
2024 年 8 月第 1 版第 1 次印刷

ISBN 978-7-309-17236-2/X・52
定价:78.00 元